"十二五"职业教育国家规划教材
经全国职业教育教材审定委员会审定
高职高专新能源类专业系列教材

风电场运行维护与管理

主　编　丁立新
参　编　李保权　丁丽辉　张继红

机械工业出版社

本书共有 8 个模块，分别是风电场概述、风电场电气系统、风电场的运行与维护、风力发电机组的维护检修、风电场输电线路运行与维护、风电场变电站电气设备运行与维护、风电场的监控保护系统、风电场的管理。

本书通俗简练，覆盖面广，图文并茂，可作为高等职业院校及中等职业学校风电专业的教学用书或教学参考用书，也可作为从事风电场运行及维护人员的工具书。

为方便教学，本书配有电子课件、模拟试卷及答案等，凡选用本书作为授课用教材的学校，均可来电或发邮件免费索取。电话：01088379375；电子邮箱：wangzongf@163.com。

图书在版编目（CIP）数据

风电场运行维护与管理/丁立新主编．—北京：机械工业出版社，2014.1（2022.1 重印）

高职高专新能源类专业系列教材

ISBN 978-7-111-44842-6

Ⅰ.①风… Ⅱ.①丁… Ⅲ.①风力发电—高等职业教育—教材 Ⅳ.①TM614

中国版本图书馆 CIP 数据核字（2013）第 274542 号

机械工业出版社（北京市百万庄大街 22 号　邮政编码 100037）
策划编辑：王宗锋　责任编辑：王宗锋　张利萍
版式设计：常天培　责任校对：佟瑞鑫
封面设计：赵颖喆　责任印制：张　博
涿州市般润文化传播有限公司印刷
2022 年 1 月第 1 版第 5 次印刷
184mm×260mm · 13.75 印张 · 339 千字
标准书号：ISBN 978-7-111-44842-6
定价：42.00 元

电话服务　　　　　　　　　网络服务
客服电话：010-88361066　　机　工　官　网：www.cmpbook.com
　　　　　010-88379833　　机　工　官　博：weibo.com/cmp1952
　　　　　010-68326294　　金　书　网：www.golden-book.com
封底无防伪标均为盗版　　　机工教育服务网：www.cmpedu.com

前言

21世纪以来，我国的并网风电得到迅速发展，成为继欧美之后发展风力发电的主要市场之一。目前，我国风电产业发展迅猛，装机总容量已位居世界第一位，风电行业人才需求剧增。

本书属于理论和实践相结合的教学用书，编写过程中，侧重风电场设备运行与管理的理论陈述，有针对性地介绍和讲解了风电场的构成、风电场设备运行、风电场的维护与管理等方面的知识。通过学习本课程，学生可掌握必备的风力发电的基本知识和风电场设备运行与维护的实践能力，可为以后学习实训课程和专业技能的提高，提供必要的基础理论知识和基本技能。通过学习本课程，还可帮助学生建立起职业思想，培养学生严谨的工作态度和无私的奉献精神，增强学生解决实际问题的能力。

本书具有如下特点：内容丰富、理论表述简单、定位合理、形象直观、便于自学；注重使用实物图和结构图相结合，给学生建立直观的概念；尽可能多地引入实际的风电企业生产运行实例，增加实用技能训练；做到理论联系实际，图文并茂。

本书包括8个模块，每个模块细分为3～5个项目。

本书由通辽职业学院丁立新任主编，参加本书编写的还有东北电网通辽电业局工程师（兼内训师）李保权、霍林河鸿骏铝电有限责任公司发电分公司高级技工丁丽辉、通辽职业学院张继红。其中丁立新编写了模块一、模块四、模块五、模块六并负责统稿，丁丽辉编写了模块二，张继红编写了模块三、模块八，李保权编写了模块七。

由于编者水平有限，书中难免会出现错误和不妥之处，敬请读者批评指正。

编 者

目录

前言

模块一　风电场概述 …………………… 1
　项目一　风电场的构成及设计 ………… 1
　　一、风电场及其构成 ………………… 1
　　二、风电场的设计 …………………… 5
　项目二　风能及风能资源评估 ………… 7
　　一、风能及风能资源分布 …………… 7
　　二、风能资源评估 …………………… 10
　项目三　风电场的选址 ………………… 12
　　一、风电场选址的基本要素 ………… 12
　　二、风电场选址方法 ………………… 13
　项目四　风电场机组选型与排布 ……… 15
　　一、风力发电机组选型 ……………… 15
　　二、风力发电机组排布 ……………… 17
　知识链接 ………………………………… 19
　思考练习 ………………………………… 21

模块二　风电场电气系统 …………… 23
　项目一　风电场电气系统概述 ………… 23
　　一、电气系统构成 …………………… 23
　　二、电气设备及运行 ………………… 24
　项目二　风力发电机组的构成与
　　　　　控制 ………………………… 25
　　一、风力发电机组的构成及原理 …… 25
　　二、风力发电机组控制技术 ………… 27
　项目三　风力发电机组的安装 ………… 32
　　一、风力发电机组安装前的准备 …… 32
　　二、风力发电机组的安装过程 ……… 33

　项目四　风力发电机组的调试与
　　　　　试运行 …………………………… 37
　　一、风力发电机组的调试 ……………… 37
　　二、风力发电机组的试运行 …………… 41
　知识链接 …………………………………… 42
　思考练习 …………………………………… 44

模块三　风电场的运行与维护 ………… 46
　项目一　风电场的运行 …………………… 46
　　一、风电场运行前的准备工作 ………… 46
　　二、风电场的运行巡查 ………………… 47
　项目二　风力发电机组的运行 …………… 48
　　一、风力发电机组的工作状态 ………… 48
　　二、风力发电机组的运行操作 ………… 49
　　三、风力发电机组的并网与脱网 ……… 52
　项目三　风电场的维护 …………………… 53
　　一、风电场的运行维护 ………………… 53
　　二、风电场的事故处理 ………………… 61
　知识链接 …………………………………… 62
　思考练习 …………………………………… 64

模块四　风力发电机组的维护检修 …… 66
　项目一　风力发电机组的维修 …………… 66
　　一、机组维护检修工作形式 …………… 66
　　二、机组维护检修工作的
　　　　注意事项 …………………………… 70
　　三、机组维护检修项目及
　　　　具体内容 …………………………… 73
　项目二　风力发电机组的异常运行

与故障处理 …………………… 88
　　一、风力发电机组异常运行分析 …… 89
　　二、风力发电机组常见故障
　　　　及处理 ………………………… 90
　项目三　风力发电机组的磨损与润滑 … 93
　知识链接 …………………………………… 94
　思考练习 …………………………………… 95

模块五　风电场输电线路运行
　　　　　与维护 ……………………… 97
　项目一　风电场电气主接线及维护 …… 97
　　一、风电场电气主接线形式
　　　　及构成 ………………………… 97
　　二、风电场220kV母线的运行
　　　　与维护 ………………………… 100
　项目二　风电场内架空线路及运行
　　　　　维护 ………………………… 101
　　一、架空线路概述 ………………… 101
　　二、架空线路的运行及维护 ……… 102
　项目三　风电场电力电缆及运行
　　　　　维护 ………………………… 105
　　一、电力电缆概述 ………………… 105
　　二、电力电缆的运行维护及
　　　　异常处理 ……………………… 106
　项目四　风电场直流系统及运行
　　　　　维护 ………………………… 107
　　一、直流系统概述 ………………… 107
　　二、直流系统的运行与维护 ……… 109
　知识链接 ………………………………… 112
　思考练习 ………………………………… 115

模块六　风电场变电站电气设备运行
　　　　　与维护 ……………………… 117
　项目一　变压器运行与维护 …………… 117

　　一、变压器正常运行与检查 ……… 119
　　二、变压器的维护检修 …………… 122
　　三、变压器异常运行及事故处理 … 127
　　四、变电站用电系统的运行与维护 … 129
　项目二　开关设备运行与维护 ………… 130
　　一、高压断路器 …………………… 130
　　二、高压（220kV）隔离开关 …… 136
　项目三　电抗器和电容器运行与
　　　　　维护 ………………………… 139
　　一、电抗器 ………………………… 139
　　二、电容器 ………………………… 140
　　三、无功补偿设备 ………………… 145
　项目四　高压互感器运行与维护 ……… 147
　　一、高压互感器 …………………… 147
　　二、互感器运行维护与事故处理 … 148
　项目五　绝缘油的维护与处理 ………… 150
　知识链接 ………………………………… 152
　思考练习 ………………………………… 152

模块七　风电场的监控保护系统 …… 155
　项目一　风电场的继电保护 …………… 155
　　一、风电场继电保护系统 ………… 155
　　二、风电场继电保护系统运行与
　　　　维护 ………………………… 160
　项目二　风电场的防雷保护 …………… 164
　　一、雷电的防护 …………………… 164
　　二、防雷装置的维护与检修 ……… 168
　项目三　风电场计算机监控系统 ……… 169
　　一、监控系统概述 ………………… 169
　　二、监控系统功能 ………………… 175
　　三、监控系统巡检与维护 ………… 178
　知识链接 ………………………………… 180
　思考练习 ………………………………… 182

模块八　风电场的管理 …………… 184
项目一　风电场安全生产管理 ……… 184
一、风电场安全管理工作 ………… 185
二、风电场安全生产工作 ………… 187
项目二　风电场员工培训管理 …… 191
一、风电场员工培训 …………… 191
二、风电场运行人员基本素质 …… 193
项目三　风电场生产运行管理 …… 193
一、风电场技术管理 …………… 193
二、风电场运行管理 …………… 194
三、风电场经济效益管理 ………… 196
项目四　备品备件及安全工器具的管理 …………………… 197
一、备品备件的管理 …………… 197
二、安全工器具的使用管理 ……… 197
三、库房管理 …………………… 201
知识链接 ………………………… 201
思考练习 ………………………… 202

附录　思考练习答案 ……………… 205

参考文献 …………………………… 213

模块一

风电场概述

目标定位

能力要求	知识点
熟 悉	风电场的基本概念
了 解	风电场的设计原则
掌 握	风能及风能资源的评估
理 解	风电场的选址方法
分 析	风电场风力发电机组的布置

知识概述

风电场是风力发电的具体场所，了解风电场的基本概念和构成是对风电场运行及管理人员的最基本要求。风电场建设项目的实施是一个复杂的综合过程，风电场的规划设计需要综合考虑多方面因素，包括风能资源的评估、风电场的选址、风力发电机组机型选择与机组排列等。本模块主要介绍风电场的基本概念、风电场的建设程序和工程建设项目、风电场的设计原则、风能资源评估的相关知识以及风电场选址方法和风力发电机组的布置等内容。

项目一 风电场的构成及设计

一、风电场及其构成

1. 风电场的概念

风电场是在风能资源良好的地域范围内，统一经营管理的由所有风力发电机组及配套的输变电设备、建筑设施和运行维护人员等共同组成的集合体，是将多台风力发电机组按照一定的规则排成阵列，组成风力发电机群，将捕获的风能转换成电能，并通过输电线路送入电网的场所。

风电场是大规模利用风能的有效方式，20 世纪 80 年代初兴起于美国的加利福尼亚州，如今在世界范围内得到蓬勃发展。美国加利福尼亚州风电场如图 1-1 所示。

自 20 世纪 80 年代风力发电技术成功实现产业化开

图 1-1 美国加利福尼亚州风电场

发以来，风力发电经历了 30 余年的发展，已成为重要的电力能源。据统计，1996 年至 2009 年，世界风力发电机组累计装机容量的平均增长速度为 28.6%，2004 年到 2009 年新增装机容量的平均增长速度为 36.1%。2009 年，全球风电新增装机容量达 3820.9 万 kW，增长高达 44.4%。2010 年全球风电新增装机容量为 3940 万 kW，增长率为 3.1%，首次呈现放缓趋势。世界风电发展的支柱地区在欧洲、美洲和亚洲。截止 2010 年底，世界上有 100 多个国家开始发展风电，累计装机容量超过 100 万 kW 的国家有 20 个，排列前八位国家的累计装机容量都超过了 300 万 kW，且均来自于欧洲、美洲和亚洲地区，其装机容量占全球累计总装机容量的 85.8%。2008—2010 年风电总装机容量前八位的国家见表 1-1。

表 1-1 2008—2010 年风电总装机容量前八位的国家

排 名	国 家	2008 年累积装机容量/MW	2009 年累积装机容量/MW	2010 年累积装机容量/MW
1	中 国	12210	26010	44730
2	美 国	25237	35159	40274
3	德 国	23897	25777	27364
4	西班牙	16689	19149	20300
5	印 度	9587	10925	13017
6	法 国	3404	4521	5961
7	英 国	3195	4092	5862
8	意大利	3736	4850	5793

2012 年 2 月 7 日，全球风能理事会（GWEC）在布鲁塞尔发布的全球风电市场装机数据显示，全球风电产业 2011 年新增风电装机容量达 41000MW。这一新增容量使全球累计风电装机容量达到 238000MW。这一数据表明全球累计装机容量实现了 21% 的年增长，新增装机容量增长达到 6%。到 2011 年底，世界风电新增装机容量及累计装机容量位居前两位的国家是中国和美国，前十位的国家如图 1-2 及图 1-3 所示。据初步统计，2011 年我国新增风电装机容量接近 1800 万 kW，总装机容量达到 6500 万 kW。2013 年 1 月 26 日，中国可再生能源学会风能专业委员会秦海岩秘书长公布了 2012 年我国风电装机容量初步统计数据。2012 年，我国新增风电装机容量 1404.9 万 kW（吊装容量），截至 2012 年年底，我国累计风电装机容量达到 7641.3 万 kW。中国已经是世界上风电设备制造大国和风电装机容量最多的国家，成为名副其实的风电大国。

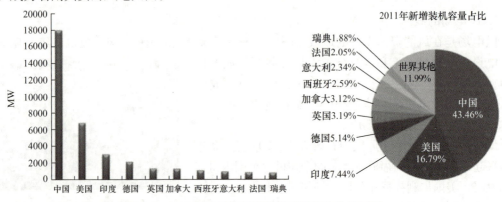

图 1-2 2011 年底风电新增装机容量前十位的国家

模块一　风电场概述

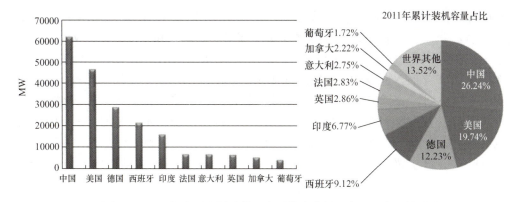

图1-3　2011年底风电累计装机容量前十位的国家（引自网络）

目前，风电场分布遍及全球，最大规模的风电场可达千万千瓦级，如我国甘肃酒泉的特大型风电项目，酒泉千万千瓦级风电场如图1-4所示。截至2011年8月底，我国并网运行的风电场有486个，装机容量达到3924万kW。其中，内蒙古、河北、甘肃、辽宁、吉林、山东、黑龙江、江苏、新疆九个省份风电装机容量超过百万千瓦。到2012年末，全球75个国家有商业运营的风电场，其中22个国家的装机容量超过1GW。

图1-4　酒泉千万千瓦级风电场

早在1991年丹麦便建成了世界上第一个商业化运行的海上风电场。2002年末世界上第一个大型海上风电场HornsRev在丹麦北海日德兰半岛建成，安装了80台VestasV80/2000风力发电机组，总装机容量为16万kW。丹麦海上风电场如图1-5所示。我国第一座大型海上风电场东海大桥风电场于2009年10月实现并网发电。我国东海大桥风电场如图1-6所示。

图1-5　丹麦海上风电场

图1-6　东海大桥风电场

海上风电的亮点目前仍在欧洲市场，2011年全球海上风电新增装机容量约1000MW，其中90%以上的装机容量发生在欧洲，特别集中在北海、波罗的海、英吉利海峡等地，余下的不足10%主要发生在亚洲，特别是我国。2011年，欧洲海上风电累计装机容量达到3813MW，新增装机容量的87%发生在英国，德国在弃核政策的影响下也表现出发展海上风电等可再生能源的更强决心，紧随其后的是丹麦和葡萄牙，罗马尼亚、波兰和土耳其也增长强劲。

我国海上风电建设有序推进，上海、江苏、山东、河北、浙江、广东海上风电规划已经完成，辽宁、福建、广西、海南等省的海上风电规划正在完善和制订。在完成的规划中，初步确定了43GW的海上风能资源开发潜力，目前已有38个项目、共16.5GW在开展各项前期工作。到2011年底，全国海上风电共完成吊装容量242.5MW。根据我国《可再生能源发展"十二五"规划》，到2015年，累计并网风电装机容量将达到1亿kW，年发电量超过1900亿kW·h，其中海上风电装机容量达到500万kW，基本形成完整的、具有国际竞争力的风电装备制造产业。到2020年，累计并网风电装机容量达到2亿kW，年发电量超过3900亿kW·h，其中海上风电装机容量达到3000万kW，风电逐渐成为电力系统的重要电源。

2. 风电场的特点

风电场因其特殊的发电特性，具有如下特点：

(1) 风力资源具有丰富性　风电场的电能资源来自于风能。大气的流动形成了风，风资源取之不尽用之不竭。

(2) 风力发电具有环保性　风力发电是朝阳产业、绿色能源，风力发电在减少常规能源消耗的同时，较其他形式发电向大气排放的污染物为零，对保护大气环境有积极作用。

(3) 风电场选址具有特殊性　为达到较好的经济效益，应选择风资源丰富的场址。要求场址所在地年平均风速大于 $6.0 \sim 7.0 \text{m/s}$，风速年变化相对较小，30m高度处的年有效风力时数在6000h以上，风功率密度达到 250W/m^2 以上。

(4) 风电生产方式具有分散性　由于风力发电机组单机容量小，每一个风电场的发电机组数目都很多，所以，风电场的电能生产方式比较分散。若要建一个千万千瓦级规模的风电场，大致需要上千台1.5MW的风力发电机组，分布在方圆几十公里的范围内。

(5) 风力发电机组类型具有多样性　风力发电机组的类型很多，同步发电机和异步发电机都有应用。随着风电技术的发展，新增很多特殊设计的机型，如双馈式风力发电机组、直驱式永磁风力发电机组等。

(6) 风电场输出功率具有不稳定性　风能具有很强的波动性和随机性，风力发电机组的输出功率也具有这种特点。为提高机组的功率因数以及提高输出功率的稳定性，风电设备应进行必要的励磁或无功补偿，增加了风力发电的复杂性。

(7) 风力发电机组并网具有复杂性　风力发电机组单机容量低，输出电压等级相对低，一般为690V或400V，常需要利用变压器变换至更高的电压等级。通常要通过电子变流设备对输出电流进行整流和逆变，以达到满足电网的频率和电压相位，才能并入电网。

3. 风电场的构成

风电场一般由风电场电气部分、风电场建筑设施和风电场组织机构三部分构成。其中，风电场电气部分由电气一次系统和电气二次系统组成。风电场电气一次系统由风力发电机组、集电系统（包括无功补偿装置）、升压变电站及场内用电系统组成，主要用于能量生产、变换、分配、传输和消耗；风电场电气二次系统由电气二次设备如熔断器、控制开关、继电器、控制电缆等组成，主要对一次设备如发电机、变压器、电动机、开关等进行监测、控制、调节和保护。风电场建筑设施包括场内各种土建工程项目，如管理、运维人员办公、生活建筑及道路等。风电场组织机构是风电场运行与维护的管理部门。风电场总体构成示意图如图 1-7 所示。

4. 风电场的分类

风电场按其所处位置可以分为陆地风电场、海上风电场和空中风电场三种类型。其中，陆地风电场和海上风电场发电技术日趋成熟，商业化运营效果显著。

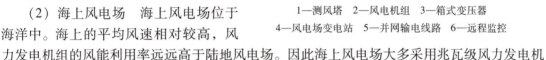

图 1-7　风电场总体构成示意图
1—测风塔　2—风电机组　3—箱式变压器
4—风电场变电站　5—并网输电线路　6—远程监控

（1）陆地风电场　陆地风电场一般设在风资源良好的丘陵、山脊或者海边。

（2）海上风电场　海上风电场位于海洋中。海上的平均风速相对较高，风力发电机组的风能利用率远远高于陆地风电场。因此海上风电场大多采用兆瓦级风力发电机组，但是海上风电场的安装及维护费用要比陆地风电场高。

（3）空中风电场　大约在 4500m 以上的高空中存在一种稳定的高速气流，风力发电机组若建在那里会获得很高的风功率。澳大利亚悉尼工学院的布莱恩·罗伯茨教授提出了利用高空射流发电的想法，并在地面风洞试验成功。但这种发电形式目前还只是停留在实验室，并未出现在商业运营中。2011 年末，美国研发成功空中气囊式发电装置，如图 1-8 所示。

高空风力发电机即气囊式发电装置的外观像飞机机翼下的涡轮发动机，发电机的外层是圆筒状的气囊，其中充满了比空气轻得多的氢气，这样它就可以悬浮在空中了。因此也被称为气囊发电机。它的悬浮高度可以在 50～3000m 内调节，不会影响飞机飞行，它那高速旋转的涡轮叶片隐藏在一个筒状的气囊中，也不会伤害到空中飞翔的鸟儿和蝙蝠。

图 1-8　空中气囊式发电装置

气囊式发电机的发电部件和地面风力发电机一样，主要是一个装有数个叶片的涡轮。当高空狂风推着涡轮转动时，电能就产生了。有一根细长的电线与发电机相连，电能顺着电线传输到地面。与固定在地面的风力发电机相比，这种设计令高空风力发电机能够随时移动，拽着电线的一头，就像收风筝那样，便可轻松地把发电机拉到地面上。然后，放掉气囊中的氢气，把气囊折叠起来，发电机就可以很方便地被运送到其他急需的地方。除了便于移动外，气囊式发电机的功率比地面风力发电机更大。而且高空中基本一直有风，相对来说也比较稳定，能持续发电。可见，空中气囊式发电装置具有便捷、稳定、功率大、环保等特点。

二、风电场的设计

1. 风电场的设计原则

风电场设计首先要考虑到经济性、环保性和高效性三个原则，这是风电场建设中最关键的第一步，直接关系到风电场未来的发展。

（1）经济性原则　建设风电场首先要考虑经济效益，这是前提条件。风电场的经济性指标主要指风电场的度电成本，度电成本由年发电量、运行维护费用及项目投资年等额折旧决定。其中项目投资年等额折旧取决于项目总投资、贷款利率及折旧年限等。

为达到较好的经济效益，一方面选择风资源丰富的场址，并安装与之相匹配的风力发电机组，这可以提高机组的年发电量，从而减少度电成本；另一方面降低风电场总投资。风电场总投资包括选址评估费、设备造价、设备运输和施工费，以及征地费、土建工程费、道路的修建费等。

（2）环保性原则 风力发电在减少常规能源消耗的同时，较其他形式发电向大气排放的污染物为零，对保护大气环境有积极作用，然而风力发电在某些方面对环境还是有不利影响。风电场对环境的影响主要表现在三个方面，即噪声、电磁干扰以及对生态的影响。

1）噪声影响：风电场的噪声主要来源于发电机、齿轮箱、气流经过叶片被切割及风轮后产生的尾流等因素。因此，一方面在设计机组时要考虑到噪声问题；另一方面风电场场址要选择在远离人们居住区之处。

2）电磁干扰：风电场电气设备在运行时产生的电磁辐射，对电视信号、无线电导航系统、微波传输等产生影响。为防止和减轻电磁干扰，要采用非金属叶片，设计场址时要避开微波传输路径。风轮旋转也会造成空气振动，这种振动会对人的神经接收系统产生影响，因此风电场选址应远离居民区3000m之外。

3）对生态影响：风电场对当地生态环境的影响主要体现在土地利用、施工期间对植被的破坏及对鸟类的危害等方面。

（3）高效性原则 风电场建设在考虑到经济性和环保性原则的同时，高效性也是非常重要的。首先，并网型风电场设计时要尽量靠近电网，减少输电系统投资及损耗。其次，由于风电输出具有很强的波动性和间歇性，设计风电场时要考虑发电设备和电网的接纳和承受能力。最后，要考虑社会经济因素，规范风电场建设，技术上规范风电场上网标准，避免给当地电网企业造成负担，避免形象工程。

2. 风电场建设

（1）风电场建设前期准备工作 风电场建设前期准备工作主要有四个方面的内容：一是对风能资源进行分析和评价，估算风能资源总储量及技术开发量。二是以风能资源评价为基础，综合考虑地区社会经济、自然环境、开发条件及市场前景等因素，规划选定风电场的场址，并对选定的规划风电场进行统筹考虑，初步拟定开发顺序。三是风电场工程立项。根据当地风能资源情况向政府相关部门提出风电场建设项目申请，经批准后开始筹建风电场的过程。四是风电场建设可行性研究。开展工程地质评价、工程规划与布置、电气与消防设计、土建工程设计、土地征用、施工组织设计、工程管理设计、劳动安全与工业卫生设计、环境保护与水土保持设计、设计概算及经济评价等工作，研究风电场建设的可行性，并确立风电场的建设方案。

（2）风电场建设施工前期准备 风电场建设施工前期准备工作包括：项目报建、编制风电场建设计划、委托建设监理、项目施工招标、签订施工合同、征地、现场四通一平、组织设备订货、职工培训等。其中"四通一平"中"四通"指施工现场通电、通水、通路和通信，"一平"指施工现场场地平整。

（3）风电场工程建设项目 风电场工程建设项目包括设备及安装工程和建筑工程两部分。

1）设备及安装工程：风电场设备及安装工程指构成风电场固定资产的全部设备及其安

装工程，主要由发电设备及安装工程、升压变电设备及安装工程、通信和控制设备及安装工程、其他设备及安装工程等内容组成。发电设备及安装工程主要包括风力发电机组的机舱、叶片、塔筒（架）、机组配套电气设备、机组变压器、集电线路、出线设备等及安装工程。升压变电设备及安装工程包括主变压器系统、配电装置、无功补偿系统、变电所用电系统和电力电缆等设备及安装工程。通信和控制设备及安装工程包括监控系统、直流系统、通信系统、继电保护系统、远动及计费系统等设备及安装工程。其他设备及安装工程包括采暖通风及空调系统、照明系统、消防系统、生产车辆、劳动安全与工业卫生工程和全场接地等设备及安装工程。还包括备品备件、专用工具等上述未列的其他所有设备及安装工程。

2）建筑工程：风电场建筑工程主要由发电设备基础工程、升压变电工程和辅助建筑工程组成。发电设备基础工程主要包括风电机组及塔筒（架）和机组变压器的设备基础工程。升压变电工程主要包括中央控制室和升压变电站及变配电等地建工程。其中变配电工程主要指主变压器、配电设备基础和配电设备构筑物的土石方、混凝土、钢筋及支（构）架等。辅助建筑工程主要包括办公及生活设施工程、场内外交通工程、大型施工机械安拆及进出场工程和其他辅助工程。其他辅助工程主要包括场地平整、环境保护及水土保护、供水、供热等上述未列的其他所有建筑工程。

实践训练

做一做：请利用网上信息，查询当前世界风电发展的现状。

项目二　风能及风能资源评估

风能资源的形成受多种自然因素的复杂影响，特别是天气气候背景及地形和海陆对风能资源的形成有着至关重要的影响。由于风能在空间分布上是分散的，在时间分布上也是不稳定和不连续的，导致风能资源在时间和空间上存在很强的地域性和时间性。

风能的总储量决定风能利用的发展前景，是决定风力发电经济性的重要因素。评价一个地区的风能潜力，需要对当地的风能资源情况进行评估。为保证风力发电机组高效、稳定运行，达到预期目的，风电场应具备较丰富的风能资源。所以，风电场选址时对风能资源进行详细的勘测和研究越来越被重视。

一、风能及风能资源分布

1. 风与风能

风是由于太阳辐射地表不均匀造成了空气的温度差和压力差而产生的，是相对于地面的空气运动，通常用风速和风向描述。

风速是空气在单位时间内的水平位移，国际单位是 m/s。大气中的水平风速一般是 1～10m/s。常用数据表格、柱状图、折线图或曲线图表示风速。风力等级简称风级，是描述风强度（风力）的一种方法，一般将风的强度（风力）分为 18 个等级，即 0～17 级。风力等级是根据风速的大小来划分的，也可以根据风掠过后而引起的现象划分。国际上通常采用蒲福风级（蒲福风级是英国人 Francis Beaufort 于 1805 年根据风对地面或海面的影响程度而定出的）。风速测量一般使用风速测量仪或风速计进行。

风向就是风吹来的方向。风向测量用方位表示，陆地通常有 16 个方位，风向 16 方位图如图 1-9 所示。风向测量通常采用风向标，一般设在 10m 高的位置。为表示某个方向的风出现的频率，一般用风向频率表示，即一段时间内某方向风出现的次数占各方向风出现总次数的百分比。各种风向的出现频率通常用风向玫瑰图表示。

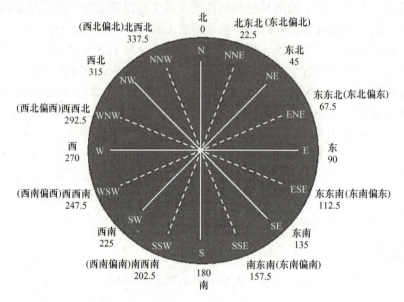

图 1-9 风向 16 方位图

风玫瑰图分为风向玫瑰图、风速玫瑰图和风能玫瑰图三种，使用较多的是风向玫瑰图。风向玫瑰图表示风向和风向的频率，是在风向 16 方位极坐标图上，根据各风向风的出现频率，以相应的比例长度，按风向从外吹向中心，用点表示出具体时间各种风向出现的频率，把各相邻方向的端点用直线连接起来的图形。因该图的形状很像玫瑰花朵，故称为"风玫瑰"，即风玫瑰图。某气象站风向玫瑰图如图 1-10 所示，图中线段最长的，即从外面到中心的距离最大，表示风频率最大，它就是当地的主导风向。同样可以画出某一时间的风速玫瑰图或风能玫瑰图。

地球表面大量空气流动所产生的动能称为风能，风能就是空气运动的动能，即单位时间内在一定面积上以某一速度流动的气流所具有的能量。对于某一具体地点，空气密度是常数，当风的扫掠面积一定时，风速则是决定风能多少的关键参数。

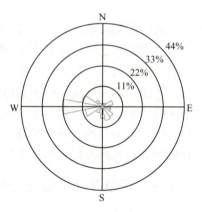

图 1-10 某气象站风向玫瑰图
（静风频率为 1.2%）

由流体力学知，气流的动能为

$$E = \frac{1}{2}mv^2 \tag{1-1}$$

式中，m 为一团气体的质量；v 为气流速度。

设单位时间内（1s）气流流过的截面积为 A 的气体的体积为 V，则

模块一　风电场概述

$$V = vA$$

如果以 ρ 表示空气的密度，则该体积的空气的质量为

$$m = \rho V = \rho v A$$

此时气流所具有的动能为

$$E = \frac{1}{2}mv^2 = \frac{1}{2}\rho A v^3 \qquad (1\text{-}2)$$

式（1-2）即为风能的表达式，也是求风能的公式。

由风能公式可以看出，风能的大小与气流的密度和通过的面积成正比，与气流速度的三次方成正比。

2. 风能资源及分布

风能是一种可再生、无污染而且储量巨大的能源。据国际气象组织估算，全球风能资源总量约为 $2.74 \times 10^{12}\text{kW}$，其中可利用的风能为 $2 \times 10^{10}\text{kW}$。风能用于发电，可以产生世界总电量的 8%~9%。根据我国气象局风能资源普查结果可知，我国陆地 10m 高度层风能资源可开发储量是 43.5 亿 kW，技术可开发量是 2.97 亿 kW，技术可开发（风功率密度在 150W/m^2 以上）的陆地面积约为 $2 \times 10^5 \text{km}^2$。海上风能资源可开发量约为 2 亿 kW。

风能资源受地形的影响较大，世界风能资源多集中在沿海和开阔大陆的收缩地带，如美国的加利福尼亚州沿岸和北欧一些国家。我国风能资源比较集中，"三北"地区（华北、东北和西北）以及东南沿海地区、沿海岛屿潜在风能资源开发量约占全国的 80%。

我国位于亚欧大陆东部，濒临太平洋，季风强盛，内陆还有许多山系，地形复杂，加之青藏高原耸立我国西部，改变了海陆影响所引起的气压分布和大气环流。此外，我国幅员辽阔，陆疆总长达 2 万多千米，还有 1.8 万多千米的海岸线，边缘海中有岛屿 5000 多个，气候的特点和广阔的疆土造就了我国丰富的风能资源。

受气候影响，我国风能资源较丰富的地区主要分布在北部和沿海及近海岛屿两个带状范围内，青藏高原北部及内陆的一些特殊地形或湖岸地区也有一些风能较丰富的地区，但这些地区面积不大。"三北"地区（东北、华北和西北）风功率密度在 $200 \sim 300\text{W/m}^2$ 以上，局部地区可达 500W/m^2 以上。如内蒙古从阴山山脉以北到大兴安岭以北、新疆达坂城、阿拉山口、河西走廊、松花江下游、张家口北部等地区，以及分布各地的高山山口和山顶，年可利用小时数在 5000h 以上，有些地区可达 7000h 以上。

海上风能资源远大于陆地风能，海上风速大且稳定。我国东南沿海及附近岛屿的风能密度可达 300W/m^2 以上，$3 \sim 25\text{m/s}$ 风速年累计超过 6000h。这些区域主要分布在长江到南澳岛之间的东南沿海及其岛屿，包括山东、辽东半岛、黄海之滨，南澳岛以西的南海沿海、海南岛和南海诸岛。我国风能资源丰富区分布见表 1-2。

表1-2　我国风能资源丰富区分布

序号	省区	风能资源/万 kW	序号	省区	风能资源/万 kW	序号	省区	风能资源/万 kW
1	内蒙古	6178	6	河北	612	11	广东	195
2	新疆	3433	7	辽宁	606	12	浙江	164
3	黑龙江	1723	8	山东	394	13	福建	137
4	甘肃	1143	9	江西	293	14	海南	64
5	吉林	638	10	江苏	238			

风力发电节能环保，可再生且有国家政策支持。但是，风能利用的缺点是密度低；风的频率不可控，产生较大的波动，对电网冲击较大；由于温度的变化，风资源不能得到持续利用，所以造成无法准确预测发电量。

二、风能资源评估

1. 风能资源的评估指标

风况是决定风力发电成败的重要因素。为保证风力发电机组高效稳定地运行，实现预期目标，风电场应建在风能资源较丰富区。为此，风能资源的评估是建设风电场的关键所在。在进行风能资源评估时，要重点考虑风的平均风速、风功率密度、风向分布及风能利用年有效小时数等指标。

（1）平均风速　平均风速是反映某地风能资源的重要参数，有月平均风速和年平均风速之分。风具有随机性的特点，评估时一般以年平均风速为参考。年平均风速是全年瞬时风速的平均值。年平均风速越高，该地风能资源越好。据测算，年平均风速大于6m/s（4级风）的地方才适合建设风电场。年平均风速的测算在依据当地测风设备实际测量数据的同时，还要参考当地多年的气象站测算数据。要了解当地30年的气象数据，至少10年的每小时或每10min风速数据表，采样间隔为1m/s。

（2）风能（功率）密度　衡量某地风能大小，要看常年平均风能多少。由于风速的随机性很大，应通过一段时间（至少一年）的观测来了解它的平均状况，从而得出某地的平均风能。风能密度是单位迎风面积可获得的风能，与风速的三次方和空气密度成正比关系，风能密度通常也叫风功率密度。对于特定地点，空气密度一定时，风功率密度只由风速决定。风功率密度越高，该地风能资源越好，风能利用率越高。风功率密度是衡量某地风能资源多少的指标。风功率密度的测算可依据该地区多年的气象站数据和当地测风设备的实际测量数据进行。

由于风速是一个随机性很大的量，应通过一定时间的观测来了解它的平均状况。所以，风能资源评估时所采用的风能密度通常指的是平均风能密度。一段时间内的平均风能密度，可以通过总的风能密度与该段时间的比值求得。更确切的求值是通过采取将风能密度公式对时间积分后取平均值的方法求得。

风能密度即风功率密度是指气流垂直通过单位截面积（风轮面积）的风能。它是表征某地风能资源多少的一个主要指标，其单位为 W/m^2（瓦特/平方米）。

风能密度的计算公式：在与风能公式相同的条件下，将风轮面积定为 $1m^2$（$A=1m^2$）时所具有的功率，即

$$P = \frac{1}{2}\rho v^3 \tag{1-3}$$

式中，ρ 为空气密度；v 为风速。

衡量一地风能的大小，要视常年平均风能的多少而定，设定时段的平均风能密度表达式为

$$\overline{P} = \frac{1}{T}\int_0^T \frac{1}{2}\rho v^3 \mathrm{d}t \tag{1-4}$$

式中，T 为总时数；$\mathrm{d}t$ 为某一设定的时间段。

（3）风向分布　风向及变化范围决定风力发电机组在风电场中的确切排列，而风力发电机组的排列决定各机组的电能输出，从而决定风电场的发电效率。为此，要准确测定主要盛行风向及其变化范围。

（4）年有效小时数　风能资源决定于风能密度和可利用的风能年累积有效小时数。风力发电机组的切入风速一般为 3～4m/s，切出风速一般为 25m/s，从切入风速到切出风速之间的风速称为有效风速。年有效小时数是指一年内风力发电机组在有效风速范围（3～25m/s）内的运行时间。

一般情况下，平均风速越大，风能密度也越大，风能可利用小时数就越多。根据国际"风电场风能资源评估方法"中给出的数据可知，当某地区风能密度大于 150W/m²、年平均风速大于 5m/s、年风能可利用时间在 2000h 以上时，可视为风能资源可利用区；当某地区风能密度为 200～250W/m²、年平均风速在 6m/s 左右、年风能可利用时间在 4000h 以上时，为风能资源比较丰富区，可建设较好的风电场；当某地区风能密度为 300～400W/m²、年平均风速在 7m/s 左右、年风能可利用时间在 5000h 以上时，可视为风能资源丰富区，可建设非常好的风电场。

2. 风能资源评估程序

风能资源评估的目标是确定某一区域风能资源状况，即风能资源是否丰富或较丰富，通过数据估算选择合适的风力发电机组，并为确定各风力发电机组具体排放位置提供依据。风能资源评估一般采取如下程序：

1）收集气象资料、地理数据（海拔、经纬度）、地形图、地质资料、风况资料，评价地形、自然环境和交通情况。要收集当地气象站最近 30 年的风速、风向等系列资料。

2）现场考察，选址。在风能资源及地质、交通等满足风力发电需求的情况下，要到实地考察，进行风电场选址。

3）风况观测，测风塔安装，测量参数。气象站提供的气象数据只反映较大区域内的风气候。为满足微观选址对代表性风速和风向的需要，要在初选区域内竖立不少于 2 座测风塔进行至少 1 年以上的测风，内容包括风速、风向、温度、气压。要重点监测年平均风速不小于 6m/s 的小时数。测风仪应安装在测风塔的 10m、30m、50m、70m 高度，甚至更高。复杂地区要在每根测风塔上安装 3～5 台测风装置，高度 2～3 层。风电场测风塔一般有桁架式测风塔和塔筒式测风塔两种类型，如图 1-11a、b 所示。

4）数据收集，管理和分析，保证有效数据完整率 90% 以上。检查风

a) 桁架式测风塔　　　b) 塔筒式测风塔

图 1-11　测风塔

场测风获得的原始数据，对其完整性和合理性进行判断，检验出缺测的数据和不合理的数据，适当处理，整理出一套连续一年完整的风场逐个小时的测风数据，并验证结果。

5）风况分析，风能资源评估。在进行风况分析时，重点分析风向频率和风能密度的方向分布、风速的日变化和年变化、各等级风速频率、年有效小时数、湍流强度（风速随机变化幅度的大小，一般指 10min 内标准风速偏差与平均风速的比值）及其他气象因素（如

大风、积雪、雷暴等)。

6) 编制风能资源评估报告。

做一做：到当地气象站做调研，查询近两年的气象数据，分别绘制出风速玫瑰图、风向玫瑰图及风能玫瑰图。并分析在这样的风能资源状况下，是否适合建风电场。

项目三 风电场的选址

风电场选址过程是从一个较大地区对风能资源状况等多方面要素进行考察后，选择一个最有利用价值的小区域的过程。这个过程是非常重要的，因为风电场投产后的发电量，取决于风能资源状况和风电场的设计。

一、风电场选址的基本要素

风电场的经济效益取决于风能资源、电网连接、交通运输、地质条件、地形地貌和社会经济等多方面因素。为此，风电场选址除主要考虑气象方面的参数外，还要综合考虑包括场址所在地对电网要求、交通、地质、环境、电力等诸多因素。

1. 风能资源丰富

建设风电场最基本的条件是要有能量丰富、风向稳定的风能资源。故风电场场址要选在风能资源丰富、可利用率高的地区。

一是要选在风能质量好的地区。这个地区年平均风速较高；风功率密度大；风频分布好；可利用小时数高。即年平均风速大于 6.0~7.0m/s，30m 高度处的年有效风力小时数在 6000h 左右，风功率密度达到 250W/m^2 以上。

二是要选在风向基本稳定的地区，即主要有一个或两个盛行主风向的地区。盛行主风向是指出现频率最多的风向。风向单一对风力发电机组排列有利，考虑因素少，排布相对简单。风向不固定，给大数量机组排列带来不便。要获得较好的发电效益，就要多方面考虑机组的最佳排布方案，为场址微观设计增加了难度。在风向玫瑰图中，主导风向在 30% 以上，可以认为是比较稳定的。风向稳定可以增大风能的利用率、延长风力发电机组的使用寿命。

三是要选择风速变化小的地区，尽量不要有较大的风速日变化和季节变化。

四是要选在风湍流强度小的地区。大气的不稳定和地表的粗糙会产生风的湍流，无规则的湍流使风力发电机组产生振动，叶片受力不均引起部件机械磨损。湍流强度过大会使风力发电机组振动受力不均，缩短风力发电机组使用寿命，甚至会毁坏风力发电机组。湍流还减少了可利用的风能，影响发电机组的发电效益。为此，选址时尽量避开上风方向地形起伏和障碍物较大的地区，即湍流强度值不超过 0.25。

2. 并网条件好

并网型风力发电机组需要向电网输送电能，场址选择时，一要考虑电网容量，避免风电并网输出随机变化对电网的破坏。一般情况下，风电场的总容量不宜大于电网总容量的 5%；还要尽可能靠近电网，以降低并网工程投资及减少输电线路损耗，满足电压降要求。

3. 交通便利

风电场构成设备的特殊性决定了风电场交通运输的重要性。单机容量 1500kW 的风力发电机组主机机舱重约 56t，叶片长 40m 左右，为此，场址设计时一定要考虑运输路段及桥梁的承重是否适合，设备供应运输是否便利等，运输公路至少要达到三、四级公路标准。

4. 气象和环境影响小

风电场尽可能选在不利气象和环境条件影响小的地区。近海区域要重视台风侵袭，要求风力发电机组有足够的强度和抗倾覆能力；要考虑盐雾的强腐蚀性对机组金属部件的侵蚀；要重视高山严寒地区冰冻、雷暴、高湿度等气象条件对风电场运行可能产生的不利影响。如测风仪的风杯结成冰球，导致测风数据不准，传感器输送信号失误，控制系统则发出错误指令，将严重影响机组运行；高湿度对电气设备绝缘产生的不利影响等。

风电场选址应避开雷电活动剧烈地区。某一风电场统计结果显示，风力发电机组的叶片被雷电击中率达 4% 左右，而其他通信电气元件被击中率更高达 20%。遭受雷击后叶片和电气系统一般均会受到不同程度的损坏，严重的会导致停运。

风电场对生态环境有一定的影响，如对鸟类有伤害、会破坏草原植被、产生噪声及电磁干扰等。场址设计时要考虑到这些因素，尽量避开候鸟迁移路线；尽量减少破坏草原和占用植被；新修山地公路要注意挖填平衡，防止水土流失；场址要远离居民区至少 2km 以外，避免噪声及风轮旋转时带动空气振动对居民身心造成的危害。

5. 地形、地理条件适宜

一般来讲，风电场的投资成本正常情况下需要十年左右收回，所以场址选择要充分考虑地形因素、地质情况和地理位置。地形因素包括多山区、密林区、平原区和水域区等。地形单一，对风的干扰低，机组运行无干扰；反之地形复杂，产生扰流现象严重，机组运行状态差，发电效率低。选址时要考虑所选场地的土质情况，是否适合深度挖掘、土建施工等，要有详细的反映选址区的水文地质资料，并依照工程建设标准进行评定。风电场选址要远离强地震带、火山频繁爆发区及具有考古意义和特殊使用价值的地区。

二、风电场选址方法

在风电场建设之前，前期的选址工作是关键而重要的一步。风电场场址恰当与否直接影响风电厂建成投产后的风能资源利用率、风电场年发电量以及风电场对周围环境的影响等。风电场的选址参数和指标在上一节中已详细介绍，本小节介绍一下这些参数的确定方法。

1. 资料分析法

1）搜集初选风电场址周围气象台站的历史观测数据，主要包括：海拔、风速及风向、平均风速及最大风速、气压、相对湿度、年降雨量、气温、最高和最低气温以及灾害性天气发生频率等。

2）在初选场址内建立测风塔，并进行至少 1 年以上的观测，主要测量 10m、70m、100m 高度的 10min 平均风速和风向、日平均气温、日最高和最低气温、日平均气压以及 10min 脉动风速平均值。这些风速的测量主要是为了根据风力发电机组功率曲线计算发电量，并计算场址区域的地表动力学摩擦速度。

3）对测风塔显示数据进行整理分析，并将附近气象台站观测的风向风速数据订正到初选场址区域。

2. 实地调研法

资料分析法主要针对条件较好的地区，如果某些地区缺少历史观测数据，同时地形复杂，不适宜通过台站观测数据来订正到初选场址，可以通过如下方法对场址内风能资源情形进行评估：

（1）地形地貌特征判别法　有些地区如丘陵和山地缺少测风数据，就只有利用地形地貌特征进行风能资源评估。地形图是表明地形地貌特征的主要工具，采用1∶50000的地形图，能够较详细地反映出地形特征。

从地形图上可以判别发生较高平均风速的典型特征是：经常发生强烈气压梯度的区域内的隘口和峡谷；从山脉向下延伸的长峡谷；高原和台地；强烈高空区域内暴露的山脊和山峰；强烈高空风或温度/压力梯度区域内暴露的海岸；岛屿的迎风和侧风角。

从地形图上可以判别发生较低平均风速的典型特征是：垂直于高处盛行风向的峡谷；盆地；表面粗糙度大的区域，如森林覆盖的平地等。

（2）植物变形判别法　植物因长期被风吹而导致永久变形的程度可以反映该地区风力特性的一般情况。特别是树的高度和形状能够作为记录多年持续的风力强度和主风向的证据。树的变形受多种因素的影响，包括树的种类、高度、暴露在风中的程度、生长季节和非生长季节的平均风速、年平均风速和持续的风向等，事实证明，年平均风速是与树的变形程度最相关的特征。

（3）风成地貌判别法　地表物质会因风吹而移动或沉积，形成干盐湖、沙丘或其他风成地貌，从而表明附近存在固定方向的强风，如在山的迎风坡岩石裸露，背风坡沙砾堆积等。在缺少风速数据的地方，研究风成地貌有助于初步了解当地的风况。

（4）当地居民调查判别法　有些地区气候特殊，各种风况特征不明显，可通过对当地长期居住居民的询问调查，定性了解该地区风能资源情况。

3. 软件应用法

由于资料分析法在资料的时空分辨率方面具有一定局限性，同时随着数值模拟技术的快速发展，越来越多的高分辨率气象模式及流体力学计算软件被应用到风电场微观选址工作中。目前最常用的风电场微观选址及风能资源评估的软件有 WAsP、WindPro、WindSim 和 WindFarmer 等。

（1）WAsP　WAsP（Wind Atlas Analysis and Application Program）由丹麦 RISΦ 实验室开发，是基于比较平坦的地形设计的，可以由一个测风观测塔推算周围 $100km^2$ 范围内的风能资源分布。WAsP 对风能资源评估适用于区域面积小、地形相对平坦的地区。

（2）WindPro　WindPro 是丹麦 EMD 公司设计的一款用于风电场选址及风能资源评估的软件。该软件考虑初选场址地形、地表粗糙度及障碍物，以及测风塔观测数据运用 WAsP 计算风电场范围内风能资源分布情形，并对风电场内风力发电机组排布进行优化选址，同时可以对风力发电机组定位工作后产生的噪声、闪烁及可视区域进行计算。WindPro 还可以将场址附近观测站长时间序列观测数据订正到场址内的观测点上。由于 WindPro 采用 WAsP 来计算风能资源分布，因此该软件更适宜用于相对平坦地形上的风电场选址及风资源评估。

（3）WindSim　WindSim 是挪威一家公司设计的基于计算流体力学方法对风电场选址及风能资源评估的软件。WindSim 包括六个模块：地形处理模块、风场计算模块、风力发电机组位置模块、流场显示模块、风能资源计算模块、年发电量计算模块。其中，风场计算模块适用于计算流体力学商用软件 Pheonics 的结构网格计算器部分。WindSim 采用计算流体力学软件来模拟场址内的风场情形，可以很好地计算出相对复杂地形下的风场分布情况，因此，WindSim 可以用于相对复杂地形条件下的风电场选址及风能资源评估。

（4）WindFarmer　WindFarmer 是英国 Garrad Hassan 公司开发的有效的风电场设计优化软件。它综合了各方面的数据处理、风电场评估，并集成在一个程序中快速精确地计算处理。可以通过 WindFarmer 自动有效地进行风电场布局优化，使其产能最大化并符合环境、技术和建造的要求。WindFarmer 包含以下几个功能模块：基础模块、可视化模块、MCP + 模块、紊流强度模块、金融模块、电力模块、阴影闪烁模块等。其中基础模块是 WindFarmer 的核心，具有所有设计风电场必需的基本功能，主要包括：地图处理、风电场边界定义、风力发电机组工作室、风电场尾流损失模型、电量计算选项、自动设计优化、噪声影响模型、电量、风速、噪声和地面倾斜地图、多个风电场独立和累积分析、与 WAsP 和其他风力流动模型软件的连接界面。紊流强度模块提供高级用户先进的风力流动、风力发电机组性能和风力发电机组负载模型。电力模块用于设计风电场的电力规划，包括对于变压器、电力电缆的超载检查和计算电力损耗等。

在具体选址工作中，资料分析法、实地调研法和软件应用法三种方法可以互相结合使用，以求对拟建风电场的选址给出最恰当的数据支持和建议。

项目四　风电场机组选型与排布

在掌握了风能资源和风况勘测结果后，遵循风电场选址的技术原则，便可粗略地选址定点。风电场场址选定后，首先要确定适合该风电场的风力发电机组类型，即进行风力发电机组选型，然后根据场址区域内的地理条件、风况以及机组运行时自身所引起的风扰动确立风电场内各风力发电机组的具体位置。

一、风力发电机组选型

根据选址时测得的风能资源数据和风力发电机组技术资料参数，选择使风电场的单位电能发电成本最小的风力发电机组，是风力发电机组选型的最基本原则。影响风力发电机组发电量的主要因素有风能资源、风力发电机组的类型与性能等，风电场选址时要充分考虑到这些因素，才能获得较好的经济效益。

1. 风能资源

风能资源是风电场选址的前提条件，风力发电机组选型的重要技术指标也与风能资源紧密相关，就是根据风电场的风能资源情况确定被选机组的额定风速、极限风速和切出风速。

根据对风能利用效率的理论分析，陆上风电场中风力发电机组的额定风速应选取 12~13m/s，海上风能资源较陆上丰富，风电场中风力发电机组的额定风速应选取 15~16m/s。由于风速的随机性很大，我国投入运营的风力发电机组大部分时间都在额定风速以下运行，进入额定风速区后，同功率机型之间的发电量差别不大。不同发电机组的发电量差别则主要集中在额定风速以下的区间，因此对额定风速的确定直接关系到风力发电机组发电的指标。此外，风能的捕获能力和利用效率也是影响风力发电机组发电的指标。实践表明，风力发电机组的额定风速与风电场的年平均风速越接近，风力发电机组的有效运行时间越长，风力发电机组的满载发电效率越高。

风力发电机组选型应考虑其极限风速,以确保其运行时的安全性。被选风力发电机组的结构强度和刚度一定要符合风电场的极限风速,若低于风电场的极限风速,风力发电机组可能被损坏;若为追求安全性而选择极限风速过高的风力发电机组,则会毫无意义地增加投资。

风力发电机组选型时还要考虑到其切出风速。因为由额定风速到切出风速之间风力发电机组处于满功率发电状态,选择切出风速高的机型有利于多发电。但切出风速高的机型在额定风速至切出风速阶段的控制需要增加投入,投资者应根据风电场的风能资源特点综合考虑。一般情况下,若风电场在切出风速前的一段风速出现概率大于50%,则选择切出风速高的机型较好。

2. 风力发电机组的类型

(1) 定桨距风力发电机组与变桨距风力发电机组　风电场中的风力发电机组通常有定桨距和变桨距两种类型。

定桨距风力发电机组是指桨叶与轮毂是固定连接的,即当风速变化时,桨叶的迎风角度不能随之变化。定桨距风力发电机组叶翼本身具有自动失速特性,当风速高于额定风速时,气流的攻角增大到失速条件,使桨叶的表面产生涡流,效率降低,用于限制发电机的功率输出。定桨距风力发电机组为提高风力发电机组在低风速时的效率,一般采用大小发电机的双速发电机设计。低风速段运行时,采用小发电机使桨叶具有较高的气动效率,提高发电机的运行效率。

定桨距机组具有生产时间长、结构简单可靠、成本低、技术成熟的优点;其主要缺点是失速调节效率较低。

变桨距风力发电机组是指桨叶可以绕其安装轴旋转,以改变桨叶的桨距角,从而改变风轮的气动特性。在运行过程中,当输出功率小于额定功率时,桨距角保持在0°位置不变,不做任何调节。当发电机输出功率达到额定功率以后,控制系统根据输出功率的变化调整桨距角的大小,使发电机的输出功率保持在额定功率附近。

变桨距风力发电机组的主要优点是其桨距角可以随风速的变化而自动调节,能够尽可能多地吸收风能,同时在高于额定风速段能保持满功率平稳输出;其缺点是结构及控制比较复杂,故障率相对较高。

(2) 恒速恒频风力发电机组与变速恒频风力发电机组　并网型风力发电机组的并网条件是风力发电机组发出的电力必须与电网电压相同,与电网频率相同。

恒速恒频风力发电机组指的是机组中发电机的转速是恒定的,不随风速的变化而变化,始终在一个恒定不变的转速下运行。由于风能资源的不确定性和不稳定性,恒速恒频机组恒速范围较窄,风能利用效率较低。

变速恒频风力发电机组是指发电机的转速随风速变化,发出的电流通过整流和逆变,使输出频率与电网频率相同。变速恒频机组的优点是可以在大范围内调节运行转速,来适应因风速变化而引起的风力发电机组输出功率的变化,可以最大限度地吸收风能,因而效率较高。变速恒频技术是目前最优化的调节方式,也是未来风力发电技术发展的主要方向。变速恒频发电技术可以较好地调节发电系统的有功和无功功率,只是控制系统比较复杂。

3. 风力发电机组的性能

(1) 单机容量　对于风力发电机组的容量选择应该是额定功率越大越好,表1-3所列是某风电场单机容量经济性比较。

表 1-3　某风电场单机容量经济性比较

序　号	项　　目	方　案　一	方　案　二
1	单机容量/kW	300	600
2	总装机容量/kW	6000	6000
3	设计年发电量/kW	1405	1450
4	工程静态投资/万元	6369	5670
5	单位度电静态投资/(元/kW·h)	4.53	3.91

从表 1-3 中看到，在相同的装机容量下，单机容量越大，发电量越大，单位度电静态投资减少，总投资降低，经济效益越好。当然，单机容量大的风力发电机组，风轮直径较大，塔筒高度也相对较高，设备成本会相应高些，但机组安装的轮毂越高，接受的风能越多，质量越好（高处风速稳定，紊流干扰小），发电量也就越大。

（2）低电压穿越能力　风力发电机组的低电压穿越能力是指当电网因为各种原因出现瞬时的一定幅度的电压降落时，风力发电机组能够不停机继续维持正常工作的能力。对于低电压穿越能力差的风力发电机组，当电网出现电压降落时会保护性停机并自动切出电网。一台风力发电机组的切出将导致电网电压的进一步降落，致使整个风电场风力发电机组全部停机，继而全部切除电网，造成电网中电力供应失去平衡，导致整个电网崩溃。

因为风力发电机组的低电压穿越能力关系到电网的安全，电网公司为此专门制定了风力发电机组的低电压穿越能力并网标准，以提高风力发电机组并网门槛的办法来保障电网的安全。因此低电压穿越能力是衡量风力发电机组并网性能的重要指标。

（3）上网电量　上网电量即风力发电机组的发电量。一个风电场采用同一机型，有利于维修和减少备品备件的数量，减少资金占用，但也会出现来风时全部机组同时发电，风小时全部机组同时停机切出的现象，对电网产生巨大冲击并影响电网的稳定运行。为此，大型风电场应采用不同风力发电机型的组合方案，这可以避免全发全停现象，对风力发电设备的可利用率具有优化作用。

二、风力发电机组排布

风力发电机组的排布是要在机组型号、数量和场地已确定的情况下，考虑地形地貌特征对风能资源的影响和风力发电机组间尾流效应的影响，合理选择机组间的排列方式，达到风电场的效益最大。

风力发电机组的发电原理是通过旋转的风轮把风的动能传递给发电机，从而转化成电能。但风在通过风轮后速度下降产生湍流，会对后面的机组产生影响；机组间距过远又会增加电缆长度，提高联网费用，而场内土地也是有限资源。为此，风力发电机组的排布既要考虑到投资成本和土地因素而排列的尽可能近，也要考虑到风通过风力发电机组后的尾流效应而排列的尽可能远。考虑到这些因素，就要充分、高效地开发利用风能资源，经济、合理地减小风电场的占地面积，在满足风力发电机组设计出力的前提下，对风力发电机组布置进行反复的优化和经济评价。

1. 风电场的地形地貌特征

根据世界气象组织给出的风力发电机组安装位置框图可知，风力发电机组具体选址时一般要遵循如下原则：首先要确定盛行风向，其次要将地形分类，根据不同地形地貌确立机组排布。

地形可以分为平坦地形和复杂地形两类。平坦地形中主要是地面粗糙度的影响，复杂地形除了地面粗糙度外，还要考虑地形特征。

对于平坦地形，在场址区域内，同一高度上的风速分布基本是均匀的，可以直接使用临近气象部门的风速观测资料来对场址区域内的风能进行监测。风在垂直方向上的廓线与地面粗糙度有直接的关系，计算相对简单。对这类地形，提高风力发电机组功率输出的唯一方法是增加塔筒高度。

平坦地形以外的各种地形都称为复杂地形。一个地区自然地形比较高，该地风速可能就比较高。这不只是由于高度的变化，也可能由于受某种程度的挤压（峡谷效应）而产生加速作用。山谷内，当风向与谷地走向一致时，风速将比平地大；反之，风向与谷地走向垂直时，气流受到地形阻碍，谷地内的风速大大减弱。例如我国新疆的阿拉山口地区，因其地形的峡谷效应，风速在此得到很大的增强，成为我国著名的大风区。在谷地选址时，首先要考虑的是山谷风走向是否与当地的盛行风向相一致，还要考虑到谷地内的峡谷效应。

对于山丘、山脊等隆起地形，主要利用它的高度抬升和它对气流的压缩作用来选择风力发电机组安装的有利地形。相对于风来说展宽很长的山脊，风速的理论提高量是山前风速的2倍，而圆形山包为1.5倍。孤立的山丘由于山体较小，气流流过山丘时主要是绕行。山丘本身也相当于一个巨大的塔架，是比较理想的风力发电机组安装场址。实践证明，在山丘与盛行风向相切的两侧上半部是最佳场址位置，其次是山丘的顶部。要避免在整个背风面及山麓选定场址，因为这些地区不但风速明显降低，且有很强的湍流。

2. 尾流效应

气流流过障碍物时，在障碍物的下游会形成尾流扰动区，然后逐渐衰弱。在尾流区，不仅风速会降低，而且还会产生很强的湍流，对风力发电机组运行十分不利。因此，在布置风力发电机组的位置时，一定要避开尾流区。

尾流的大小、延伸长度及强弱与障碍物大小及形状有关。如果必须在有障碍物的区域内安装风力发电机组，则风力发电机组的安装高度至少要高出地面2倍障碍物高度，距障碍物有2~5倍障碍物高度的距离。

风电场各风力发电机组间如间距过近，也会有尾流效应。基于风能资源的有限性、可建设风电场场地的局限性，如不考虑各风力发电机组尾流的相互影响，则其风力发电机组数量布置越多，单位容量的平均投资成本越低，经济性越好。但实际上，当风经过风力发电机组的风轮叶片后，由于风轮吸收了部分风能，造成了风速下降并产生了尾流，且转动的风轮会导致湍动能增大，产生气流畸变、湍流，因此风通过风力机后风速会有一定程度的突变减小，这就是所谓的风力发电机组的尾流效应。之后，在周围气流的作用下，经过一定的距离，风速会逐渐恢复，但在到达下游风力发电机组时，风速的恢复值与两风力发电机组间的距离有关。如风电场内风力发电机组布置过密，以致风经过上游风力发电机组后的风速来不及恢复而导致下游风力发电机组的工作风速过低，将造成下游风力发电机组出力大大减小，风电场的单位电量效益较小，单位出力投资成本较大，经济性较差。故而在风力发电机组布置时应要考虑尾流效应。

3. 风力发电机组的机组布阵

风电场内风力发电机组布置过密，会受到机组间的尾流影响，降低发电量，则经济性较差；反之，如风电场内风力发电机组布置过疏，风电场总装机容量过小，则其单位容量的投资成本和运行维护费用均较高,经济性也较差。因此,根据风电场场址处的风能资源情况,在选定风力发电机组单机容量后,合理确定风力发电机组布置数量和布置形式是提高大型风电场经济性的重要设计环节。综合考虑了以上种种影响因素,并充分分析了并网运行风电场的经验后,总结出一条风力发电机组的布置原则,即在盛行风向上机组间隔 5~9 倍风轮直径,在垂直于盛行风向上要求机组相隔 3~5 倍风轮直径。

应根据风电场风向玫瑰图和风能密度玫瑰图确定盛行(主导)风向,机组排列应与盛行风向垂直。对平坦、开阔的场址,可以单排或多排布置风力发电机组;多排布置时要尽量考虑成"梅花形"(前后两排错开)排列,以减少风力发电机组之间的尾流影响。

当场址内存在多个盛行风向时,风力发电机组排布可考虑采用"田"形或圆形分布,也可以考虑梅花形布置,只是风力发电机组间的距离应相对大一些,通常取 10~12 倍风轮直径或更大。

对于复杂地形不能简单根据上述原则确定风力发电机组位置,而要根据实地情况,测算各点的风力情况后,同时应注意复杂地形条件下可能存在的紊流情况,综合考虑各方面因素,确定风力发电机组位置。

实践训练

做一做:图 1-12 所示是几个风电场风力发电机组排布,仔细观察机组排布,分析排布规律。

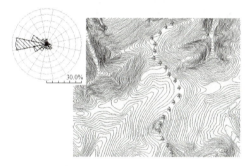

a) 山区风场地形及风力发电机组排布

b) 丘陵风场地形及风力发电机组排布

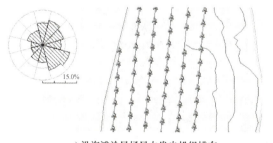

c) 沿海滩涂风场风力发电机组排布

图 1-12 风电场风力发电机组排布

知识链接

风电场年发电量的计算

风电场选址之后,确定风电场拟安装的机型、轮毂高度及风力发电机组的位置。应用

WAsP 软件，根据风电场当地的标准空气密度，采用单机功率表和功率曲线图，算出各单机年发电量，单机发电量的总和即是风电场的年上网电量。计算的方法步骤如下。

1. 计算风电场各台风力发电机组标准状态下的理论发电量

风力发电机组的理论发电量一般都采用 WAsP 计算，需要准备的资料及数据有：

1) 数字化地形图，比例为 1:25000 或 1:10000。高精度的电子版 CAD 地形图更好。

等高线一定要认真输入和检查，避免交叉。全部位于图幅内的等高线要闭合，山峰和山脊的高度要特别标示出来。

粗糙度线是有方向的。输入时要根据粗糙度的前进方向，分左右两侧输入，两侧一般不同。和等高线一样，全部位于图幅内的粗糙度线要闭合。

2) 经过订正的场址观测站的风速、风向数据和观测站的位置、风速计高度。这些数据早在风能资源评估时就已经测算出来。

3) 选定机型的功率曲线、推力曲线。这些曲线可以从风力发电机组制造厂家得到。

4) 场址内障碍物的大小、位置和孔积率。

障碍物和粗糙度如何区分。假设物体的高度为 h。如果兴趣点（风速计或风力发电机组的轮毂处）到物体的水平距离小于 $50h$ 且高度小于 $3h$，则物体作为障碍物处理；如果兴趣点到物体的水平距离大于 $50h$ 或高度大于 $3h$，则物体作为粗糙度的一个元素处理。

2. 尾流影响修正

WAsP 软件的 8.0 以上版本可以自动计算出风力发电机组之间的尾流影响系数并进行电量的折减，因此尾流修正直接用软件计算的结果即可。

3. 空气密度修正

由于场址的空气密度一般不等于标准空气密度 1.225kg/m^3，所以要做空气密度修正。

空气密度修正公式为

$$\rho = \frac{1.276}{1+0.00366t} \cdot \frac{p-0.378e}{1000} \tag{1-5}$$

式中，ρ 为累年平均空气密度（kg/m^3）；p 为累年平均气压；e 为累年平均水汽压；t 为累年平均气温。

当无法测得水汽压时，可采用式（1-6）修正空气密度值，即

$$\rho = \frac{p}{RT} \tag{1-6}$$

式中，p 为年平均大气压力（kg/m^3）；R 为气体常数，$R=287\text{J/(kg·K)}$；T 为年平均空气开氏温标绝对温度。

4. 可利用率折减

一般根据厂家的保证取 95%，即减去 5%。

5. 功率曲线保证折减

一般根据厂家的保证取 95%，即减去 5%。

6. 叶片污染折减

根据场址的空气状况取 98%～99%，即减去 1%～2%。

7. 湍流强度折减

根据湍流强度的大小，在 92%～98% 取值，即减去 2%～8%。

8. 气候影响折减

根据场址内由于气温、积冰等天气的影响而不能发电造成的电量损失比例折减。折减计

算时，首先按 1m/s 一个区间统计出各区间的小时数，然后将各区间的小时数和功率曲线对应的功率相乘并求和，得出不受损失时全年电量。再用同样的方法求出一年内损失的电量，并求出损失电量和不受损失时全年电量的比值，即可进行折减。风力发电机组数量多时，按测风塔数量和到测风塔的距离将风力发电机组的折减比例分组计算。计算时要保证订正的风速数据是整年的。

9. 损耗和厂用电折减

参照类似已建工程估算折减系数。

根据场址的具体情况，还可以做其他折减。经过修正和折减以后，得到各风力发电机组年上网电量。汇总各风力发电机组年上网电量，即可得到风电场的年上网电量。

思考练习

一、选择题

1. 风能的大小与风速的_____成正比。
   A. 二次方　　　B. 三次方　　　C. 四次方　　　D. 五次方
2. 风能的大小与空气密度_____。
   A. 成正比　　　B. 成反比　　　C. 二次方成正比　　　D. 三次方成正比
3. 按照年平均定义确定的平均风速叫_____。
   A. 平均风速　　　B. 瞬时风速　　　C. 年平均风速　　　D. 月平均风速
4. 年有效小时数是指一年内风力发电机组在有效风速范围_____ m/s 内的运行时间。
   A. 3～25　　　B. 3～20　　　C. 5～25　　　D. 4～20
5. 将风力发电机组安装在风电场，前后最小间距为风轮直径的_____倍。如果风力发电机组排列成一排并垂直于主风向，则风力发电机组之间的距离至少为风轮直径的_____倍。
   A. 二、三　　　B. 三、五　　　C. 四、五　　　D. 五、三
6. 风向测量通常采用风向标，一般设在_____高的位置。
   A. 10m　　　B. 20m　　　C. 30m　　　D. 50m
7. 风电场电气_____系统主要用于能量生产、变换、分配、传输和消耗。
   A. 二次　　　B. 一次　　　C. 一次和二次　　　D. 三次
8. 风电场电气_____系统主要对一次设备进行监测、控制、调节和保护。
   A. 一次　　　B. 三次　　　C. 一次和二次　　　D. 二次
9. 风是由于太阳辐射地表不均匀造成了空气的温度差和压力差而产生的，是相对于地面的空气运动，通常用_____描述。
   A. 风能　　　B. 风功率　　　C. 风速和风向　　　D. 空气密度
10. 风力发电机组的布置原则，在盛行风向上机组间隔_____倍风轮直径，在垂直于盛行风向上要求机组相隔_____倍风轮直径。
    A. 3～5、5～9　　　B. 5～10、3～5　　　C. 10～12、3～5　　　D. 5～9、3～5

二、判断题

1. 风能在自然界不断生成，并有规律地得到补充，周而复始地运转，因此，风能是可再生能源。（　　）
2. 空气密度仅是水密度的 1/773，在相同的流速下，要获得同等功率，风轮直径要比水轮大 27.8 倍，所以说风力发电的投资较大。（　　）
3. 丹麦 1891 年在 ASKOV 建成世界上第一台风力发电机。（　　）
4. 我国离地 10m 高风能资源储量为 253 亿 kW，离地 50m 高风能资源储量增加一倍，海上风能资源储

量为7.5亿kW。 （ ）
5. 风的功率是一段时间内测量的能量。 （ ）
6. 风电场电气部分由电气一次系统和电气二次系统组成。 （ ）
7. 风向就是风吹来的方向，风向测量用方位表示，陆地通常有15个方位。 （ ）
8. 根据风电场风向及风能密度玫瑰图确定盛行（主导）风向，风力发电机组排列应与盛行风向平行。 （ ）
9. 风电场电气二次系统由二次设备如熔断器、变压器、继电器、控制电缆等组成。 （ ）
10. 当场址内存在多个盛行风向时，风力发电机组排布可考虑采用"田"形、圆形或梅花形布置，只是机组间的距离应相对大一些，通常采用10～12倍风轮直径或更大。 （ ）

三、填空题

1. 风力发电的优点是_____、_____、_____。
2. 风能利用的缺点是_____；风的_____不可控，产生较大的波动，对电网冲击较大；由于温度的变化，风能资源不能够得到持续利用，所以无法准确预测发电量。
3. 风电场按其所处的位置可以分为_____风电场、_____风电场和_____风电场三种类型。
4. 风能的计算公式为_____。
5. 风向玫瑰图表示风向和风向的_____。
6. 风电场电气一次系统由_____、集电系统（包括无功补偿装置）、_____及场内用电系统组成。
7. 风玫瑰图分为风向玫瑰图、_____和_____三种。
8. 风电场一般由风电场_____、风电场建筑设施和风电场_____三部分构成。

四、简答题

1. 什么是风玫瑰图？
2. 风能资源的评估指标有哪些？
3. 简述我国的风能资源情况及分布。
4. 影响风电场选址的主要因素有哪些？
5. 多台风力发电机组在安装地点应怎样布局？

五、计算题

某台风力发电机组，在6m/s风速时输出功率是60kW。当风速为12m/s时，问此时该机组的输出功率是多少？

模块二

风电场电气系统

目标定位

能力要求	知识点
理 解	风电场电气部分的构成
掌 握	风力发电机组的结构原理
理 解	风力发电机组的控制技术
了 解	风力发电机组安装的相关内容
识 记	风力发电机组的调试

知识概述

本模块主要介绍风电场电气部分的构成、风力发电机组的结构原理与控制技术、风力发电机组的安装、调试与试运行等内容。通过对这些内容的学习，初步了解和掌握风电场电气部分的构成及性能、风力发电机组各系统运行原理、风力发电机组的调试，为下一步学习风力发电机组的运行与维护奠定基础。

项目一 风电场电气系统概述

一、电气系统构成

风力发电场电气系统是由风电场、电网以及负荷构成的整体，是用于风电生产、传输、变换、分配和消耗电能的系统。风电场是整个风电系统的基本生产单位，风力发电机组生产电能，变电站将电能变换后传输给电网。电网是实现电压等级变换和电能输送的电力装置。电网按电压等级划分为 6kV、35kV 及 110kV 等。我国的电网额定电压等级分为 0.22kV、0.38kV、3kV、6kV、10kV、35kV、60kV、110kV、220kV、330kV、500kV 等。习惯上称 10kV 以下线路为配电线路，35kV、60kV 线路为输电线路，110kV、220kV 线路为高压线路，330kV 以上线路为超高压线路。

风电场的电气系统和常规发电厂是一样的，也是由一次系统和二次系统组成的。电气一次系统用于电能的生产、变换、分配、传输和消耗；对一次系统进行监测、控制、调节和保护的系统称为电气二次系统。

风电场一次系统由四个部分组成，即风力发电机组、集电系统、升压变电站及风电场用电系统。其中，风力发电机组主要包括风力机、发电机、电力电子换流器（变频器）、机组升压变压器（集电变压器）等。风电场的主流风力发电机组本身输出电压为690V，经过机组升压变压器将电压升高到10kV或35kV。集电系统的主要功能是将风力发电机组生产的电能以组的形式收集起来，由电缆线路直接并联，汇集为一条10kV或35kV架空线路（或地下电缆）输送到升压变电站。升压变电站的主变压器将集电系统的电能再次升高，一般可将电压升高到110kV或220kV并接入电力系统，百万千瓦级的特大型风电场需升高到500kV或更高。风电场用电主要是维持风电场正常运行及安排检修维护等生产用电和风电场运行维护人员在风电场内的生活用电。

风电场电气一次系统的组成如图2-1所示。

图2-1 风电场电气一次系统的组成

二、电气设备及运行

风电场电气一次系统和电气二次系统是由具体的电气设备构成的。构成电气一次系统的电气设备称为一次设备，构成电气二次系统的电气设备称为二次设备。一次设备是构成电力系统的主体，它是直接生产、输送、分配电能的电气设备，包括风力发电机组、变压器、开关设备、电力母线、电抗、电容、互感器、电力电缆和输电线路等。其中一次设备中最为重要的部分是发电机、变压器等实现电能生产和变换的设备，它们和载流导体（母线、线路）相连接实现了电力系统的基本功能。二次设备通过CT、PT同一次设备取得电的联系，是对一次设备的工作进行监测、控制、调节和保护的电气设备，包括测量仪表、控制及信号器具、继电保护和自动装置等。二次设备及其相互连接的回路称为二次回路，二次回路是电力系统安全生产、经济运行、可靠供电的重要保障，是风电场不可缺少的重要组成部分。

为具体电气设备提供电能的相关设备是电源，向用户供电的线路称为负荷。配电装置用于具体实现电能的汇集和分配，它是根据电气主接线的要求，由开关电气、母线、保护和测量设备以及必要的辅助设备和建筑物组成的整体。

运行中的电气设备按运行情况可分为四种状态，即运行状态、热备用状态、冷备用状态和检修状态。

运行状态：电气设备的断路器、隔离开关都在合闸位置，设备处于运行中。

热备用状态：电气设备只断开了断路器而隔离开关仍在合闸位置，设备处于备用状态。

冷备用状态：电气设备的断路器、隔离开关都在分闸位置，设备处于停运状态。

检修状态：电气设备发生异常或故障，设备所有的断路器、隔离开关都已断开，并完成了装设地线、悬挂标示牌、设置临时防护栏等安全技术措施，准备检修。

送电过程中电气设备工作状态变化顺序为：检修→冷备用→热备用→运行。

停电过程中电气设备工作状态变化顺序为：运行→热备用→冷备用→检修。

在电力运行中利用开关电器，遵照一定的顺序，对电气设备完成运行、热备用、冷备用和检修四种状态的转换过程称为倒闸操作。倒闸操作必须严格遵守基本操作原则。

实践训练

想一想：熔断器属于一次设备还是二次设备，为什么？

项目二　风力发电机组的构成与控制

风力发电机组是构成风电场中将风能转变成电能的装置。风力发电机组的高效运行是风电场经济效益的根本保证。

一、风力发电机组的构成及原理

1. 风力发电机组的总体构成及原理

风力发电机组主要由风轮、机舱、塔架和基础四部分构成，具体包括风力机（叶轮或风轮）、变桨距系统、传动系统、制动系统、偏航系统、液压系统、发电系统、控制系统及支撑系统等。风力发电机组总体构成示意图如图2-2所示。

风力发电机组的工作原理，简单地说，就是风轮在风力的推动下产生旋转，将风的动能变成风轮旋转的动能，实现风能向机械能的转换；旋转的风轮通过传动系统驱动发电机旋转，将风轮的输出功率传递给发电机，发电机把机

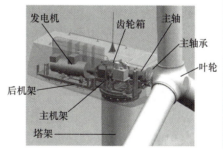

图2-2　风力发电机组总体构成示意图

械能转换成电能，在控制系统的作用下实现发电机的并网及电能的输出，完成机械能向电能的转换。具体说，叶片通过变桨距轴承被安装到轮毂上，共同组成风轮，风轮吸收风的动能并转换成风轮的旋转机械能。对于双馈式风力发电机组，机械能通过连接在轮毂上的齿轮箱主轴传入齿轮箱。齿轮箱把风轮输入的大转矩、低转速能量通过其内部的齿轮系统转化成小转矩、高转速的形式后，通过联轴器传递给发电机。对于直驱式风力发电机组，发电机轴直接连接在风轮上，风轮旋转将机械能通过主轴直接传递给发电机。发电机将机械能转换成电能，通过电子变流装置输入电网。图2-3所示是双馈式风力发电机组内部结构。直驱式风力发电机组内部结构如图2-4所示。

风电场运行维护与管理

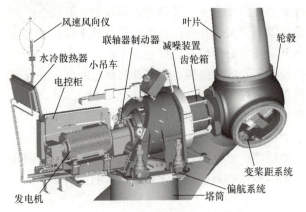

图 2-3　双馈式风力发电机组内部结构

图 2-4　直驱式风力发电机组内部结构

1—叶片　2—轮毂　3—变桨电动机　4—发电机转子
5—发电机定子　6—偏航电动机　7—风速仪、风向标
8—机舱底板　9—塔架

2. 风力发电机组构成系统简介

（1）风力机　风力机是将风的动能转换成另一种形式能的旋转机械，其主要部件是风轮。风轮由叶片和轮毂组成，一般有 2~3 个叶片，是捕获风能的关键设备。叶片也称为桨叶，是将风能转换为机械能并传递到轮毂上的装置。叶片的主要构成材料是玻璃纤维增强聚酯或炭纤维增强聚酯，为多格的梁/壳体结构。叶片有内置的防雷电系统，叶尖装有金属接闪器。

（2）变桨距系统　变桨距系统安装在风轮轮毂内，作为气动制动系统或通过改变叶片桨距角对风力发电机组运行功率进行控制。变桨距系统主要包括轮毂、变桨距轴承、变桨距驱动装置、变桨距控制柜、变桨距电池柜等部件。风力发电机组的变桨距控制系统内部结构如图 2-5 所示。

变桨距功能：通过控制系统转动叶片，改变叶片的桨距角，从而改变作用在叶片上的转矩和功率，调节输出功率，实现风力发电机组的功率控制。

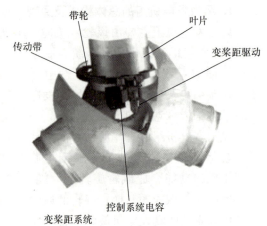

图 2-5　风力发电机组的变桨距
控制系统内部结构

气动制动功能：通过控制系统转动叶片到顺桨位置，就可以实现气动制动，使风力发电机组停机。变桨距系统大多采用独立同步的三套控制系统，具有很高的可靠性。

（3）传动系统与制动系统　风力发电机组传动系统的功能是将风力机所转化的动能传递给发电机并使其得到所需要的转速。对于齿轮箱型风电机组，齿轮箱是传动系统的关键部件，起到增速的作用。通过齿轮箱齿轮副使发电机接近同步转速，达到并网发电的目的。

风力发电机组设置制动系统的目的是使机组从运行状态到停机状态的转变。

（4）偏航系统　偏航系统的功能是驱动风轮跟踪风向的变化，使其扫掠面始终与风向垂直，以最大限度地提升风轮对风能的捕获能力。偏航系统位于塔架与主机架之间，一般由

· 26 ·

四组驱动装置和侧面轴承、滑动垫片、大齿圈等零部件组成。大齿圈与塔筒紧固在一起，偏航驱动装置和侧面轴承均与主机架连接，外部有玻璃钢罩体的保护，大齿圈的上下及侧面布置滑动垫片，在偏航时机舱能在此滑动片上滑动旋转。

当风向改变时，风向仪将信号传输到控制装置，控制驱动装置工作，小齿轮在大齿圈上旋转，从而带动机舱旋转使得风轮对准风向。

机舱可以两个方向旋转，旋转方向由接近开关进行检测。当机舱向同一个方向偏航的角度达到700°（根据机型设定）时，限位开关将信号传输到控制装置后，控制机组快速停机，并反转解缆。

（5）液压系统　液压系统是通过有压液体实现动力传输和运动控制的机械单元。它主要为制动系统、偏航系统及变桨距机组的变桨距机构提供动力来源。

（6）发电系统　在并网运行发电机组中，发电系统的作用是将风轮的机械能转化为电能，并输送给电网。发电系统主要包括发电机及变流装置。风力发电机组常用发电机有笼型异步风力发电机、双馈式异步风力发电机、永磁同步直驱式风力发电机等类型。

（7）控制系统　风力发电机组的控制系统是一个综合性体系，一般采用微机控制。机组的控制系统包括监测和控制两部分。监测部分将采集到的数据输送到微机控制器，控制器以此为依据完成对风力发电机组的偏航控制、变桨距控制、功率控制、开停机控制等控制功能。

（8）支撑系统　风力发电机组的支撑系统主要包括机舱、塔筒和基础三部分。

1）机舱：风力发电机组的机舱底盘上布置有风轮轴、齿轮箱、发电机、偏航驱动器等机械部件，起着定位和承载（包括静负载及动负载）的作用。

2）塔筒：塔筒是风力发电机组的支撑部件。塔筒与地面基础相连，支撑位于空中的风力发电系统，承受系统运行引起的各种载荷。塔筒内还是动力电缆、控制电缆、通信电缆和人员进出的通道。

3）基础：风力发电机组的基础采用钢筋混凝土结构，承载整个风力发电机组的重量。基础的形式主要取决于风电场工程地质条件、风力机机型和安装高度、设计安全风速等。基础周围设置有预防雷击的接地系统。

二、风力发电机组控制技术

1. 风力发电机组概述

目前，风电场中运行的风力发电机组主要有两种类型，即恒速恒频发电机组和变速恒频发电机组。在风力发电中，当风力发电机组与电网并网时，要求风电的频率与电网的频率保持一致，即保持频率恒定。恒速恒频风力发电机组在风力发电过程中，保持风力机的转速（发电机的转速）不随风速的波动而变化，保持恒定转速运转，从而得到恒定频率的交流电能。在风力发电过程中让风力机的转速随风速的波动而变化，通过使用电力电子设备来得到恒定频率交流电能的方法称为变速恒频。

风能的大小与风速的三次方成正比，当风速在一定范围变化时，如果风力机可以做变速运动，则能达到更好利用风能的目的。风力机将风能转换成机械能的效率可用风能利用系数C_P来表示，C_P在某一确定的风轮叶尖速比λ（叶尖线速度与轮毂中心处的风速之比）下达到最大值。恒速恒频机组的风轮转速保持不变，而风速又经常在变化，显然C_P不可能保持在最佳值。变速恒频机组的特点是风力机和发电机的转速可在很大范围内变化而不影响输出电能的频率。由于风力机的转速可变，可以通过适当的控制，使风力机的叶尖速比处于或接近最佳值，使风能利用系数 C_p 达到最大值，最大限度地利用风能发电。

为了适应风速变化的要求，在风力发电系统中的恒速恒频发电机组一般采用两台不同容量、不同极数的异步发电机或双速发电机，风速低时用小容量发电机或发电机的低速功能发电，风速高时则用大容量发电机或发电机的高速功能发电，同时通过变桨距系统改变桨叶的桨距角以调整输出功率。但这也只能使异步发电机在两个风速下具有较佳的输出系数，无法有效地利用不同风速时的风能。为了充分利用不同风速时的风能，风力发电的变速恒频技术已得到广泛应用。如交-直-交变频系统，交流励磁发电机系统，无刷双馈发电机系统，开关磁阻发电机系统，磁场调制发电机系统，同步、异步变速恒频发电机系统等。这几种变速恒频发电系统有的是通过改造发电机本身结构而实现变速恒频的，有的则是通过发电机与电力电子装置、微机控制系统相结合而实现变速恒频的。它们各有其特点，适用场合也不一样。

2. 风力发电机组的控制

（1）风力发电机组的软起动并网　在风力发电机组起动时，控制系统对风速的变化情况进行不间断的检测，当 10min 平均风速大于起动风速时，控制风力发电机组做好切入电网的一切准备工作：松开机械制动系统，收回叶尖阻尼板，风轮处于迎风方向。控制系统不间断地检测各传感器信号是否正常，如液压系统压力是否正常，风向是否偏离，电网参数是否正常等。如 10min 平均风速仍大于起动风速，则检测风轮是否已开始转动，并开启晶闸管限流软起动装置快速起动风轮，并对起动电流进行控制，使其不超过最大限定值。异步风力发电机在起动时，由于其转速很小，切入电网时其转差率很大，因而会产生相当于发电机额定电流 5~7 倍的冲击电流，这个电流不仅会对电网造成很大的冲击，也会影响风力发电机组的寿命。因此在风力发电机组并网过程中采取限流软起动技术，以控制起动电流。当发电机达到同步转速时电流骤然下降，控制系统发出指令，将晶闸管旁路。晶闸管旁路后，限流软起动控制器自动复位，等待下一次起动信号。这个起动过程约 40s，若超过这个时间，则被认为是起动失败，发电机将被切出电网，控制系统根据检测信号，确定机组是否重新起动。异步风力发电机也可在起动时转速低于同步转速时不并网，等接近或达到同步转速时再切入电网，则可避免冲击电流，也可省掉晶闸管限流软起动器。

（2）双速发电机的切换控制　在风力发电机组运行过程中，因风速的变化而引起发电机的输出功率发生变化时，控制系统根据发电机输出功率的变化对双速发电机进行自动切换，从而提高风力发电机组的效率。具体控制方法是在低速发电机并网发电期间，控制系统对其输出功率进行检测，若规定时间内瞬时功率超过其额定功率的 20%，或平均功率大于某一定值，则实现发电机由低速向高速的切换。切换时首先切除补偿电容，然后低速发电机脱网，等风轮自由转动到一定速度后，再实现高速发电机的软并网；若在切换过程中风速突然变小，使风轮转速反而降低，在这种情况下应再将低速发电机软并网，重新实现低速发电机并网运行。检测高速发电机的输出功率，若规定时间内平均功率小于某一设定值，立即切换到低速发电机运行。切换时首先切除高速发电机的补偿电容，脱网，然后低速发电机软并网。这一系列的切换过程均是由风力发电机组的控制系统自动进行的。

（3）变桨距控制方式和 RCC 技术　风力发电机组并网以后，控制系统根据风速的变化，通过桨距调节机构，改变桨叶桨距角以调整输出电功率，更有效地利用风能。在额定风速以下时，此时叶片桨距角在零度附近，可认为等同于定桨距风力发电机组，发电机的输出功率随风速的变化而变化。当风速达到额定风速以上时，变桨距机构发挥作用，调整叶片的桨距角，保证发电机的输出功率在允许的范围内。由于自然界的风力变幻莫测，风速总是处在不断地变化之中，而风能与风速之间成三次方的关系，风速的较小变化都将造成风能的较大变化，导致风力发电机组的输出功率也处于不断变化的状态。对于变桨距风力发电机组，当风速高于额定风速后，变桨距机构为了限制发电机输出功率，将调节桨距角，以调节输出功率。如果风速变化幅度大，频率高，将导致变桨距机构频繁大幅度动作，使其容易损坏；同时，变桨距机构控制的叶片桨距为大惯量系统，存在较大的滞后时间，桨距调节的滞后也将造成发电机输出功率的较大波动，对电网造成一定的不良影响。

为了减小变桨距调节方式对电网的不良影响，可采用一种新的功率辅助调节方式即转子电流控制（Rotor Current Control，RCC）来配合变桨距机构，共同完成发电机输出功率的调节。RCC 应使用在绕线转子异步发电机上，通过电力电子装置，控制发电机的转子电流，使普通异步发电机成为可变转差发电机。RCC 是一种快速电气控制方式，用于克服风速的快速变化。采用了 RCC 的变桨距风力发电机组，变桨距机构主要用于风速缓慢上升或下降的情况，通过调整叶片桨距角，调节输出功率；RCC 单元则应用于风速变化较快的情况，当风速突然发生变化时，RCC 单元调节发电机的转差，使发电机的转速可在一定范围内变化，同时保持转子电流不变，发电机的输出功率也就保持不变。

（4）无功补偿控制　由于异步发电机要从电网吸收无功功率，使风力发电机组的功率因数降低。并网运行的风力发电机组一般要求其功率因数达到 0.99 以上，所以应用电容器组进行无功补偿。由于风速变化的随机性，在达到额定功率前，发电机的输出功率大小是随机变化的，因此对补偿电容的投入与切除需要进行控制。在控制系统中设有几组容量不同的补偿电容，计算机根据输出无功功率的变化，控制补偿电容分段投入或切除。保证在半功率点的功率因数达到 0.99 以上。

（5）偏航与自动解缆控制　偏航控制系统有三个主要功能，即对风、解缆和失速控制。

1）正常运行时自动对风：当机舱偏离风向一定角度时，控制系统发出向左或向右调向的指令，机舱开始对风，直到达到允许的误差范围内，自动停止对风。

2）扭缆时自动解缆：当机舱向同一方向累计偏转 2.5 圈的设定值后，若此时风速小于风力发电机组起动风速且无功率输出，则停机，控制系统使机舱反方向旋转 2.5 圈解缆；若此时机组有功率输出，则暂不自动解缆；若机舱继续向同一方向偏转累计达 3 圈，则控制停机，解缆；若因故障自动解缆未成功，在扭缆达到保护极限 4 圈时，扭缆机械开关将动作，报告扭缆故障，自动停机，等待人工解缆操作。

3）失速保护时偏离风向：当有特大强风发生时，停机，释放叶尖阻尼板，桨距调到最大，偏航 90°背风，以保护风轮免受损坏。

（6）停机控制　风力发电机组的停机有正常停机和紧急停机两种方式。

1）正常停机：当控制系统发出正常停机指令后，风力发电机组将按下列程序停机：切除补偿电容器，释放叶尖阻尼板，发电机脱网，测量发电机转速下降到设定值后，投入机械制动系统。若出现制动系统故障则收桨，机舱偏航 90°背风。

2）紧急故障停机：当出现紧急停机故障时，执行如下停机操作：切除补偿电容，叶尖阻尼板动作，延时 0.3s 后卡钳闸动作。检测瞬时功率为负或发电机转速小于同步转速时，发电机解列（脱网），若制动时间超过20s，转速仍未降到某设定值，则收桨，机舱偏航90°背风。

如果是由于外部原因停机，如风速过小或过大，或因电网故障，风力发电机组停机后将自动处于待机状态；如果是由于机组内部故障，则控制系统需要得到已修复指令后，才能进入待机状态。

3. 变速恒频发电技术

随着风电场规模的逐渐增大，对风力发电机组的发电效率与发电质量的要求也越来越高。变速恒频风力发电机组由于其发电机的转速随风速变化，发出的电流通过整流及逆变，输出的频率与电网频率相同，达到了很好利用风能的目的。为此，变速恒频发电系统得以迅速发展，变速恒频技术被广泛使用。近年来研究和应用较多的交流发电机变速恒频发电系统主要有永磁同步直驱式、笼型及双馈式等形式。

（1）永磁同步直驱式风力发电机组变速恒频系统 永磁同步直驱式风力发电机组采用的发电机是永磁同步发电机。同步发电机是自励磁发电机，机电转换效率高，容易做成多极数低转速型，因而可以采用风力机直接驱动，省去增速齿轮箱。整个系统成本低，可靠性高。

由于发电机的转子与风力机直接连接，转子的转速由风力机的转速决定。风速发生变化，风力机的转速也会变化，因而转子的转速是时刻变化的，导致发电机定子绕组输出的电压频率也是不恒定的。为此，应在发电机定子绕组与电网之间配置变频器，即先将风力发电机组输出的交流电压整流，得到直流电压，再将该直流电压逆变为频率、幅值、相位都满足要求的交流电，输入电网。图2-6所示是永磁同步直驱式风力发电机组变速恒频系统结构图。

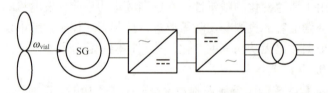

图2-6 永磁同步直驱式风力发电机组变速恒频系统结构图

（2）笼型异步风力发电机组变速恒频系统 笼型异步发电机结构简单，成本低，易于维护，适应恶劣环境，因而在风力发电中应用广泛。笼型异步发电机的定子绕组通过变频器和电网相连，通过控制系统控制在变化的风速下输出恒频交流电。同样由于变频器要通过全部发电功率，容量要达到发电功率的1.3～1.5倍才能安全运行。因此系统庞大，只适用于小容量风力发电系统。图2-7所示是笼型异步风力发电机组变速恒频系统结构图。

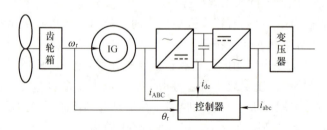

图2-7 笼型异步风力发电机组变速恒频系统结构图

(3) 双馈式风力发电机组变速恒频系统　交流励磁双馈式异步风力发电机组,简称双馈式风力发电机组,发电机采用转子交流励磁双馈异步发电机,结构与绕线转子异步发电机类似。所谓"双馈式"是指发电机的定子绕组和转子绕组与电网都有电气连接,都可以与电网交换功率。当转子速度随风速变化时,控制转子电流的频率 f_r,即 $f_1 = f_r \pm f_2$ 就可使定子频率始终与电网频率保持一致。由于变频器在转子侧,只需要一部分功率容量(发电机额定功率的 1/3 或 1/4),变频器就能在超载范围内调节系统。因此相对于前两种变速恒频系统而言,降低了变频器的成本和控制难度。定子直接接于电网,抗干扰性好,系统稳定性强,还可以灵活控制有功功率和无功功率,十分适用于大中容量风力发电。图 2-8 所示是双馈式风力发电机组变速恒频系统结构图。

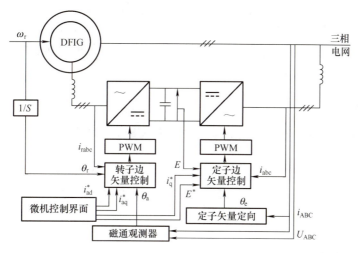

图 2-8　双馈式风力发电机组变速恒频系统结构图

(4) 无刷双馈式风力发电机组变速恒频系统　无刷双馈式风力发电机组变速恒频系统结构图如图 2-9 所示。无刷双馈式风力发电机组的定子有两套极数不同的绕组,一套直接接入电网,称为功率绕组;另一套为控制绕组,通过双向换流器接入电网。定子绕组也可只有一套绕组,但需有 6 个出线端,其中 3 个为功率端口,接工频电网;另外 3 个出线端为控制端口,通过变频器接入电网。其转子为笼型或磁阻式结构,没有集电环和电刷,克服了双馈电机有电刷和集电环等机械部件的缺点,且能低速运行。转子的极对数为定子两个绕组极对数之和。

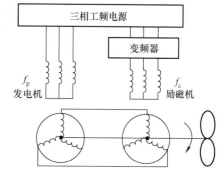

图 2-9　无刷双馈式风力发电机组变速恒频系统结构图

设定子功率绕组(接于电网)的频率为 f_p,定子控制绕组频率为 f_c,相应的两定子绕组极对数为 P_p 和 P_c, f_m 为转子转速对应的频率,则运行后有 $f_p \pm f_c = (P_p + P_c)f_m$。机组运行超同步时,式中取"+";机组运行亚同步时,式中取"-"。当发电机转速 n 发生变化时,即 f_m 变化时,通过改变 f_c,即可使发电机输出频率 f_p 保持恒定不变,即与电网频率保持一致,从而实现变速恒频控制。

上述四种变速恒频发电系统中，笼型异步发电变速恒频系统和同步发电变速恒频系统所采用的变频器容量是发电机额定功率的 1.5 倍左右，而双馈式变速恒频系统所采用的变频器的容量只需要发电机额定功率的 1/4，变频器小，控制难度降低，适用于大中型风力发电系统。无刷双馈式风力发电机组变速恒频技术仍在试验阶段，还没有投入到市场运行。永磁同步发电机在过冷过热以及强烈振动时会退磁，尤其是在发电机过载、过热时将造成不可逆的退磁，因此在永磁同步发电机变速恒频系统中保证发电机不过载是难点之一。为了克服这个缺陷设计了混合励磁同步发电机。它采用永磁和电励磁两种励磁方式相结合的形式，集成了电励磁同步发电机调磁方便且调磁容量小和永磁同步发电机效率高、转矩/质量比大等优点，同时又克服了永磁同步发电机磁场调节难的缺陷，有较大的应用前景。但大型的混合励磁同步发电机结构复杂，制造困难，还有待于进一步改进提高。

变速恒频技术覆盖了风力发电机的全部功率范围，因而成为今后风力发电的主要发展方向。现在应用比较成熟的是双馈式发电机和直驱式永磁发电机的变速恒频发电技术，大型风力发电系统大部分采用这两种技术。

实践训练

谈一谈：当前风电场主流机型是永磁直驱式和双馈式，二者在应用变速恒频发电技术方面有什么不同之处？

项目三　风力发电机组的安装

一、风力发电机组安装前的准备

1. 风力发电机组安装前的准备工作

1）检查并确认风力发电机组基础已验收，符合安装要求。
2）确认风力发电机组输变电工程已经验收合格。
3）确认安装当日气象条件适宜，地面最大风速不超过 12m/s。
4）相关人员要认真阅读和熟悉风力发电机组制造厂随机提供的安装手册。
5）以制造厂技术人员为主，组织安装队伍，明确安装现场的指挥人选。
6）制订详细的安装作业计划，明确工作岗位，责任到人；明确安装作业顺序、操作程序、技术要求、安装要求，明确各工序各岗位使用的安装设备、工具、量具、用具、辅助材料和油料等。
7）清理安装现场，清理出运输车辆通道。
8）清理风力发电机组基础，清理基础环工作表面（法兰的上下端面和螺栓孔），对使用地脚螺栓的，清理螺栓螺纹表面，去除防锈包装、加涂机油，个别损伤的螺纹用板牙修复。
9）安装用的大、小吊车按要求落实，并进驻现场。
10）办理风力发电机组出库领料手续，并完成除锈包装清洁工作，运抵安装现场。

2. 风力发电机组安装的安全措施

风力发电机组的安装工作应由专门培训人员依据风力发电机组制造厂提供的安装机组要

求及详细说明进行，应制订详细的安全保障措施。

1) 风力发电机组安装前要制订施工方案，施工方案应符合国家安全生产规定，并报上级有关部门审批；应设置专门的安全机构。

2) 风力发电机组安装现场道路平整、通畅，所有桥涵、道路符合施工标准，保证各种施工车辆安全通行；安装场地应便于准备、维护、操作和管理，应满足吊装需要，并有足够的零部件存放场地；入口位置要适当，不能任意设置，确保安装工作安全有效地进行。

3) 风力发电机组安装的吊装设备应符合国家有关部门的相关规定，吊装前要检查吊车各部件，正确选择吊具；机组安装工作所有设备都应保持完好状态，并适合其工作性质，起重机、卷扬机和提升设备，包括所有钩锁、吊环和其他器具，都应适合安全提升的要求。

4) 风力发电机组安装现场临时用电应采取可靠的安全措施，应根据需要设置警示标牌、围栏等安全设施；应准备应急用急救包。

5) 现场安装人员应具有一定的安装经验或接受过一定程度的专业训练，应能分辨出产生的和潜在的危险，并加以清除。必要的时候，安装人员应使用眼、耳、头和脚部等的防护用具，并使用安全带、安全攀登辅助设施或其他装置。

6) 吊装现场应设有安装工作经验的专人指挥，应执行规定的指挥手势和信号，应配备对讲机。起吊前应认真检查风力发电机设备，防止物品坠落。

7) 起重机械操作人员在吊装过程中责任重大，吊装前，吊装指挥和起重机械操作人员共同制订吊装方案，明确工作任务。在起吊过程中，不得调整吊具，不得在吊臂工作范围内停留。塔上人员不得将头和手伸出塔筒之外。吊具调整应在地面进行，在吊绳被拉紧时，严禁用手接触起吊部位，避免碰伤。遇有恶劣天气或特殊情况，造成视线不清时，不得进行起重工作。

8) 机舱、叶片、风轮起吊风速不能超过安全起吊数值。起吊机舱时起吊点应确保无误，在吊装中应保证有一名工程技术人员在塔筒平台协助指挥起重机司机起吊。起吊叶片应保证有足够的起吊设备，应有两根导向绳，导向绳长度和强度应满足标准，保证现场有足够人员拉紧导向绳，保证起吊方向，避免触及其他物体。

9) 敷设电缆之前应认真检查电缆支架是否牢固。

10) 恶劣气候条件下，应尽量避免风力发电机组的安装工作。如不得已必须进行风力发电机组的安装工作，应制订相关的安保措施。

二、风力发电机组的安装过程

1. 塔筒安装

在塔筒吊装前，应首先进行进场检验、表面清洁、修复以及基础环法兰的复测、清洁工作，然后检查吊装设备，即可开始塔筒的吊装。

塔筒吊装时，首先使用起重量50t左右的吊车先将下段吊装就位，待吊装机舱和风轮时，再吊剩余的中、上段。若一次吊装的台数较多，除使用50t吊车外，还需使用起重量大于130t、起吊高度大于塔架总高度2m以上的大吊车，一次将所有塔筒几段全部吊装完成。具体吊装方式是预先将主副吊具固定于塔筒两端法兰上，通过吊具主吊车吊塔筒小直径端，副吊车吊塔筒大直径端，将塔筒吊离地面后，在空中转90°，副吊车脱钩，同时卸去该端吊具。起吊点要保持塔筒直立后下端处于水平位置，应由导向绳导向。塔筒的吊装方式如图 2-10 所示。

图 2-10　塔筒的吊装方式

塔筒安装步骤：

1）清洁塔筒油漆表面，对漆膜缺损处做补漆处理；清理塔筒下段下法兰端面及基础环上法兰端面，在基础环上法兰端面上涂密封胶；去掉地脚螺栓防锈包装，将所有地脚螺栓上的下调节螺母的上端面调至同一水平面。

2）吊车吊起塔筒，当下端塔筒工作门按标记方位对正后，徐徐下放塔筒，借助两根小撬杠对正螺孔，在相对 180°方位先插入两只已涂过润滑油脂的螺栓，拧紧螺母后，再将所有涂好润滑油脂的螺栓插入，拧紧螺母后放松吊绳，按对角拧紧法分两次拧紧螺栓至规定力矩。

3）塔筒中、上段按上述双机抬吊方法依次安装，对接时注意对正塔内直梯。塔筒紧固连接后，用连接板连接各段间直梯，并将上下段间安全保护钢丝绳按规定方法固定。并按规定扭紧力矩用对角法分两次紧固连接螺栓。

4）控制柜直接放置在塔内混凝土基础上的，在吊装下段塔筒前，应先使控制柜就位。

5）复验平行度和垂直度，若未达到要求，可调节地脚螺母使之达到要求。

6）进行二次混凝土浇筑，把塔筒下段法兰下端面与基础上平面之间的环状空间填满。

2. 主机（机舱）安装

吊装前应对主机进行检查、修理和清洁。打开机舱盖，挂好钢丝绳，保持机舱底部的偏航轴承下平面处于水平位置，即可吊装于塔筒顶法兰上。机舱的吊装方式如图 2-11 所示。

图 2-11　机舱的吊装方式

主机（机舱）安装步骤：

模块二 风电场电气系统

1）打开机舱盖，清理机舱内底板表面油污，搬去所有不相干的物品，固定电力电缆和控制电缆。将轮毂前平盖板、机舱内各有关护罩、紧固螺栓等固定在机舱内。

2）挂好起吊钢丝绳吊具，调整其长度，使机舱下部的偏航轴承下平面在试吊时处于水平位置。若调不出水平状态，加用足够重量的手动吊葫芦调平。

3）清理塔筒上法兰平面和螺孔，在法兰上平面涂密封胶，连接塔筒－机舱偏航轴承的紧固螺栓表面涂润滑油脂，绑好稳定机舱用的拉绳。

4）起吊机舱至处于上法兰上方，使二者位置大致对正，间隙约在10mm时，调整并确认机舱纵轴线与当时风向垂直。

5）利用两只小撬杠定位，先装上几只固定螺栓，徐徐下放机舱至间隙为零，但吊绳仍处于受力状态，用手拧紧所有螺栓后放松吊绳。按对角法分两次拧紧螺栓至规定力矩，去除吊绳。

6）安装偏航制动器，接通液压油管。

3. 风轮安装

（1）风轮的组装　风轮的组装一般在现场进行，需要在吊装机舱前完成。风轮的组装首先是在地面上将三个叶片与风轮轮毂连接好，并调好叶片安装角，形成整体风轮；然后将风轮起吊至塔架顶部与机舱上的风轮轴对接安装。叶片与轮毂的吊装方式分别如图2-12和图2-13所示。

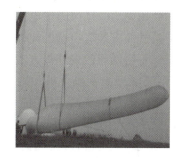

图2-12　叶片的吊装方式

图2-13　轮毂的吊装方式

风轮组装时首先应对叶片进行检查、修补和清洁，确保润滑合适、零件完好，然后进行组装。组装时用吊带吊运，使轮毂与三只叶片就位，轮毂迎风面与叶片前缘均向上，按已确定的叶片安装角对准标记，分别把三只叶片与轮毂连接，确认安装角（安装角误差一般不得超过0.5°）不超差后，按对角法分两次将连接螺栓拧紧至规定力矩；对于利用叶尖进行空气动力制动的叶片，应安装调整好叶片的叶尖。风轮组装过程中应按安装手册要求，在相关零件表面涂密封胶或润滑油脂。

（2）风轮的吊装　风轮的吊装采用两台起重机或一台起重机的主副钩"抬吊"方法，由主起重机或主钩吊住上扬的两个叶片的叶根，完成空中90°翻身调向，松开副起重机或副钩后与已装好在塔架顶上的机舱风轮轴对接，风轮的吊装方

图2-14　风轮的吊装方式

式如图 2-14 所示。

风轮吊装的具体步骤如下：

1) 用两条吊带分别套住轮毂两个叶根处，另一条吊带套在第三个叶尖部分，主要作用是保证在起吊过程中叶尖不会碰地。同时分别把三根导向绳拉绳在叶尖上绑好，导向绳长度和强度要符合起重要求。

2) 主起重机吊钩（或主钩）吊两条叶根吊带，而副起重机吊钩（或副钩）吊第三条叶片吊带，首先水平吊起，在离开地面几米后副起重机吊钩（或副钩）吊带停止不动。在主起重机吊钩（或主钩）继续缓慢上升过程中，使风轮从起吊时状态逐渐倾斜，当风轮轮毂高度超过风轮半径尺寸约 2m 时，副起重机吊钩（或副钩）缓慢下放使吊带滑出，风轮只由主起重机（或主钩）吊住，完成空中 90°翻转。通过拉三根拉绳，使风轮轴线处于水平位置，继续吊升风轮使与机舱主轴连接法兰对接。安装人员系好安全带，由机舱开口处从外部进入风轮轮毂中心，松开机舱内风轮锁定装置，转动齿轮箱轴，使主轴与风轮轮毂法兰螺孔对正。

3) 穿入轮毂与主轴的固定螺栓，完成固定螺栓的紧固工作。当已紧固的螺栓数超过总数一半且其在圆周较均匀分布时，重新将风轮锁定，完成其余螺栓连续作业，并按规定力矩拧紧。

4) 在轮毂内的安装人员撤回机舱，刹紧盘式制动器，松开并除去主吊带。

4. 电气安装

风力发电机组的电气部分安装一般是分步进行的，即在塔筒安装好后立即进行塔筒内电气安装，吊装好机舱后进行机舱内电气安装。这是为了利用电力驱动风力发电机组的一些装置，为风力发电机组的安装提供方便。电气系统及防护系统的安装应符合图样设计要求，并参照制造厂说明书的规定进行，连接时确保安全、可靠，不得随意改变连接方式。

（1）控制柜　风力发电机组的控制柜若是安装于钢筋混凝土基础上的，则应在吊装下段塔筒时预先就位；控制柜若是固定于塔筒下段下平台上的，应从塔筒工作门抬进。

（2）辅助部件　风力发电机组的辅助部件有箱式变压器、扭缆传感器、凸轮计数器、风速风向标、照明线路、叶尖油分配器及电控装置。首先应对这些部件进行进场检验，然后参照安装说明进行安装，特别要注意箱式变压器的电缆进出线的接线。

（3）中央监控装置　风力发电机组的中央监控装置包括监控主机、通信系统及附属设备，先安装这些部件，然后连接通信电缆，敷设电缆之前应认真检查电缆支架是否牢固。敷设塔筒电缆如图 2-15 所示。

5. 连接液压管路

连接液压系统之前，要仔细检查液压元件、辅件、管子及接头的质量是否符合要求，特别是软管、接头及法兰件不应有任何缺陷。然后参照风力发电机组液压系统安装图，连接液压管路。连接时要注意泵和阀各油口的位置，不能接反或接错。

图 2-15　敷设塔筒电缆

实践训练

做一做： 在风力发电机组的安装过程中，螺栓固定是最基本、最关键的工作，请实训老师指导使用液压扳手和扭力扳手。

模块二　风电场电气系统

项目四　风力发电机组的调试与试运行

调试就是调整与试验的意思，调试的方法就是在试验的过程中进行调整，直到使所调试系统或某一部件满足设计要求。

一、风力发电机组的调试

（一）调试准备

1. 调试目的

通过对风力发电机组的功能及部分性能的调试，对机组装配质量进行检验，并在发现质量缺陷时，采取针对性措施予以消除，以确保被调试机组达到出厂质量标准。

风力发电机组的功能调试主要是对机组的传动系统、液压系统、偏航系统、制动（刹车）系统和监控系统等功能动作的正确性和可靠性进行试验调试。风力发电机组的性能调试主要是对机组的起动性能、空载性能、偏航性能及安全保护性能进行考核调试。

2. 调试前准备

风力发电机组安装工作完成后，应对机组进行调试。调试工作应在专业人员的指导下有组织地规范进行。

1）调试用技术资料齐全，各种记录表格规范，调试人员资格审查合格；监控设备完好，仪器仪表经计量检定合格，调试用各种工器具与材料齐备；调试电源符合要求，电源变压器容量、电压等级符合需要。

2）风力发电机组安装检查结束并经确认，调试前仍应检查下列电气接线，按接线图规定正确接线。

① 控制柜与机舱控制盒控制电缆接线。

② 机舱控制盒与液压系统、润滑系统、偏航减速器及提升机间连线。

③ 机舱控制盒与机舱各传感器间连线。

④ 控制柜与柜外辅助检测仪器、仪表间接线。

⑤ 控制柜与机组发电机出线连接。

⑥ 控制柜与动力电源线连接。

⑦ 塔筒内所有的接地线连接。

3）机组电气系统的接地装置连接可靠，接地电阻经测量应符合被测机组的设计要求。

4）复查传动系统各组成部件地脚螺栓紧固情况，复查动力传动部件螺栓紧固情况，必要时重新按规定力矩和顺序紧固。

5）复查液压油量、润滑油量，必要时按规定补充加足。

6）复查盘式制动器与偏航制动器，必要时予以重新调整。

7）检查风力发电机组控制系统的参数设定，控制系统应能完成对风力发电机组的正常运行控制。

8）接通动力电源，检查相序，检查主断路器及各发电机保护整定值。

9）设定轮毂锁。轮毂锁是固定轮毂的装置，是为了在轮毂或叶轮内调试、检修维护工作时的安全。只有在天气及风况满足规定条件下才允许使用轮毂锁，且在规定时间内风速不能超过如下允许值：

叶片在顺桨和工作位置之间的任何位置 10min 平均风速 10m/s，5s 平均风速（阵风）19m/s。

叶片在顺桨位置（当锁定轮毂时不允许进行顺桨）10min 平均风速 18m/s，5s 平均风速（阵风）27m/s。

只有受过专业培训的人才能设定轮毂锁。当进入轮毂时除了轮毂锁定外，还要使用机械制动器。偏航系统和变桨距系统所有功能都正常（叶片在顺桨位置），且所有工作都完成后，可以打开轮毂锁定装置。

10）绝缘检测。使用绝缘电阻表进行检测时，若测量 690V 电路，将数字绝缘电阻表置于 1000V 的档位上；若测量 400V 和 230V 电路，则将数字绝缘电阻表置于 500V 的档位上。然后将黑色表笔接接地部位，红色表笔分别接各接触器 A、B、C 各相，测量各相对地绝缘。检测绝缘电阻时用 DC1000V 的绝缘电阻表测量 AC690V 电路上的电阻，用 DC500V 绝缘电阻表测量 AC400V 和 AC230V 电路上的绝缘电阻。

11）向供电线路供电。断开柜内的全部熔断器，按紧急停止按钮；检查所有的外部元件是否连接好，是否安全，电池柜、轮毂、塔基柜是否按照参考文件连接；从辅助变压器站将 AC400V 电源连接到塔筒，包括塔筒照明、塔筒插座、TBC100，并进行测量。检查就绪后，向供电线路供电。

12）电压与相序测量。测量电压时，把万用表调至相应电压档位（略大于所测电压的最小档位）上，两个表笔分别接到需要检测的两点，然后读取数据。测量相序时，把相序表的 L_1、L_2、L_3 表针分别接到需要检测电源的 L_1、L_2、L_3 上（应为一对一的关系），若相序表显示"R"，即右（顺时针）则正确，如显示"L"则不正确，需要断电调换任意两相电源电线。

（二）调试项目

风力发电机组的调试主要是针对部分项目或系统进行功能或性能试验。

1. 发电机运转调试

在进行发电机运转调试时，主要看发电机以电动机方式空载运转的情况。对有齿轮箱变速型风力发电机组，要先断开齿轮箱与发电机间的连接。然后以软起动方式起动发电机，待达到同步转速、发电机温度稳定后，监测电流、电压、有功功率、起动时间；测量发电机转速、振动与噪声、绕组温度、轴承温度、发电机出风温度和环境温度。

2. 润滑系统、液压系统、盘式制动器、偏航机构功能检查与调试

（1）润滑系统　起动润滑泵电动机，检查电动机转向，检查油位、油压、油温传感器工作状况，检查滤清器工作状况及润滑油冷却和润滑油加热工作状况。

（2）液压系统　起动液压泵电动机，检查电动机转向，检查油位传感器，检查调整油压，检查建压时间、补压时间和渗漏情况。

（3）盘式制动器　复查制动片间隙，记录发电机自断电开始按正常制动、操作至停转所需的时间。

（4）偏航机构　检查发电机转向，应与控制开关标识一致；检查偏航反应灵敏程度，分别记录正反方向动作滞后时间；检查偏航制动动作同步程度；检查解缆动作，比较正反向扭缆回转角，必要时予以调整；复查偏航驱动齿轮与齿圈的齿侧隙，对有两只以上驱动器的，复查其齿侧隙相对位置关系。

3. 传动系统空载调试

风力发电机组的传动系统主要包括齿轮箱、主轴、联轴器和安全离合器等。进行传动系统空载调试时，发电机充当电动机以带动传动装置运转。发电机起动，待转速和发电机绕组温度稳定后，监测发电机的电流、电压，并计算出齿轮箱空载损耗；测齿轮箱转速、振动与噪声；测主轴承温度、润滑油脂温度。对配置独立润滑系统的齿轮箱调试时，应先起动润滑油泵，待其工作状况符合要求后，再起动发电机和传动系统。

4. 安全保护性能调试

（1）紧急停机　测量发电机自稳定转速状态断电并紧急制动至停转所需时间及振动情况。

（2）安全链模拟试验　测定发电机在稳定转速状态下，模拟过振、电网失电等状态时保护动作过程用时间。

5. 控制器功能检测

（1）转速　以高精度（高于0.5级）测速仪与控制器测速仪同步测量齿轮箱输入轴和发电机转速，比较测定值。

（2）温度　以高精度（高于0.5级）测温计与控制器测温计同步测量齿轮箱润滑油脂温度、发电机轴承温度、环境温度，比较测定值。

（3）电量　以高精度（高于0.5级）的标定电量表与控制器电量表同步测定电压、电流、频率、功率因数、有功功率与无功功率等，比较测定值。

（4）风速与风向　以高精度（高于0.5级）风速仪测定模拟变化的风速，与控制器风速仪同步测定值做比较；模拟风向变化，测定控制器反应。

6. 通信故障试验

将叶片向工作位置转动大约20°，断开从站PLC上的CAN插头，如果所有3个叶片立即退回并且显示"通信错误"故障，则试验成功。将叶片向工作位置转动大约20°，分别断开3个叶片变桨距变频器上的CAN插头，如果每次所有3个叶片都立即退回并且显示"通信错误"故障，则试验成功。

（三）调试报告

1. 调试数据与分析

风力发电机组的调试数据由专人现场负责记录；每一测点（或每一参数）应按规定次数记录，一般为5次，间隔时间为1min。现场发现测量数据有较大偏差时，试验负责人有权重复试验，以验证其有效性，并在试验记录中加注说明。

试验数据记录在规定的表格中，同一试验项目的记录归类集中，同一台机组的全部试验记录应装订成册，并由试验负责人及记录人签字。

所有试验项目均有相应的技术质量标准，将其与试验数据记录一一对应比较，凡没有超差的项目，均为合格项目，凡发生超差的项目，应分析其产生原因，并做出针对性的判断，其中属于影响机组正常运行的，如机组振动严重超标，机组润滑油脂温度、轴承温度、发电机绕组温度严重超标的，应找出原因，消除其影响，重新做出试验，直到确认全部合格后，方准予投入运行。

风力发电机组的调试记录应归入该机组的技术档案。

2. 调试报告

风力发电机组的调试记录通常以调试报告形式记载。调试报告为固定项目报告，采用

"√"与"×"符号记录调试的结果,合格者用符号"√"标记,反之则用符号"×"标记。一些状态数据(如温度)也可按实际数据记录。当某一调试项目一直不合格时,应停机,进行分析判断并采取相应措施,如更换不合格元件等,直至调试合格。表2-1为某风力发电机组现场调试报告的样表。

表2-1 风力发电机组现场调试报告

机组档案编号:

序　号	调 试 项 目		调 试 结 果
(一)	调试时的环境条件	10min 平均风速　　　　　　　　m/s	
		环境温度　　　　　　　　℃	
(二)	调试前各设备状况		
偏航系统	自动偏航时偏航电动机不同转动方向时的功能检查		
	手动偏航时偏航电动机不同转动方向时的功能检查		
齿轮箱	油位开关的性能(检查时风轮要锁定)		
	油泵的工作性能		
发电机	发电机起动时的转动方向		
	发电机轴承温度		
	发电机绕组温度		
	电压、电流		
液压系统	叶尖工作压力检查		
	机械制动器工作压力检查		
机械制动器	机械制动器制动块间隙(0.8~1mm)		
	制动器的功能		
开关额定值	偏航电动机 I_{max} = (视实际机型而定)		
	齿轮油泵电动机 I_{max} = (视实际机型而定)		
	液压泵电动机 I_{max} = (视实际机型而定)		
	升降机电动机 I_{max} = (视实际机型而定)		
	偏航控制器中心位置设定		
	顺时针解缆设定		
	逆时针解缆设定		
微机内各参数的设定	最大转速	风轮: n_{max} = (视实际机型而定) r/min	
		发电机:	
	最高温度	发电机:	
		齿轮油:	
	最大输出功率	10min 平均 P_{max} =　　kW(视实际机型而定)	
		瞬时 P_{max} =　　kW(视实际机型而定)	
	电压	10ms: U_{max} =　　V(视实际机型而定)	
		50s: U_{max} =　　V(视实际机型而定)	
		50s: U_{min} =　　V(视实际机型而定)	
	高频率	200ms: f_{max} =　　Hz(实际值应不高于51Hz)	
	低频率	200ms: f_{max} =　　Hz(实际值应不低于49Hz)	
	风速	切出风速(10min 平均值):　　m/s(视实际机型而定)	
		最大风速:　　m/s(视实际机型而定)	

模块二 风电场电气系统

(续)

序 号	调 试 项 目	调 试 结 果
紧急停机	正常停机过程，叶尖动作时间： s（实测值应不大于1~2s）	
	叶片桨距角的设定与风力发电机组的输出功率	
故障统计		
结 论		
调试日期		
调试人员		

二、风力发电机组的试运行

风力发电机组安装调试完成后，应根据制造厂推荐的程序及方法进行试运行，以确信所有装置、控制系统和设备合适、安全和性能正常，从而保证机组安全、稳定运行。

1. 试运行条件

1）风力发电机组的安装质量符合生产厂标准要求。

2）相序校核正常，测量绝缘、电压值和电压平衡性符合要求。

3）机组现场调试已完成，按照设备技术要求进行了超速试验、飞车试验、振动试验、正常停机试验、安全停机试验及事故停机试验，结果均符合要求。

4）风电场输变电设施符合正常运行要求。

5）试运转情况正常，通过现场验收，具备并网运行条件。

6）环境、气象条件符合安全运行要求。

7）风力发电机组生产厂规定的其他要求均已得到满足。

8）风电场对风力发电机组的适应性要求已得到满足，如对低温环境条件或抗强台风、防潮湿多盐雾、沙尘暴等。

2. 试运行时间

按风力发电机组生产厂要求或生产厂与建设单位预先商定的条件，一般应为500h，最少不得低于250h。

3. 试运行项目

1）风力发电机组调试记录、安全保护试验记录、250h连续并网运行记录。

2）按照合同及技术说明书的要求，核查风力发电机组各项性能技术指标。

3）风力发电机组自动、手动起停操作控制是否正常。

4）风力发电机组各部件温度有无超过产品技术条件的规定。

5）风力发电机组的集电环及电刷工作情况是否正常。

6）齿轮箱、发电机、油泵电动机、偏航电动机、风扇电动机转向应正确、无异声。

7）控制系统中软件版本和控制功能、各种参数设置应符合运行设计要求。

8）各种信息参数显示应正常。

4. 试运行检查内容

风力发电机组试运行期间，除了对重要装置和系统进行功能及性能监测之外，应重视一些零部件的破损情况检查。表2-2是风力发电机组试运行期间应检查的内容。

表 2-2 风力发电机组试运行期间检查的内容

检查项目	检查内容	结果
风轮（叶片）	表面损伤裂纹和结构不连续、螺栓预紧力、防雷系统状态	
轴类零件	泄漏、异常噪声、振动、腐蚀、螺栓预紧力、齿轮状态	
机舱及承载结构件	腐蚀、裂纹、异常噪声、润滑、螺栓预紧力	
液压、气动系统	损伤、防腐、功能性侵蚀、裂纹	
塔架、基础	腐蚀、螺栓预紧力	
安全保护和制动装置	功能检查、参数设定、损伤、磨损	
电气和控制系统	并网、连接、功能、腐蚀、污物	
其他突发情况		

5. 试运行管理

风力发电机组的试运行管理一般按生产厂要求进行。建设单位运行人员应规范对运行的监测，做好运行状态和数据的收集、整理和分析工作，特别是风力发电机组适应性的监测分析。发生异常情况应及时处理，发生严重异常情况（如过热、振动、噪声异常等情况）时应果断停机，待排除影响因素后方可重新开机运行。所有异常情况均应及时通报生产厂家，加强与生产厂的信息沟通与交流。试运行结束后，应按生产厂手册要求填写试运行记录或备忘录，由建设单位与生产厂双方有关人员签字后归入机组技术档案。

实践训练

做一做：按要求做发电机运转调试，并完成详细的调试报告。

知识链接

永磁直驱型风力发电机组的变流系统

此系统由直驱型风力发电系统风轮与永磁发电机直接耦合构成，其输出电压的幅值、频率、功率都随风能的变化而变化。为实现机组低风速时低电压运行功能、并显著改善电能质量，需要采用全功率变流器传输并网，所以变流器的功率为 1.2 倍的机组额定功率。

1. 永磁直驱型风力发电机组全功率变流器的控制技术

1）控制上采用电压电流双闭环矢量控制，呈现电流源特性，电流环是直驱型风力发电并网变流器的控制核心。

2）变流器对电网呈现电流源特性，容易实现多单元并联及大功率化组装，各个单元之间采用多重化载波移相，极大地减小了网侧电流总谐波。

3）网侧逆变器采用三电平电路结构，适用网侧电压范围广，也有益于减小网侧谐波。

4）兆瓦级变流器需要多个单元并联组合，系统控制会自动分组工作，很容易线性化并网回馈功率，易于系统控制及减小电流总谐波。

5）并网变流器采用先进的 PWM 控制技术，灵活地调节系统的有功和无功功率，减小开关损耗，提高效率，使自动并网功率最大化。

6）根据风电控制，并网变流器具有动态响应快，可以瞬间满足大范围功率变化的要求，适应性比较强。

7) 并网变流器具有温度、过电流、短路、旁路、网侧电压异常等保护功能，具有多种模拟量和数字量接口，具有 CAN 总线或 RS-485 串行总线等接口，连接方便，控制灵活。

2. 永磁直驱型风力发电机组全功率变流器的电路分析

永磁直驱型风力发电机组全功率变流器采用"二极管整流＋升压斩波＋PWM 逆变"的结构，将电压和频率不稳定的交流电转化为符合电网要求的交流电。试验得出斩波器＋逆变器的效率通常在 97%、网侧功率因数大于 0.99。

直驱型机组变流器功率主电路组成：发电机侧滤波器、三相整流器、整流输出电容器组、三重升压 BOOST 变换器、制动单元、逆变侧滤波电容器、双重并网逆变器、逆变输出平衡电抗器、滤波器、升压变压器等。变流柜内部结构如图 2-16 所示。

变流器采用交-直-交电平电压型主电路，呈控制电流源特性，容易并联，易于大功率化组装，网侧电流正弦化，可以软并网，对电网无冲击、无谐波污染。变流器中的功率半导体器件 IGBT，一般采用水冷散热技术，机器外部设有循环系统。变流柜水冷系统如图 2-17 所示。

图 2-16　变流柜内部结构

图 2-17　变流柜水冷系统

3. 变流器的变流主回路（以 VERTECO 变流器为例）

VERTECO 变流回路主要由 4 个变频器和 3 个框架开关组成（1 个在变流柜中作电网侧的主断路器，另外两个在机舱内的接线柜中作发电机侧的断路器），采用可控整流方式，即整流部分采用可控的 IGBT 整流（发电机侧的变频器作为整流器）。核心部件为变频器，包括电网侧逆变变频器、发电机侧整流变频器和制动/耗能变频器等。此外还包括电网侧主断路器、制动/能耗电阻器、高压整流块、高压充电变压器和充电控制接触器等。电网侧设置有滤波电容组和滤波电抗器。

电网侧逆变变频器的作用是将发电机发出的能量转换为电网能够接受的形式并传送到电网上。而发电机侧整流变频器则是将发电机发出的电能转换为直流有功传送到直流母线上。制动/耗能变频器则是在当某种原因使得直流母线上的能量无法正常向电网传递时将多余的能量在电阻上通过发热消耗掉，以避免直流母线电压过高造成元器件的损坏。

变流柜中每一个变频器都各自配有一个控制器，这些控制器和功率模块一一对应，相互之间通过光纤和 CAN 总线互连。变频器和主控系统采用 PROFIBUS 总线通信，除此以外变频器间又冗余了一条 CAN 总线。VERTECO 变流器的变频器采用并排安装的方式。

4. 变流器的冷却系统

变流器元器件散热是通过一套强制水冷系统实现的。水冷的优点是水的比热系数大，同样体积的水和空气，在同样温升下，水吸收的热量大，同时，柜体采用散热管道敷设方式散热，有利于集中把热量排出塔架，也解决了塔架内部噪声大的问题。缺点是柜体结构较复杂，制造成本大。水冷系统的散热风扇如图2-18所示。风冷方式优点是结构简单，缺点是散热效率低。除水冷系统以外，变流柜内部还有1套风冷系统。变流柜内部的风冷系统如图2-19所示。

图2-18　水冷系统的散热风扇　　　　　图2-19　变流柜内部的风冷系统

一、选择题

1. 属于二次电路的设备是_____。
   A. 高压断路器　　　B. 互感器　　　C. 负荷开关　　　D. 电流表
2. 风力发电机组开始发电时，轮毂高度处的最低风速叫_____。
   A. 额定风速　　　B. 平均风速　　　C. 切出风速　　　D. 切入风速
3. V80的风轮直径是_____m。
   A. 77　　　　　　B. 80　　　　　　C. 52　　　　　　D. 90
4. 偏航系统有以下三种功能：保证风力机在RUN和PAUSE状态时_____；在需要时控制电缆_____；测量_____。
   A. 机舱位置　　　B. 迎风　　　　　C. 逆风　　　　　D. 解缆
5. 风力发电机组在调试时，首先应检查回路_____。
   A. 电压　　　　　B. 电流　　　　　C. 相序　　　　　D. 相角
6. 风力机将风能转化成机械能的效率可用风能利用系数_____来表示。
   A. C_p　　　　　B. λ　　　　　C. P　　　　　D. W
7. 风电场集电系统的主要功能是将风力发电机组生产的电能以组的形式收集起来，由电缆线路直接并联，汇集为一条10kV或35kV架空线路（或地下电缆）输送到_____。
   A. 电网　　　　　B. 升压变电站　　C. 风电场　　　　D. 用户
8. 风力发电机组通常采用_____限流软起动装置进行软起动并网。
   A. 二极管　　　　B. 电容　　　　　C. 晶闸管　　　　D. 电阻
9. RCC应使用在_____发电机上，通过电力电子装置，控制发电机的转子电流，使普通异步发电机成为可变转差发电机，提高发电机的发电效率。
   A. 笼型异步　　　B. 凸极式同步　　C. 隐极式同步　　D. 绕线转子异步
10. 用绝缘电阻表进行检测时，若进行690V电路测量，应将数字绝缘表打至_____的档位上。
    A. 1000V　　　　B. 500V　　　　　C. 2000V　　　　D. 690V

模块二　风电场电气系统

二、判断题

1. 风电场一次系统是由风力发电机组、集电系统、升压变电站及监测系统组成的。（　）
2. 风力发电机组叶片是由玻璃纤维增强环氧树脂和炭纤维组成的。（　）
3. 风轮确定后，它所吸收能量的多少主要取决于空气速度的变化情况。（　）
4. 在风力发电过程中，让风轮的转速随风速变化，而通过电力电子变流控制来得到恒频电能的方法称为变速恒频。（　）
5. 风电场大部分采用双馈式发电机和直驱式永磁发电机的变速恒频发电技术。（　）
6. 风力发电场风力发电系统是由风电场、电网以及负荷构成的整体，是用于风电生产、传输、变换、分配和消耗电能的系统。（　）
7. 电网是实现电流等级变换和电能输送的电力装置。（　）
8. 风力发电机组主要由风轮、机舱、塔架三部分构成。（　）
9. 习惯上称 10kV 以下线路为配电线路，35kV、60kV 线路为输电线路，110kV、220kV 线路为高压线路，330kV 以上线路称为超高压线路。（　）
10. 电气二次设备包括测量仪表、控制及信号器具、继电保护和自动装置等。（　）

三、填空题

1. 风电场的电气系统和常规发电厂一样，也是由_____系统和_____系统组成的。
2. 风轮的作用是把风的动能转换成风轮的旋转_____。
3. 风力发电机工作过程中，能量的转化顺序是_____→_____→_____→_____。
4. 风力发电机组的调试主要是针对部分项目或系统进行_____或性能试验。
5. 控制器功能检测的参量包括转速、_____、_____等。
6. 风力发电机组主要包括_____、_____、电力电子换流器（变频器）、机组升压变压器（集电变压器或箱变）等。
7. 二次设备通过_____同一次设备取得电的联系，是对一次设备的工作进行监测、控制、调节和保护的电气设备。
8. _____是固定轮毂的装置，是为了在轮毂或叶轮内调试、检修维护工作时的安全。
9. 使用绝缘电阻表进行绝缘检测时，将_____表笔接接地部位，_____表笔分别接各电气设备 A、B、C 各相，测量相对地绝缘。
10. 由于异步发电机要从电网吸收_____，导致风电机组的_____降低。并网运行的风力发电机组一般要求其功率因数达到 0.99 以上，所以应用电容器组进行_____。

四、简答题

1. 简述风电场电气系统的构成。
2. 什么是倒闸操作？电气设备停送电程序是怎样的？有什么不同？
3. 简述风力发电机组的构成及工作原理。
4. 简要说明风力发电机组的调试项目。
5. 风力发电机组试运行期间需要检查哪些内容？

模块三 风电场的运行与维护

目标定位

能力要求	知识点
识 记	风电场运行工作的内容
了 解	风电场运行巡查项目
理 解	风力发电机组的并网运行
掌 握	风电场的运行维护内容
识 记	风电场的事故处理

知识概述

本模块主要介绍风电场运行与维护的相关知识，包括风电场的运行内容、风力发电机组的运行状态与运行操作、风力发电机组的并网与脱网、风电场的运行维护与事故处理等内容。通过对本模块的学习，使学生理解和掌握风电场运行的相关知识，提高事故处理与应对能力。

项目一 风电场的运行

风电场运行工作的主要内容包括两个部分，一是风电场电气系统的运行，即风力发电机组的运行和场区内升压变电站及相关输变电设施的运行；二是风电场运行工作的管理，包括风电场安全运行保障制度的建立、对风电场电气系统运行的常规监测、风电场异常运行和事故的处理等。

一、风电场运行前的准备工作

1. 建立风力发电机组技术档案

风电场应为每台风力发电机组建立一份技术档案，档案内容包括制造厂提供的设备技术规范和运行操作说明书，出厂试验记录以及有关图样和系统图；机组安装记录、现场调试记录和验收记录及竣工图样和资料；机组输出功率与风速的关系曲线（实际运行测试记录）；机组检修、事故和异常运行记录等。

2. 风电场电气设施的运行要求

1）风电场电气设施在投入运行前应具备一定的条件，具体内容见相关章节。

2）风力发电机组及其附属设备均应有制造厂的金属铭牌，应有风电场自己的名称和编号，并标志在明显位置。

3）风电场的控制系统应由两部分组成，一部分为就地机组计算机控制系统；另一部分为风电场中央控制室计算机控制系统。机组控制器和中央控制室计算机都应备有不间断电源，中央控制室与风力发电机组现场应有可靠的通信设备。

4）风电场应备有可靠的事故照明。

5）处在雷区的风电场应有特殊的防雷保护措施。

6）风电场与电网调度之间应有可靠的通信联系。

7）风电场内的架空配电线路、电力电缆、变压器及其附属设备、升压变电站及防雷接地装置等的要求应按相关标准执行。

8）风电场要做到消防组织健全，消防责任制落实；消防器材、设施完好，保存消防器材符合消防规程要求并定期检验；风力发电机组内应配备消防器材。

3. 建立健全风电场安全保障制度

风电场生产应坚持"安全第一、预防为主"的方针，建立健全风力发电安全生产网络，全面落实第一责任人的安全生产责任制。

风电场应遵循电力系统安全、高效生产有关规定，建立各种制度及相关细则，包括工作票制度、操作票制度、交接班制度、巡回检查制度、操作监护制度、维护检修制度及消防制度、巡查安全细则、运行人员安全教育和培训细则等。

二、风电场的运行巡查

1. 风电场的常规运行巡查

风电场常规巡查指的是风电场运行时，运行工作人员每天进行的巡视检查。巡查内容主要有：

1）按时收听和记录当地天气预报，做好风电场安全运行的事故预想和对策。

2）通过主控室的计算机监视机组的各项参数变化及运行状态，按规定填写《风电场运行日志》。

3）根据计算机显示数据，检查分析各项参数变化情况，发现异常情况应对异常机组的运行状态实施连续监视，并根据实际情况采取相应的处理。

4）若风电场电气设施发生常规故障，及时通知维护人员根据当时气象条件做相应处理，并在运行日志上做好故障处理记录及质量验收记录。

5）对于风电场电气设施非常规故障，应及时通知相关部门，并积极配合处理解决。

2. 风电场的定期巡视

（1）风电场定期巡视要求

1）运行人员应定期对风力发电机组、风电场测风装置、升压变电站、场内高压配电线路进行巡回检查，发现问题及时处理，并登记在巡视记录上。

2）雷雨天气不要停留在风力发电机组内或靠近风力发电机组，风力发电机组遭遇雷击后1h内不得靠近。

3）风电场周围自然环境一般都较为恶劣，地理位置往往比较偏僻，运行人员应加强对输变电设施运行的巡视力度。巡视时应配备相应的检测、防护和照明设备，以保证工作的正常进行。还应解决好消防和通信问题,以提高风电场运行的安全性。

(2) 风电场定期巡视内容　风电场定期巡视内容包括常规巡视内容和重点巡视内容两种。

1) 常规巡视内容:检查机组在运行中有无异常声响,风轮运行状态是否正常;检查偏航系统运行状况是否正常,电缆有无绞缠现象;检查风力发电机组各部件是否有渗漏油现象;巡视风电场测风装置运转是否正常,变压器运行是否正常,是否有渗漏油现象;巡视场内高压配电线路的运行情况。

2) 重点巡视内容:重点检查新投入运行或故障处理后重新投入运行的风力发电机组及其他电气设施;重点检查起停频繁、负荷重、温度偏高、稍有异常运行的风力发电机组。

当天气情况变化异常时,如风力发电机组发生非正常运行,巡视检查的内容及次数由值班负责人根据当时的情况分析确定。当天气条件不适宜户外巡视时,则应在中控室对机组的运行状况进行监控。

3. 风电场的特殊巡视

风电场在极端气候、设备过负荷或设备出现异常运行等情况时,要进行特殊巡视。

1) 设备过负荷或负荷明显增加时。
2) 恶劣气候或天气突变过后。
3) 事故跳闸。
4) 设备异常运行或运行中有可疑现象。
5) 设备经过检修、改造或长期停用后重新投入系统运行。
6) 阴雨天初晴后,检查户外端子箱、机构箱、控制箱是否受潮结霜现象。
7) 新安装设备投入运行后,要进行特殊巡视。

实践训练

想一想:为什么要对风电场进行特殊巡视?

项目二　风力发电机组的运行

风力发电机组的运行过程就是把风能转换成电能的过程。把这个过程简单地描述一下就是:风以一定的速度和攻角作用在桨叶上,使桨叶产生旋转力矩而转动,并通过传动装置带动发电机旋转发电,进而将风能转变成电能。再将风力发电机组发出的电能送入电网,即实现了风力发电机组的并网运行。

一、风力发电机组的工作状态

风力发电机组的工作状态分为四种,即运行状态、暂停状态、停机状态和紧急停机状态,风力发电机组总是工作在以上四种状态之一。为便于了解风力发电机组在各种状态条件下控制系统的反应情况,下面列出四种工作状态的主要特征,并辅以简要说明。

1. 运行状态

风力发电机组的运行状态就是机组的发电工作状态。在这个状态中,机组的机械制动松开,液压系统保持工作压力,机组自动偏航,叶尖扰流器回收或变桨距系统选择最佳工作状态，控制系统自动控制机组并网发电。

2. 暂停状态

风力发电机组的暂停状态主要用于风力发电机组调试，其部分工作单元处于运行状态特征，如机械制动松开，液压泵保持工作压力，自动偏航保持工作状态。但叶尖扰流器弹出或变桨距顺桨（变桨距系统调整桨距角向90°方向），风力发电机组空转或停止。

3. 停机状态

当风力发电机组处于正常停机状态时，机组的机械制动松开，叶尖扰流器弹出或变桨距系统失去压力而实现机械旁路（顺桨），偏航系统停止工作。但液压系统仍保持工作压力。

4. 紧急停机状态

当紧急停机电路动作时，所有接触器断开，计算机输出信号被旁路，则不可能激活任何机构。故紧急停机状态时，机组的机械制动与气动制动同时动作，安全链开启，控制器所有输出信号无效。紧急停机时，机组控制系统仍在运行和测量所有输入信号。

二、风力发电机组的运行操作

（一）风力发电机组运行的操作方式

风力发电机组的运行操作有自动和手动两种操作方式。一般情况下风力发电机组设置成自动方式。

（1）自动运行操作 风力发电机组设定为自动状态。机组在系统上电后，首先进行10min的系统自检，并对电网进行检测，系统正常，安全链复位；起动液压泵，液压系统建压。当风速达到起动风速范围时，风力发电机组按计算机程序自动起动并入电网；当风速超出正常范围时，风力发电机组按计算机程序自动与电网解列、停机。

（2）手动运行操作 当风速达到起动风速范围时，手动操作起动按钮，风力发电机组按计算机程序起动并入电网；当风速超出正常范围时，手动操作停机按钮，风力发电机组按计算机停机程序与电网解列、停机。

手动停机操作后，应再按起动按钮，风力发电机组进入自起动状态。风力发电机组在故障停机或紧急停机后，若故障排除并已具备起动条件，重新起动前应按"重置"或"复位"按钮，才能按正常起动的操作方式进行起动。

（二）风力发电机组的起动

1. 机组起动应具备的条件

1）风力发电机组主断路器出线侧相序应与并联电网相序一致，电压标准值相等，三相电压平衡。

2）变桨距、偏航系统处于正常状态，风速仪和风向标处于正常运行的状态。

3）制动和控制系统液压装置的油压和油位在规定范围，无报警；齿轮箱油位和油温在正常范围。

4）保护装置投入，且保护值均与批准设定值相符。

5）控制电源投入，处于接通位置。

6）远程风力发电机组监控系统处于正常运行状态，通信正常。

7）手动起动前叶轮上应无结冰现象。

8）停止运行一个月以上的风力发电机组在投入运行前应检查绝缘，合格后才允许起动。

9）经维修的风力发电机组在起动前，应办理工作票终结手续；新安装调试后的风力发电机组在正式并网运行前，应通过现场验收，并具备并网运行条件。

10）控制柜的温度正常，无报警。

2. 机组起动

（1）起动方式　风力发电机组的起动有自动起动和手动起动两种方式。

1）风力发电机组的自动起动。风力发电机组处于自动状态，并满足以下条件：

① 风速超过3m/s并持续10min（可设置）。

② 机组在自动解缆完毕后。

③ 机组自动起动并网。

2）风力发电机组的手动起动。手动起机适用于人为停机、故障停机、紧急停机后的起动和初次开机的情况下。手动起机有主控室操作、机舱上操作和就地操作三种操作方式。

主控室操作：在主控室远程监控计算机上先登录然后单击"start"（起动）。主控室操作为风力发电机组起、停的一般操作。

机舱上操作：在机舱的控制盘上先登录然后按"start"（起动）按钮，机舱上操作仅限于调试时使用。

就地操作：就地操作由操作人员在风力发电机组塔筒底部的主控制柜完成。正常停机情况下，先登录然后按"start"（起动）键开机。故障情况下，应首先排除故障，按"reset"（复位）键，复位信号，故障信号复位后，按"start"（起动）按钮。就地操作仅限于风力发电机组监控系统故障情况下的操作。

当风速达到起动风速范围时，风力发电机组自动起动并网。

（2）机组起动过程注意事项

1）凡经手动停机操作后，先登录后按"start"（起动）按钮，方能使风力发电机组进入自动起动状态。

2）若起动时，控制柜温度不大于8℃，应投入加热器。

3）风力发电机组在故障停机和紧急停机后，如故障已排除且具备起动的条件，重新起动前应按"reset"（复位）就地控制按钮，才能按正常起动操作方式进行起动。

4）风力发电机组起动后应严密监视发电机温度、有功功率、电流、电压等参数。

（三）风力发电机组的停运

1. 停运前的准备

风力发电机组正常运行时，处于自动调整状态，当需要进行一月期、半年期、一年期维护时，需要进行正常停机，进行必需的维护工作。机组停运前的准备工作包括：填写相应的检修工作票；认真履行工作监护制度；准备必要的安全工器具，如安全帽、安全带、安全鞋；零配件及工具应单独放在工具袋内，工具袋应背在肩上或与安全绳相连等。

2. 风力发电机组停机

风力发电机组停机包括主控室停机和就地停机两种形式。风力发电机组的主控室停机由操作人员在主控室风力发电机组监控计算机上完成，先登录后单击"stop"，风力发电机组进入停止状态。主控室停机是正常停机的一般操作。风力发电机组的就地停机由操作人员在

模块三　风电场的运行与维护

风力发电机组底部的主控制柜先登录后按"stop"键完成。就地停机仅限于风力发电机组监控系统故障情况下的操作。

3. 紧急停机

1) 当正常停机无效或风力发电机组存在紧急故障（如设备起火等情况）时，使用紧急停机按钮停机。风力发电机组就地共有 4 个紧急停止按钮，分别在塔筒底部主控制柜上、机舱控制柜上及齿轮箱的两侧。

风力发电机组紧急停机分为远方紧急停机和就地紧急停机。风力发电机组的远方紧急停机由操作人员在主控室风力发电机组监控计算机上完成，登录后单击"紧急停止"，风力发电机组进入紧急停止状态；风力发电机组的就地紧急停机由操作人员在风力发电机组塔筒底部主控制柜完成，登录后按下风力发电机组"紧急停止"红色按钮，风力发电机组进入紧急停止状态。仍然无效时，拉开风力发电机组所属箱变低压侧开关；就地紧急停机只能通过按就地急停复位按钮来复位。

2) 风力发电机组运行时，如遇到以下状况之一，应立即采取紧急停机。

① 叶片位置与正常运行状态不符，或出现叶片断裂等严重机械事故。

② 齿轮箱液压子系统或制动系统发生严重油泄漏事故。

③ 风力发电机组运行时有异常噪声。

④ 负荷轴承结构生锈或裂纹；混凝土建筑出现裂纹。

⑤ 风力发电机组因雷击损坏，电气设备烧焦或雷电保护仍然有火花。

⑥ 紧固螺钉连接松动或不牢靠。

⑦ 变压器站内进水或风力机内进水或沙子；变压器站内或风力机内有了鸟巢或虫穴。

4. 故障停机

故障停机是指风力发电机组故障情况下（如发电机温度高、变频器故障等），风力发电机组因故停止运行的一种停机方式。故障停机应及时联系检修人员处理。

5. 自动停机

自动停机是指风力发电机组处于自动状态，并满足以下条件时的一种停机方式：

1) 当风速高于 25m/s 并持续 10min 时，将实现正常停机（变桨距系统控制叶片进行顺桨，转速低于切入转速时，风力发电机组脱网）。

2) 当风速高于 28m/s 并持续 10s 时，实现正常停机。

3) 当风速高于 33m/s 并持续 1s 时，实现正常停机。

4) 当遇到一般故障时，实现正常停机。

5) 当遇到特定故障时，实现紧急停机（变流器脱网，叶片以 10°/s 的速度顺桨）。

6) 当风力发电机组需要自动解缆时，风力发电机组自动停机。

7) 电网异常波动时风力发电机组自动停机。

8) 风力发电机组按控制程序自动与电网解列、停机。

6. 停机检修隔离措施

1) 停机后，维护人员进行塔上工作时，应将远程监控系统锁定并挂警示牌。

2) 从主控室停止风力发电机组运行，检查风力发电机组处于停止状态，电压、电流、功率显示为零。

3) 就地拉开箱变低压侧开关和自用变高压侧开关，断开风力发电机组控制电源。

4）拉开箱变高压侧负荷开关，取下箱变高压侧熔断器。

5）在箱变高压侧和低压侧开关机构上悬挂"禁止合闸，有人工作"标识牌。

（四）计算机界面上的运行操作

1. 风力发电机组起停及复位

（1）起动　系统处于停机模式，且无故障，按起/停键起动机组，机组起动后处于待机状态，根据工况进行自动控制。

（2）停机　在除了急停和停机之外的任何状态下按起/停键，即可停机。

（3）复位　在急停或停机状态下按复位键，机组进行如下操作：安全链复位；机组故障复位；机组状态复位到停机。

2. 手动操作

手动操作主要用于机组调试和检修，对机组的主要部件进行功能或逻辑测试。考虑到安全因素，手动操作应在停机状态下进行。停机状态下，按手动操作键，进入手动状态。手动状态下，可以按各功能键进入各种手动动作。

三、风力发电机组的并网与脱网

1. 风力发电机组的并网

（1）并网条件　风力发电用发电机有异步发电机和同步发电机两种，需要满足的并网条件也不同。

1）风力异步发电机的并网条件：发电机转子的转向与旋转磁场的方向一致，即发电机的相序与电网的相序相同；发电机的转速接近于同步转速。

2）风力同步发电机的并网条件：发电机的端电压大小等于电网电压，且电压波形相同；发电机的频率等于电网的频率；并联合闸的瞬间，发电机的电压相位与电网电压相位相同；发电机的电压相序与电网的电压相序相同。

（2）并网　当风力发电机组处于待机状态时，风速检测系统在一段持续时间内测得风速平均值达到切入风速，并且系统自检无故障时，机组由待机状态进入低风速起动，并切入电网。不同类型风力发电机组的并网方式不同，风能利用率也有所不同。

1）定桨距风力发电机组的并网：当平均风速高于3m/s时，风轮开始逐渐起动；风速继续升高至4m/s时，机组可自起动直到某一设定转速，此时发电机将按控制程序被自动地联入电网。一般总是小发电机先并网，当风速继续升高到7~8m/s时，发电机将被切换到大发电机运行。如果平均风速处于8~20m/s，则直接从大发电机并网。发电机的并网过程是通过三相主电路上的三组晶闸管完成的。当发电机过渡到稳定的发电状态后，与晶闸管电路平行的旁路接触器合上，机组完成并网过程，进入稳定运行状态。

并网运行过程中，电流一般被限制在大发电机额定电流以下，如超出额定电流时间持续3s，则可以断定晶闸管故障。晶闸管完全导通1s后，旁路接触器得电吸合，发出吸合命令1s内如没有收到旁路反馈信号，则旁路投入失败，正常停机。

2）变桨距风力发电机组的并网：当风速达到起动风速时，变桨距风力发电机组的桨叶向0°方向转动，直到气流对叶片产生一定的攻角，风轮开始起动，转速控制器按一定的速度上升斜率给出速度参考值，变桨距系统以此调整桨距角，进行速度控制。为使机组并网平稳，对电网产生尽可能小的冲击，变桨距系统可以在一定的时间内保持发电机的转速在同步

模块三 风电场的运行与维护

转速附近,寻找最佳时机并网。并网方式仍采用晶闸管软并网,只是由于并网过程时间短,冲击小,可以选用容量较小的晶闸管。

并网运行过程中,当输出功率小于额定功率时,桨距角保持在0°位置不变,不做任何调节;当发电机输出功率达到额定功率以后,调节系统根据输出功率的变化调整桨距角的大小,使发电机的输出功率保持在额定功率。此时控制系统参与调节,形成闭环控制。控制环通过改变发电机的转差率,进而改变桨距角,使风轮获得最大功率。

变桨距风力发电机组与定桨距风力发电机组相比,在相同的额定功率点,额定风速比定桨距风力发电机组要低。对于定桨距风力发电机组,一般在低风速段的风能利用系数较高。当风速接近额定点时,风能利用系数开始大幅下降。变桨距风力发电机组由于可以控制叶片节距,不存在风速超过额定点的功率控制问题,使得额定功率点仍然可以获得较高的风能利用系数。

2. 风力发电机组的脱网

当风力发电机组运行中出现功率过低或过高、风速超过运行允许极限值时,控制系统会发出脱网指令,机组将自动退出电网。

(1) 功率过低 如果发电机功率持续(一般设置30~60s)出现逆功率,其值小于预置值,风力发电机组将退出电网,处于待机状态。脱网动作过程如下:断开发电机接触器,断开旁路接触器,不释放叶尖扰流器,不投入机械制动。重新切入可考虑将切入预置点自动提高0.5%,但转速下降到预置点以下后升起再并网时,预置值自动恢复到初始状态值。

(2) 功率过高 一般说来,功率过高现象由两种情况引起,一是由于电网频率波动引起的。电网频率降低时,同步转速下降,而发电机转速短时间不会降低,转差较大;各项损耗及风能转换机械能瞬时不发生突变,因而功率瞬时会变得很大。二是由于气候变化,如空气密度增加引起的。功率过高如持续一定时间,控制系统会做出反应。一般情况下,当发电机出力持续10min大于额定功率的15%后,正常停机;当功率持续2s大于额定功率的50%时,安全停机。

(3) 风速过限 在风速超出允许值时,风力发电机组退出电网。

实践训练

想一想:当风力发电机组运行异常时,运行人员在机组塔筒底部的主控制柜进行了手动停机操作。此时,主控室远程监控计算机上是否还能进行风力发电机组起、停的一般操作?为什么?

项目三 风电场的维护

一、风电场的运行维护

风电场的维护主要是对风力发电机组和场区内输变电设备的维护。维护形式包括常规巡检和故障处理、常规维护检修及非常规维护检修等。风电场的常规维护检修包括日常维护检修和定期例行维护检修两种。

风电场的日常维护是指风电场运行人员每日应进行的电气设施的检查、调整、注油、清理以及临时发生故障的检查、分析和处理。在日常运行维护检修工作中，维护人员应根据风电场运行维护规程的有关要求并结合风电场运行的实际状况，有针对性地进行巡检工作。为便于工作和管理，应把日常巡检工作内容、巡检标准等项目制成表格，工作内容叙述简单明了，目的明确，以便于指导维护人员的现场巡视工作。通过巡检工作力争及时发现故障隐患，防患于未然，有效地提高设备运行的可靠性。

风电场的定期维护是风电场电气设备安全可靠运行的关键，是风电场达到或提高发电量、实现预期经济效益的重要保证。风电场应坚持"预防为主，计划检修"的维护原则，根据电气设备定期例行维护内容并结合设备运行的实际情况，制订出切实可行的定期维护计划，并严格按照计划工作。做到定期维护，检修到位，使设备处于正常的运行状态。

1. 风电场运行维护清单

风电场维护清单列出了风电场所有的维护工作，包括维护项目、维护内容、维护标准、维护措施、维护周期、维护结果以及维护人员签名等。某风电场运行维护清单（部分）见表3-1。

表3-1 某风电场运行维护清单（部分）

项目名称	发电机						
项次	项目	维护标准	维护措施	周期	备注	结果	签名
7.1	主轴承润滑	检查油位；检查接头有无泄漏；检查油管有无泄漏和表面裂纹、脆化；检查泵单元是否工作正常、各润滑点是否出油	油位少于总容量1/3时，给油缸注油，直至达到"最大"标志处。泄漏时拧紧或更换接头；有裂纹脆化情况更换油管，如不工作，修理或更换泵单元	2月			
7.2	缆线连接	缆线是否损坏，接头是否松动	松动需要拧紧，损坏需要更换	1年			
7.3	常规检查	外表是否生锈；发电机是否有异音、振动	天气良好时补漆，其他按发电机使用维护手册进行	6月			
7.4	通风槽	排气管是否清洁顺畅，外部是否漏气	修理或更换通风机，清洁通风管	1年			
7.5	传感器	测量温度传感器电阻来检查其测量精度	见发电机使用维护手册	2年			
7.6	绝缘电阻	正常发电绝缘电阻最低值大于5MΩ	如果测量值太低，绕组要进行清洁或干燥	2年			

注：维护结果用三种形式记录："√"——完成；"R"——有问题，需要记录；"×"——没有执行，要说明原因。

2. 风电场运行维护记录

在风电场的运行与维护中，应遵守科学规范的工作流程。这一工作流程就包括做好风电场的运行与维护记录。运行与维护记录主要包括：风电场巡视记录、风电场运行日志、风力发电机组缺陷记录、防误装置检查记录、风电场线路及风力发电机组故障统计、倒闸操作票登记、工作票登记、工作票操作票统计、变电站巡视记录、接地线装设与拆除登记、避雷器动作记录、绝缘测定记录、设备切换记录、蓄电池定期充放电维护记录、调度操作命令记

模块三 风电场的运行与维护

录、生产统计表等。下面是其中几种记录的清样。

（1）风电场巡视记录 运行维护人员每天都要对风电场进行巡视检查，巡视中发现的问题随时记录，发现异常，及时消除，力争将设备故障减少到最低限度。某风电场巡视记录见表3-2。

表3-2 风电场巡视记录

项　　目	发现时间	异常内容	消除时间	消　缺　人
说明				
巡视		巡视日期		值长

（2）风电场运行日志 风电场应建立日常运行日志，日志中应详细记录的主要内容包括时间、风速及天气情况、风力发电机组型号、日发电量、工作时数、关机时数、发生的故障及故障持续时间、故障修理简要记录等。表3-3是风电场运行日志样表。

表3-3 风电场运行日志　　　年　月　日　天气：

风机	101	102	103	104	105	106	107	108	109	201	202	203	204
运行	√	√	√	√	√	√	√	√	√	√	√	√	√
检修													
备用													
风机	205	206	207	208	301	302	303	304	305	306	307	308	309
运行	√	√	√	√	√	√	√	√	√	√	√	√	√
检修													
备用													

当班情况	1. 风机正常运行27台，巡视站内设备无异常　　　　时间：16:00 2. 27台风机全部满负荷运行，最高风速：12m/s　　主变压器电流：655.31A 　　　　　　　　　发电量：40893kW·h　　　　时间：20:07 3. #303风机报：(163)风速计通信错误　　　　　　时间：20:44 4. #303风机自动复位、并网发电　　　　　　　　　时间：20:45 5. 报地调数据：当天发电量：44.16×10⁴kW·h　　当天最高负荷时：37410kW·h 　　当天最低负荷时：6497kW·h　当天开机容量：40.5MW　时间：21:00 6. #205风机报：(24)功率变频器发现错误　　　　　时间：21:58 7. #205风机手动复位、故障消除、并网发电　　　　时间：22:15 8. #205风机连续报(24)功率变频器发现错误　　　　已通知厂家　待处理				
电量/kW·h	交班总电量	交班总电量	总场电量	当班电量	当班电量	当班电量
	14106594	13834128		300293	295284	5009
值班	值长		李铭	班组成员	张华　刘力　王晓刚	
上级命令						
备注						

（3）故障统计、缺陷及检修记录 风电场线路、风力发电机组等设备出现故障后，要详细记录，定期统计，并分别存入设备单独的档案中。包括设备在运行中显现出来的缺陷及故

障检修等,都要详细、规范地记载、存档,为设备的运行管理提供依据。某风电场线路及机组故障统计记录见表3-4。某风力发电机组缺陷记录、检修工作记录分别见表3-5、表3-6。

表3-4　风电场线路及机组故障统计

设备名称及编号	故障开始时间	故障恢复时间	停电设备及现象	故障原因及分析

表3-5　风力发电机组缺陷记录

序　　号	缺陷内容	值长意见	缺陷消除验收
	月　日　时发现＿＿＿＿＿ ＿＿＿＿＿＿＿＿＿＿＿＿ 通知＿＿＿＿＿＿＿＿＿＿ 发现人＿＿＿＿＿＿＿＿＿	指定＿＿＿＿＿为消除缺陷负责人 值长＿＿＿＿＿ 　　　　　　月　日　时	缺陷于＿＿月＿＿日＿＿时已消除 消缺负责人＿＿＿＿＿ 值班员＿＿＿＿＿
停运时间:　月　日　时至　月　日　时 停运时数:　　　　　h		统计人:	

表3-6　风力发电机组检修工作记录

风力发电机组(设备)编号		日期	年　月　日	记录卡编号	
故障现象	故障编码				
	故障描述				
停机情况	停机时间		停机时数		
	检修时间		检修时数		
	恢复时间		损失电量		
故障处理	使用工具				
	消耗材料				
	处理方法				

(4) 风电场值长工作日志　风电场值长工作日志由当班值长填写,主要记录本值当班时的运行工作情况。某风电场值长工作日志见表3-7。

表3-7　风电场值长工作日志

年　月　日　时　分至　年　月　日　时　分					第＿＿值	
值长＿＿＿	值班员＿＿＿			天气＿＿＿	室内、外温度＿＿℃、＿＿℃	
电气设备运行状态							
1#主变压器	2#主变压器	2201	2202	2203	2204	2205	2206
1#站用变压器	2#站用变压器						

模块三　风电场的运行与维护

（续）

年　月　日　时　分至　年　月　日　时　分		第___值	
值长____　　值班员_____		天气___　　室内、外温度___℃、___℃	
电气设备运行状态			
35kV Ⅰ段母线	集电1号线运行___台，编号：		
	备用___台，编号：		
	检修___台，编号：		
	集电2号线运行___台，编号：		
	备用___台，编号：		
	检修___台，编号：		
35kV Ⅱ段母线	集电9号线运行___台，编号：		
	备用___台，编号：		
	检修___台，编号：		
	集电10号线运行___台，编号：		
	备用___台，编号：		
	检修___台，编号：		
检修记录	票号	种类	开工时间　结束时间
异常记录	日　时　分		

（5）风电场运行工作票　工作票是准许在电力设备上工作的书面命令，也是明确安全职责、实施保证安全的技术措施的书面依据。在高压电气设备（包括线路）上或者在高压室内的二次接线和照明回路上工作，需要全部停电或将带电设备停电、或做安全措施的工作使用第一种工作票，在低压设备上或能带电作业的工作使用第二种工作票。风电场运行电气第一种工作票见表3-8，电气第二种工作票见表3-9，风力发电机组作业工作票见表3-10。

表3-8　电气第一种工作票

工作负责人（监护人）：_____　班组_____　编号：____
工作班人员：_____　共_____人
工作内容和工作地点：_____
计划工作时间：自　年　月　日　时　分至　年　月　日　时　分

安全措施（工作票签发人填写）：	安全措施（工作许可人即值班员填写）：
工作票签发人签名： 收到工作票时间：　年　月　日　时　分 值班负责人签名：	工作许可人签名： 值班负责人签名：

（续）

许可开始工作时间：_____年____月____日____时____分	
工作许可人签名：_____ 工作负责人签名：_____	
工作负责人变动：	
原工作负责人_____离去，变更_____为负责人。	
变动时间：_____年____月____日____时____分	
工作票签发人签名：_____	
工作票延期，有效期延长到：_____年____月____日____时____分	
工作负责人签名：_____ 值长或值班负责人签名：_____	
工作终结：	
工作班人员已全部撤离，现场已清理完毕。	
全部工作于_____年____月____日____时____分结束。	
工作负责人签名：_____ 工作许可人签名：_____	
接地线共_____组已拆除。	
值班负责人签名：_____	
备注：	

表3-9 电气第二种工作票

工作负责人（监护人）：_____ 班组_____ 编号：_____	
工作班人员：_____ 共___人	
工作任务：_____	
计划工作时间：自_____年____月____日____时____分至_____年____月____日____时____分	
工作条件（停电或不停电）：_____	
注意事项（安全措施）：_____	
工作票签发人签名：_____	
许可开始工作时间：_____年____月____日____时____分	
工作许可人（值班员）签名：_____ 工作负责人签名：_____	
工作结束时间：_____年____月____日____时____分	
工作负责人签名：_____ 工作许可人（值班员）签名：_____	
备注：	

表3-10 风力发电机组作业工作票

工作单位：_____ 填写时间：_____年____月____日 编号：_____	
工作负责人（监护人）姓名：_____	
工作班组成员：_____ 共___人	
工作地点及工作任务：_____	
工作计划：是□/ 否□ 爬塔作业	

模块三　风电场的运行与维护

（续）

计划工作时间：_____年___月___日___时___分至_____年___月___日___时___分

执行方工作签发人：_____　　值班负责人：_____

安全措施及注意事项：_____

运行部补充措施及注意事项：_____

许可工作时间：_____年___月___日___时___分至_____年___月___日___时___分

　　工作许可人：_____　　工作负责人：_____

　　工作延期时间：___年__月__日__时__分至___年__月__日__时__分

工作票终结：

　　全部工作于_____年___月___日___时___分结束，设备及安全措施已恢复至开工前状态，工作人员已全部撤离，材料工具已清理完毕。

　　工作负责人：_____　　工作许可人：_____

　　工作票终结时间_____年___月___日___时___分

（6）蓄电池定期充放电维护记录　蓄电池在风电场的用途是直流电源或备用电源。运行中要确保蓄电池始终处于工作或热备用状况，为此要做好蓄电池的运行维护工作。蓄电池定期充放电维护记录见表3-11。

表3-11　蓄电池定期充放电维护记录

维护人：		维护时间_____年___月___日	
一组蓄电池组维护检查项目	正常（√）异常（×）	二组蓄电池组维护检查项目	正常（√）异常（×）
环境温度	℃	环境温度	℃
蓄电池温度	℃	蓄电池温度	℃
蓄电池外观	正常（　）异常（　）	蓄电池外观	正常（　）异常（　）
系统充电电压	V	系统充电电压	V
蓄电池组电压	V	蓄电池组电压	V
阀控式蓄电池单体浮充电压	正常（　）异常（　）	阀控式蓄电池单体浮充电压	正常（　）异常（　）
	异常电池_____		异常电池_____
性能与容量测试	放电时间____	性能与容量测试	放电时间____
	单体电压____V		单体电压____V
内部连接阻抗	正常（　）异常（　）	内部连接阻抗	正常（　）异常（　）

注：1. 性能与容量测试为半年度维护项目。
　　2. 内部连接阻抗为年度与特殊情况下维护项目。

（7）风电场变电站巡视记录　风电场升压变电站的功能是升压变电和输送电能，是风电场的枢纽，故日常巡视工作非常关键。在巡视检查中，设备的异常状况得到及时排除，从而降低了大故障的发生几率。某风电场变电站巡视记录见表3-12。

表 3-12　风电场变电站巡视记录

巡视人：		巡视时间：	月　日　时　分		天气：
设备	巡视检查项目	正常（√）异常（×）	设备	巡视检查项目	正常（√）异常（×）
主变压器	声音	正常（　）异常（　）	隔离开关	220kV 触头正确位置	正常（　）异常（　）
	气味	正常（　）异常（　）		声音	正常（　）异常（　）
	油味/油色	正常（　）异常（　）		绝缘子有无破损闪络	正常（　）异常（　）
	吸湿器/气体继电器	正常（　）异常（　）		连接螺栓松动	正常（　）异常（　）
	渗漏	正常（　）异常（　）	直流系统	电压	＿＿＿V
	油温	＿＿＿℃		表计、信号灯	正常（　）异常（　）
	引线是否松动	正常（　）异常（　）		液面	正常（　）异常（　）
	套管有无破损	正常（　）异常（　）		连接松动、腐蚀	正常（　）异常（　）
	振动是否剧烈	正常（　）异常（　）		气味	正常（　）异常（　）
开关 CT PT 电容器	油色/油位	正常（　）异常（　）	继电保护	微机测控装置	正常（　）异常（　）
	状态	正常（　）异常（　）		信号灯、音响	正常（　）异常（　）
	SF$_6$ 气体压力	＿＿＿MPa		压板正确位置	正常（　）异常（　）
	渗漏	正常（　）异常（　）		电能表	正常（　）异常（　）
	套管有无破损	正常（　）异常（　）	后台监控	显示正确	正常（　）异常（　）
	端子箱接线	正常（　）异常（　）		气味、声音	正常（　）异常（　）
	引线接头	正常（　）异常（　）		通信状态	正常（　）异常（　）
	声音	正常（　）异常（　）		操作	正常（　）异常（　）
开关机构箱	油压力值	＿＿＿MPa		消防泵房	正常（　）异常（　）
	加热器	正常（　）异常（　）		站用变压器	正常（　）异常（　）
	通信室	正常（　）异常（　）		380V/35kV	正常（　）异常（　）
发现时间		异常内容	指定消缺人	消除时间	消缺人
异常情况记录					

3. 风电场运行维护工作方式

随着风电产业的不断发展和完善，各风电场运行维护方式也不尽相同。目前大型风电场的运维工作主要采用以下四种形式，即风电场业主自行维护、专业运行公司承包运行维护、风电场业主与专业运行公司合作运行维护和风力发电机组制造商提供售后服务运行维护。

（1）风电场业主自行维护方式　风电场业主自行维护是指业主自己拥有一支具有过硬专业知识和丰富管理经验的运行维护队伍，同时配备风力发电机组运行维护所必需的工具及装备。这种维护方式初期一次性投资较大，而且还应拥有人员技术储备和比较完善的运行维护前期培训，准备周期较长。但从风电场经济效益及风电场运行长远来看，风电场拥有一支自己的、能随时投入消缺除障工作的运行维护队伍是必需的。目前国内的几家大型风电场多采用此种运行方式。

（2）专业运行公司承包运行维护方式　在发展绿色能源的国际大形势下，我国风电场的建设规模越来越大，一些专业投资公司也开始涉足风电产业，便出现众多专业风电场运行维护公司。对于那些不熟悉风力发电的风电场业主，他们只参与风电场的运营管理，提出风电场运营管理的经济、技术考核指标，而把具体的运行与维护工作委托给专业运行公司负责。该种运行维护方式在专业公司承包运行期间，可以很好地解决备品备件优化供应问题，可以保证风电场的经济效益，但不利于风电场业主自身员工的能力发展。在专业公司退出运行管理后，风电场后期的可持续运行、维护会面临较多的问题。

（3）风电场业主与专业运行公司合作运行维护方式　风电场业主在风电场运行管理期间，与专业运行公司建立技术合作关系。风电场业主委派风电场经理，主要负责风电场行政及财务管理工作，专业运行公司主要负责风电场技术管理及绩效考评工作。该运行维护方式可以实施科学有效的管理模式，降低运行管理成本，保证风电场运行管理的综合经济效益；业主与专业公司双方各自发挥专业特长，达到资源有效利用的最大化；专业公司的技术管理可以快速培养和发展风电场技术人员的技术素质及能力，建立有效的技术管理体系，提高风电场可持续发展能力。

（4）风力发电机组制造商提供售后服务运行维护方式　随着国内风电产业的不断发展，风力发电技术也在不断提高，风力发电机组制造产业发展很快。国内几家大型风力发电机组制造商都设有专门的售后服务部门，为风电场业主提供相应的售后服务，服务时效和费用基本达到风电场业主要求，已初步具备为业主提供长期技术服务的能力。

二、风电场的事故处理

风电场应建立事故预想制度，定期组织运行人员做好事故预想工作。同时，根据风电场自身特点，完善突发事件应急措施，对设备的突发事故做到指挥科学、措施合理、应对沉着。

1. 风电场异常运行与事故处理的基本要求

1）当风电场设备出现异常运行或发生事故时，当班值长应组织运行人员尽快排除异常，恢复设备正常运行，处理情况记录在运行日志上。

2）事故发生时，应采取相应的有效措施，防止事故扩大。在事故原因未查清前，运行人员应保护事故现场的损坏设备，特殊情况例外（如抢救人员生命等），为事故调查提供便利。若需要立即进行抢修，则应经风电场主管生产领导同意。

3）若事故发生在交接班过程中，则应停止交接班，交班人员应坚守岗位、处理事故。接班人员应在交班值长指挥下协助处理事故。事故处理告一段落，由交接双方值长决定是否继续接班。

4）事故处理完毕后，当班值长应将事故发生的经过和处理情况如实记录在交接班簿上。并及时通过计算机监控系统获取反映风力发电机组运行状态的各项参数及动作记录，对保护、信号及自动装置动作情况进行分析，查明事故发生的原因，总结教训，制定整改措施。

2. 风电场电气事故处理

（1）风电场电气设备的事故处理

风电场电气设备的事故处理要参照相关标准所列的规定进行处理。

1）升压站事故处理参照 DL/T 572—2010、GB/T 14285—2006、DL 5027—1993 和 DL 408—1991 进行处理。

2）风力发电机组的升压变压器事故处理参照 DL/T 572—2010 的规定处理。

3）风电场内电力电缆事故处理参照《电力电缆运行规程》的规定处理。

4）风电场内架空线路事故处理参照 SD 292—1988 的规定处理。

（2）风电场的电气火灾事故处理

1）电气设备发生火灾应立即将其停电。

2）电气设备发生火灾时，应用干式灭火器、二氧化碳灭火器灭火，不得使用泡沫灭火器灭火，应戴口罩站在上风处灭火。

3）充油设备着火时，应使用泡沫灭火器或干燥的沙子灭火。

4）充油设备上部着火，打开下部放油阀，使油位低于着火面，下部着火时禁止放油。

5）主变压器失火，应立即将主变压器退出运行。

6）电力设备发生火灾时，应立即将有关设备电源切除，采用紧急隔离措施，电气设备灭火时，应在熟悉设备带电部位的人员指挥下进行，防止触电。

7）火灾严重时应立即报警，报警时要将火灾地点、火势情况、燃烧物和大约数量汇报清楚。

8）消防车辆到达后，应向消防人员讲明现场设备运行情况，防止救火期间人员误碰带电设备，造成触电事故。

实践训练

想一想：如果你是风电场运行维护人员，每天你都应该做哪些工作？

知识链接

风力发电机组的并网变流技术

由风能的特点可知，风力发电机组输出的电压幅值、频率及相序都是不恒定的，而风力发电机组输出电压必须满足电网要求才能将所发电能并入电网，所以，应在风力发电机组与电网之间配置变频换流装置。

1. 变流技术

变流技术是电力电子技术的核心技术。所谓的变流技术就是电力变换技术的统称。电力变换通常有四种类型，即交流变直流、直流变交流、直流变直流和交流变交流。交流变直流（AC-DC）称为整流；直流变交流（DC-AC）称为逆变；直流变直流（DC-DC）是指一种电压（或电流）的直流变为另一种电压（或电流）的直流；交流变交流（AC-AC）是电压或电力的变换，称作交流电力控制，也可以是频率或相数的变换。

四种变流器的电气符号如图 3-1 所示。

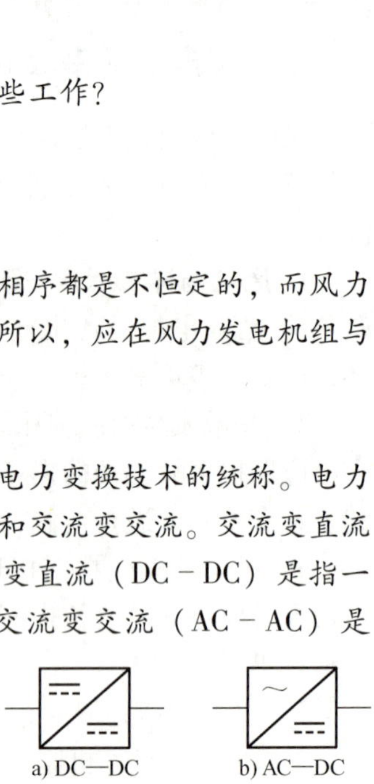

2. PWM 控制

脉宽调制（Pulse Width Modulation，PWM）技术是通过对一系列脉冲的宽度进行调制来等效地获得所需要的波形。PWM 控制技术在 4 类基本的变流电路中都有应用，尤其在变频和逆

图 3-1 变流器的电气符号
a) DC—DC　b) AC—DC
c) DC—AC　d) AC—AC

变电路中更是必不可少。对于逆变电路而言，PWM 技术的应用，即是在每个工频周期内，通过多次开通和关断主开关器件，使得交流输出电压在半个周期内形成多脉冲系列，进而通过改变脉冲的宽度、数目和位置等来调节交流输出电压的频率、幅值等参数，并实现抑制谐波分量的目的。

3. 并网变流器

变流器是使电力系统的电压、频率、相位及其他电量或特性发生变化的电气控制设备，包括整流器（交流变直流）、逆变器（直流变交流）、变频器。变流器是风力发电机组控制系统中的主要组成部分。除主电路（分别为整流电路、逆变电路和斩波电路）外，还有控制功率开关元件通断的触发电路和实现对电能的调节、控制的控制电路。

风电场风力发电机组采用的是变速恒频控制，变流器可将机组发出的电能变换成与电网的电压和频率相同的电能。

交流电变换成直流电能的整流装置称为正变换器或整流器，把直流电能变换为交流电能的整流装置称为逆变器。逆变器的工作原理是电子线路振荡器产生受控振荡信号，然后用振荡器的输出去控制半导体功率器件的导通角，从而实现逆变功能。

采用 SPWM（正弦脉宽调制）整流器作为 AC—DC 变换的 SPWM 逆变器，就是双（背靠背）SPWM 变频器。正弦脉宽调制的基本原理是将参考波形与输出调制波形进行比较，根据两者的比较结果确定逆变桥臂的开关状态。使用脉宽调制（PWM）获得正弦波形转子电流，发电机内不会产生低次谐波转矩，即改善谐波性能，也使有功功率和无功功率的控制更为方便。它具有输入电压、电流频率固定，波形均为正弦波，功率因数接近1，输出电压、电流频率可变，电流波形也为正弦波的特点。这种变频器可实现四象限运行，实现能量的双向传送。

双馈型风力发电机组变流器在双馈发电机的转子侧施加三相交流电进行励磁，通过变流器控制器对逆变电路小功率器件的控制，调节励磁电流的幅值、频率和相位，可以改变双馈型发电机转子励磁电流的幅值、频率和相位，实现定子侧输出恒频恒压。通过控制励磁电流的幅值和相位可以调节发电机的无功功率；通过控制励磁电流的频率可以调节发电机的有功功率；通过变桨距控制与发电机励磁电流控制相结合，可按最佳运行方式调节发电机的转速。既提高机组效率，又对电网起到稳频稳压的作用，而且提高了发电质量。使用功率为发电机额定功率30%左右的电力电子变频器，即可控制整个机组的输出功率。

由于风能的波动使发电机转速不断变化，经常在同步转速附近上下波动，就要求转子励磁变频器不仅具有良好的输入输出特性，要有能量双向流动的能力，是四象限双PWM背靠背变频器。在发电机亚同步转速运行时，变频器向转子绕组馈入交流励磁电流，同步转速运行时变频器向转子绕组馈入直流励磁电流，而在超同步转速运行时转子绕组输出交流电通过变频器馈入电网。

变流器由两个背靠背连接的电压型 PWM 变换器构成的交-直-交变换器。由于发电机的输出电压是根据风速变化的，PWM 整流器可以为网侧变换器提供恒定的直流母线电压，并使得交流输入电流跟随输入电压进行变化，其波形近似正弦波；网侧变换器实际上是一个三相电压型逆变器，直流母线电压经逆变、滤波后并入电网。机组并网时要求输出电流为三相正弦波，并且和电网的电压、频率和相位相同。当电网电压跌落时，变流器电流要增加以便向电网注入不变的功率。网侧滤波器采用 LCL 型滤波器，该滤波器可以在较小总电感的条件下实现同样的滤波效果,且体积小,造价低,动态性能也有改善。控制系统采用双闭环级联式控制结构:电压外环、电流内环。电压外环主要是控制直流母线电压;电流内环根据外环给出的电流指令对交流侧输入电流进行控制。

直驱型风力发电系统由风轮与永磁发电机直接耦合构成,其输出电压的幅值、频率、功率都随风能的变化而变化。为实现机组低风速时低电压运行功能、并显著改善电能质量,需要采用全功率变流器传输并网,所以变流器的功率为1.2倍的机组额定功率。

永磁直驱型风力发电机组全功率变流器在控制上采用电压电流双闭环矢量控制,呈现电流源特性,电流环是直驱型风力发电并网变流器的控制核心。变流器对电网呈现电流源特性,容易实现多单元并联及大功率化组装,各个单元之间采用多重化载波移相,极大地减小了网侧电流总谐波。网侧逆变器采用三电平电路结构,适用网侧电压范围广,也有益于减小网侧谐波。兆瓦级变流器需要多个单元并联组合,系统控制会自动分组工作,很容易线性化并网回馈功率,易于系统控制及减小电流总谐波。并网变流器采用先进的 PWM 控制技术,灵活地调节系统的有功和无功功率,减小开关损耗,使自动并网功率最大化。同时具有温度、过电流、短路、旁路、网侧电压异常等保护功能,具有多种模拟量和数字量接口,具有 CAN 总线或 RS-485 串行总线等接口,连接方便,控制灵活。

4. AC-2——异步电机用高频 MOSFET 逆变器

高频逆变器通过高频 DC—DC 变换技术,将低压直流电逆变为高频低压交流电,然后经过高频变压器升压后,再经过高频整流滤波电路整流成高压直流电,最后通过逆变电路得到交流电并网。

高频逆变器分为方波逆变器和阶梯波逆变器两种,其中阶梯波逆变器输出波形比方波有明显改善,谐波含量减少,当阶梯达到 17 个以上时输出波形可实现准正弦波。当采用无变压器输出时,整机效率很高。高频逆变器适用于光伏电站或变速风力发电机组的并网运行,也可通过多台并联运行,单个电站并网功率达到 3000kW 以上。

AC-2 代表了当今最为先进的技术(IMS 功率模块,Flash 内存,微处理器控制,CAN 总线)。图 3-2 给出了 AC-2 的图片和内部结构示意图。

图 3-2　AC-2 的图片和内部结构示意图

思考练习

一、选择题

1. 事故处理时不得进行交接班,若交接班过程中发生事故,＿＿＿＿。

　　A. 由接班班组负责处理,交班班组在接班班长的带领下,协助进行事故处理

　　B. 由交班班组负责处理,接班班组在交班班长的带领下,协助进行事故处理

　　C. 交接班组共同负责,不分主次

2. 控制盘和低压配电盘、配电箱、电源干线上的工作,应填用＿＿＿＿。

模块三 风电场的运行与维护

A. 电气第一种工作票　　B. 电气第二种工作票　　C. 热机工作票
3. 扑救____火灾效果最好的是泡沫灭火器。
　　A. 电气设备　　　　B. 气体　　　　　　C. 油类　　　　　　D. 化学品
4. 机组处于____状态时,机械制动松开,液压保持工作压力,控制系统自动控制机组并网发电。
　　A. 暂停　　　　　　B. 停机　　　　　　C. 运行　　　　　　D. 紧急停机
5. 风力发电机组有四种运行模式:运行模式、暂停模式、停止模式和____模式。
　　A. 急停　　　　　　B. 工作　　　　　　C. 手动　　　　　　D. 自动
6. 双馈式风力发电机组共有 4 个紧急停机按钮,分别设置在塔筒底部主控制柜上、机舱控制柜上及____的两侧。
　　A. 齿轮箱　　　　　B. 主轴　　　　　　C. 制动器　　　　　D. 发电机

二、判断题
1. 在服务模式下,对风力发电机组基本的监控和自动偏航都失效。（　　）
2. 在封闭的空间里,使用 CO_2 灭火器灭火,不得使用水灭火。（　　）
3. 当操作人员获得风力发电机组数据时,或当他要起动或停止风力发电机组时,可以使用地面控制器内的操作面板或与顶部控制器相连的服务面板。这两个面板显示相同的画面,可以同时使用两个面板。（　　）
4. 操作票应根据值班调度员或值班长下达的操作计划和操作综合命令填写。（　　）
5. 一般缺陷处理、各种临检和日常维护工作应由检修负责人和值班员验收。（　　）
6. 事故发生时,应采取相应的有效措施,防止事故扩大。（　　）
7. 在交接班时发生事故,应停止交接班,交班人员应坚守岗位、处理事故。（　　）
8. 风电场的维护主要是对风力发电机组和场区内输变电设备的维护。（　　）
9. 风力异步发电机的并网条件是发电机的相序与电网的相序相同。（　　）
10. 机舱上的手动操作仅限于调试时使用。（　　）
11. 风力发电机组起动后应严密监视发电机温度、有功功率、电流、电压等参数。（　　）
12. 风电场定期巡视内容包括常规巡视内容和重点巡视内容两种。（　　）

三、填空题
1. 风电场运行工作的主要内容包括两个部分:一是风电场_____的运行,二是风电场运行工作的_____。
2. 风电场生产应坚持"_____"的方针。
3. 风力发电机组的运行操作有_____和_____两种操作方式。一般情况下风力发电机组都设置成_____方式。
4. 手动起机的三种操作方式:_____操作、_____上操作、就地操作。
5. 当风速高于_____持续 10min,将实现正常制动。
6. 风电场的日常维护是指风电场运行人员每日应进行的电气设施的_____以及临时发生故障的检查、分析和处理。
7. 风电场的维护形式包括_____和故障处理、_____及非常规维护检修等。
8. 手动操作主要用于_____,对机组的主要部件进行功能或逻辑测试。

四、简答题
1. 按下急停按钮时,风力发电机组有哪些反应?
2. 哪些原因会造成风力发电机组脱网?
3. 电气设备发生火灾时,应使用哪类灭火器灭火?严禁使用哪类灭火器?
4. 简述风电场重点巡视内容。

模块四

风力发电机组的维护检修

目标定位

能力要求	知 识 点
了　解	风力发电机组的维护方式
掌　握	风力发电机组的维护检修内容
识　记	风力发电机组的异常运行分析
理　解	风力发电机组的常见故障及处理
识　记	风力发电机组的磨损与润滑

知识概述

本模块主要介绍风力发电机组运行维护的相关知识，包括风力发电机组的维护方式、风力发电机组的维护检修、风力发电机组的异常运行、风力发电机组的常见故障及处理、风力发电机组的磨损与润滑等。

项目一　风力发电机组的维修

风力发电机组的维护工作能及时有效地发现故障隐患，减少故障发生。维护工作的好坏直接影响到机组发电量的多少，进而影响到发电厂的经济效益。风力发电机组的运行性能，需要通过及时有效的维护检修来保证。

一、机组维护检修工作形式

机组维护检修工作一般包括日常维护检修、定期维护检修和临时维护检修三种形式。

1. 日常维护检修

风力发电机组的日常维护检修工作主要包括正常运行巡查时对机组进行巡视、检查、清理、调整、注油及临时故障的排除等。

1）通过风力发电机组监控计算机实时监视并分析风力发电机组各项参数变化情况，发现异常应通过计算机对该机组进行连续监视，并根据变化情况做出必要的处理，并在运行日志上写明原因，进行故障记录与统计。

2）对风力发电机组进行巡回检查，发现缺陷及时处理，并登记在缺陷记录本上。

模块四 风力发电机组的维护检修

3）检查风力发电机组在运行中有无异常响声，叶片运行状态，变桨距系统、偏航系统动作是否正常，电缆有无绞缠情况。

4）检查风力发电机组各执行机构的液压系统是否渗、漏油，齿轮箱润滑冷却油是否渗漏，并及时补充；检查液压站的压力表显示是否正常。

5）检查各紧固件是否松动以及各转动部件、轴承的润滑状况，有无磨损。

6）对有刷励磁交流发电机的集电环和电刷进行清洗或更换电刷。

7）仔细观察控制柜内有无糊味，电缆线有无移位，夹板是否松动，扭缆传感器拉环是否磨损破裂，对电控系统的接触器触点进行维护等。

8）检查记录水冷系统运行时的温度范围、发电机及变频器的最高进水温度和最高压力。

当气候异常、机组非正常运行或新设备投入运行时，需要增加巡回检查内容及次数。

2. 定期维护检修

风力发电机组的定期维护检修是指在确定时间内，对机组易磨易损零件的小修和维护，一般分500h（一个月）、2500h（半年）、5000h（一年）不等，主要根据维护项目而定。

风力发电机组的定期维护内容应按生产厂家的要求对维护项目进行全面检查维护，包括更换需定期更换的部件。定期维护检修应严格遵守维护检修计划，不得擅自更改维护周期和内容。表4-1是风力发电机组各部件定期维护计划表。

表4-1 风力发电机组各部件定期维护计划表

项 目	维护内容	性能维护	功能维护	周 期
风轮	桨叶、风轮罩表面	裂纹、剥落、磨损或变形		一年
	风轮锁紧装置		是否正常	
	变桨距集中润滑系统	油位、油泄漏、注油	密封圈的密封性	
	初始安装角		是否改变	
	法兰与装配螺栓		20%抽样紧固	
	变桨距齿轮传动部分	注油、油型、油量及间隔时间按规定执行		
	紧固螺栓及焊接部位	有无裂纹、松动	20%抽样检查螺栓紧固	
	防雷接地		是否正常	
主轴	主轴部件	裂纹、破损、腐蚀；100%紧固轴套与机座螺栓		一年
	轴承（前后）罩盖	异常情况		
	主轴与齿轮箱连接	是否正常		
	润滑与油封	泄漏、轴封润滑	按要求注油	半年
	注油罐油位	是否正常		
联轴器	联轴器表面	扭曲、裂纹		半年
	连接螺栓		规定力矩检查紧固	
	柔性联轴器		注油润滑	
	橡胶缓冲部件	有无老化或损坏		一年
	联轴器	径向和轴向窜动情况	同心度检查	

（续）

项　目	维护内容	性能维护	功能维护	周　期
齿轮箱	齿轮箱噪声	有无异常		一月
	油位、油温、油色	是否正常		
	箱体、油冷却器和油泵系统	有无泄漏、是否缺油		半年
	齿轮油		油样化验	两年
	油过滤器		按规定时间更换	定期
	弹性支承	裂缝、老化情况		一年
	箱体与机座连接		100%紧固力矩	
发电机	发电机主电缆	损坏、破裂、绝缘老化		半年
	发电机与底座紧固		100%紧固螺栓	
	通风及冷却散热系统	是否清洁、正常		
	水冷系统	有无渗漏、按规定更换水及冷却剂、防冻剂		
	电刷、集电环（有刷）	接触及表面损坏情况	定期清洗、更换	
	轴承注油、油质	是否泄漏、油型号和用量按规定执行		一月
	电缆接线端子	有无松动	按规定力矩紧固	
	绝缘强度、直流电阻		定期检查该参数	五年
	轴偏差		按规定调整	
空气制动	制动块与主叶片	是否复位	连接钢索是否紧固	半年
	液压缸及附件	有无渗油、泄漏		
	液压泵、电动机及系统压力	是否正常		
	电气连接端子	是否牢固		
机械制动	连接端子	有无松动		半年
	过滤器		定期更换	
	制动盘制动块间隙		不能超过规定数值	
	制动盘、制动块	磨损、裂缝、松动	按标准更换	
	制动器相应螺栓		100%紧固力矩	
	测量制动时间		按规定调整	
液压系统	液压马达		是否异常	半年
	系统压力	是否达到设定值		
	相关阀件		工作是否正常	
	液压系统	渗油、液压管磨损、电气接线端子松动		一月
	连接管和液压缸	泄漏与磨损情况		
	液压油位	是否正常		

模块四 风力发电机组的维护检修

（续）

项 目	维护内容	性能维护	功能维护	周 期
偏航系统	偏航齿箱	渗漏、损坏		半年
	塔顶法兰螺栓		20%抽样紧固	
	偏航装置螺栓		100%紧固	
	转动装置润滑	注油、油型、油量及间隔时间按规定执行		
	偏航齿圈、齿牙	损坏、转动是否自如	必要时做均衡调整	
	电动机或液压马达		功能是否正常	
	偏航功率损耗		是否在规定值之内	一年
	偏航制动器	摩擦片厚度	螺栓扭矩是否正常	
传感器	各种传感器	螺栓是否紧固	功能是否正常	半年
控制柜	开关、继电器等装置	部件是否完好	功能是否正常	半年
	接线端子、模板	是否松动、断线	100%紧固接线端子	
	箱体固定、密封情况	是否牢固、密封良好		
塔架	连接或紧固螺栓	是否松动	20%抽样紧固	半年
	电缆和电缆夹块	扭曲、裂纹、磨损、老化	电缆夹块螺栓紧固	
	塔门、塔壁、塔架	焊接有无裂纹		
	梯子、平台、电缆支架、防风挂钩、门、锁、灯及安全开关等	有无异常，如断线、脱落	照明灯亮否	
	塔身喷漆、密封	脱漆腐蚀、密封良好		
	塔架垂直度		规定范围内	一年
机舱罩升降机	机舱罩连接		连接螺栓是否紧固	一年
	机舱罩表面	裂纹、破损		
	升降机常规检查	电源线和接地线损伤否	快慢档是否正常	
风速风向仪	风速风向仪	固定螺栓	功能是否正常	半年
	航空灯	固定是否牢固	功能是否正常	
防雷接地系统	发电机接地	接地线绝缘层是否破损	螺栓是否紧固	半年
	风向风速仪接地			
	塔架间接地			
	塔架、控制柜与地网			

3. 临时维护检修

风力发电机组的临时维护检修是指在突发的故障或灾害损害后，对机组进行的维护检修活动。

风力发电机组运行环境要求应重视临时维护工作。如极端的低温会造成风力发电机组轴承润滑脂凝固；长时间的大风恶劣气候可能会动摇塔架，导致地基受损及相关附件松动；恶劣气候还可能造成传输电缆、充电控制器以及相关熔断器和开关的损坏等，如果发现设备出现以上故障，则应及时维修并做全面保养。

风力发电机组的临时维护除了机组突发故障及恶劣天气对机组的损害之外，也包括机组部件的某些功能试验，如超速试验、叶片顺桨、正常停机、安全停机和紧急停机等。

二、机组维护检修工作的注意事项

（一）风力发电机组存在的危险

1. 机械危险

1）移动部件有卷入身体部分造成伤害的危险，如发电机与机舱连接处、叶片变桨距驱动器、偏航驱动器等。检修维护时应戴安全帽，禁止衣服松散或佩戴饰物。

2）机舱内设逃生窗，通过该窗可以传递检修工具。为避免从机舱中坠落，逃生窗要保持紧闭，只有传递物品或紧急逃生时才打开。

3）在风力发电机组内部和机组附近工作会有物体掉落砸伤的危险。为防止被掉落物体砸伤，在高空作业时不要进入危险区域，并且要用警示标志和红白相间的障碍物将危险区域围起来，20m以内严禁进入。

2. 电气危险

（1）安全规定　打开开关柜和对任何带电部件工作前，风力发电机组应处于断电状态。要严格遵守以下六项安全规定：

1）切断风力发电机组的电源。

2）上锁防止意外起动，在开关柜上要有禁止重新起动警示标记。

3）检查是否断电。

4）检查接地和短路。

5）隔离临近的带电元器件。

6）不良连接和损坏的电缆要立即拆除。

（2）危险警示

1）禁止带电工作。

2）如果发生供电故障，应立即停机。

3）必须使用符合规定电流值的熔断器。

4）开关柜、端子箱门要锁好，只有经授权的人员才可以对电气元器件进行检查和维护。

3. 暴风雨和雷雨的危险

1）暴风雨和雷雨时绝对不能接近风力发电机组。

2）在塔架上或机舱内时，如果开始响雷，应迅速离开风力发电机组。

3）雷电过后1h，才可以接近风力发电机组。

4. 火险

1）发生火灾时，立刻停止风力发电机组（按紧急停止按钮）运行，紧急退出，并立即报警。

2）发生火灾时，若不能通过塔筒爬梯撤离，则可以通过紧急逃生窗从机舱内下降逃离。

3）出现火险时，使用风力发电机组内配备的灭火器进行灭火。风力发电机组内一般配置两个灭火器，一个位于塔架基础入口处，另外一个位于塔架平台最高处。

4）如果机舱、轮毂或者塔架上部分起火，起火燃烧的部分有跌落下来的危险，应停止风力发电机组（按紧急停止按钮）运行，并立刻从紧急出口退出。

5）出现火灾时，风力发电机组周围应进行隔离，周围120m内严禁进入。

5. 冰冻危险

在一定的气流和气候条件下，冰会在转子、叶片上凝结。额外重量会导致转子不平衡，控制系统会对冰的凝结及塔架的振动情况进行探测，当达到临界值时会关闭风力发电机组，并显示"冰冻危险"报警信号。风力发电机组外存在冰块跌落的危险，为了防止被跌落物体砸伤，周围400m以内严禁进入。

（二）机组维护检修工作的安全要求

风力发电机组的维护检修工作应有安全保障。进行维护检修前，应由工作负责人检查现场，核对安全措施。维护检修工作中的安全注意事项如下。

1）在进行维护和检修前，如果环境温度低于−20℃，不得进行维护和检修工作。对于低温型风力发电机组，如果环境温度低于−30℃，不得进行维护和检修工作。雷雨天气严禁检修风力发电机组。

如果超过下述的任何一个限定值，应立即停止工作，不得进行维护和检修工作。叶片位于工作位置和顺桨位置之间的任何位置：5min 平均风速10m/s；5s 阵风速度19m/s。叶片位于顺桨位置（当叶轮锁定装置起动时不允许改变）：5min 平均风速18m/s；5s 阵风速度27m/s。

风速超过12m/s时不得打开机舱盖，风速超过14m/s时应关闭机舱盖。

2）维护检修应实行监护制，检修工作应严格遵循电力规范。现场检修人员对健全作业负有直接责任，检修负责人负有监督责任。严禁单独在维护检修现场作业，转移工作位置时应经工作负责人许可。进行机组巡视、维护检修时，工作人员应戴安全帽、穿绝缘鞋；风力发电机组零部件、检修工具应传递，严禁空中抛接，零部件、工具应摆放有序，检修结束后应进行清点，如有丢失应查明原因，并采取相应措施。如特殊情况需在风力发电机组处于工作状态或风轮处于转动状态下进行维护或检修时（如检查轮齿啮合、噪声、振动等状态时），应确保有人守在紧急开关旁，可随时按下开关，使系统制动。

3）维修控制系统前，风力发电机组应停机，各项维修工作按安全操作规程进行。维护检修发电机前应停电并验明三相确无电压；检修液压系统前，应使用手动泄压阀对液压站泄压；拆除制动装置前应锁定风轮，然后切断液压、机械与电气连接，安装制动装置应最后进行液压、机械与电气连接；拆除能够造成风轮失去制动的部件前，应首先锁定风轮。拆装叶轮、齿轮箱、主轴等大型风力发电机组部件时，应制定安全措施，设专人指挥；安装电动机时，应确保绝缘电阻合格、转动灵活、零部件齐全，同时应安装保护接地线；更换机组零部件，应符合相应技术规范；维护检修后的螺栓扭矩和功率消耗应符合标准值；添加油品应与原油品型号相一致；更换油品时应通过试验，满足风力发电机组对油品的技术要求。

4）登塔作业时，风力发电机组应停止运行，并将控制柜上锁。登塔前应将远程控制系统锁定并挂警示标牌，检修结束后立即恢复；检修人员如身体不适、情绪不稳定，不得登塔作业；登塔作业人员应使用安全带、戴安全帽、穿安全鞋。零配件及工具应单独放在工具袋内，工具袋应背在肩上或与安全绳相连；维修时不得两人在同一段塔内同时登塔，工作结束后，所有平台窗口应关闭；工作人员在塔上作业时，应挂警示标牌，并将控制箱上锁。检修结束后应立即恢复。

5）打开机舱前，机舱内人员要系好安全带。安全带应挂在结实牢固构件上或安全带专用挂钩上；检查机舱外风速仪、风向仪、叶片、轮毂等，应使用加长安全带；吊运零件、工具应绑扎牢固，且应加导向绳。

6）电器元器件应垂直安装，安装位置应便于操作，手柄与周围器件间应保持一定距离，以便于维修；拖拉电缆应在停电情况下进行，如因工作需要不能停电，则先检查电缆有无破裂之处，确认完好后，戴好绝缘手套才能拖拉。

7）在电感、电容性设备上作业前或进入其围栏内工作时，应将设备充分接地放电后才可以进行。低压电器的金属外壳或金属支架应接地（接中性线或接保护接地线），电器裸露部分应加防护罩，双头刀开关的分合闸位置上应有防护自动合闸装置。操作刀开关和电气分合开关时，应戴绝缘手套，并设专人监护。若发现异常声音或气味时，应立即停机并切断电源进行检查修理；高压带电设备应悬挂醒目警示标牌；风力发电机组安全试验也要挂醒目警示标牌；风电场电器设备应定期做绝缘试验。

8）检修工作地点应有充足照明，升压变电站等重要场所应有事故照明。

（三）锁紧装置使用注意事项（以72-2000风力发电机组为例）

1. 液压锁紧装置

在风力发电机组叶轮里进行检查工作时，应保证液压锁紧销销钉插上，此外还要满足10min内的平均风速低于12m/s，瞬时风速不超过18m/s。

出于操作和安全因素考虑，应有两名工作人员在场。第一步使风力发电机组处于手动状态。在进入轮毂以前，应通过机舱控制盒断开电源，从而使叶片处于顺桨状态。第二步通过操作电机内部的"局部面板"来完成。通过具体工作的要求来确定叶轮的位置，如果没有特定的位置要求，则应选择一个使一片叶片朝下的位置。

绿灯亮表示"销钉撤销"。将面板上的按钮打到"转动模式"状态下，"转动模式"灯会亮。按下"旋转"按钮可以使叶轮转过一个小的角度。制动盘上的锁紧孔应该打到右边（在轮毂和制动盘上有符号标记），使其处于液压锁销钉的前面，将液压手动泵上的阀门置于"锁定"位置，然后上下移动杠杆，这样可以将销钉缓慢压入，当叶轮还在旋转时，严禁操作液压锁销，即便是非常小的旋转也会使锁销和轮毂承受巨大的载荷。确保销钉完全插入，此时红色的指示灯"锁销插入"会亮。尽管锁紧销装置是被设计用来控制叶轮转动的，当进入风力发电机组叶轮时，仍然要使液压装置处于制动状态。

解锁时执行相反的程序，应保证所有的锁紧装置处于复位状态，保证液压锁紧装置处于"解锁"位置，此时"锁紧销撤销"绿灯会亮。

维修工作完成后离开风力发电机组时，严禁使叶轮锁紧装置处于锁紧状态。

2. 偏航锁紧装置

偏航锁紧装置处于塔筒顶部平台上，与机舱底部相对。偏航锁紧装置不能承受高风速下的巨大载荷，当10min内的平均风速高于12m/s时，严禁使用偏航锁紧装置；当风力发电机组还在运行时，严禁使用偏航锁紧装置。当使用一台起重机在风机上进行维护和检修工作时，应使用偏航锁紧装置；当风力发电机组电动偏航装置没有处于正常运行状态或者检查偏航齿轮状态时，应使用偏航锁紧装置。

在紧急情况下，不能为了使风力发电机组保持一个特定的偏航角度而使用偏航锁紧装置。在风力发电机组偏航控制系统无能为力的紧急情况下，最好使机舱在塔架上处于自由状态，在没有偏航动作的情况下机舱会自动趋于下风向，在高风速的情况下最好使风力发电机组处于这种跟随风向的位置。

偏航锁紧时，首先松开螺母，将装置咬扣转到"锁紧"位置，然后手工拧紧螺母。工作完成离开风力发电机组时，严禁使偏航锁紧装置处于锁紧状态。

3. 叶片锁紧装置

在维护叶轮叶片和轮毂期间，叶片变桨距机械装置上的旋转装置应锁紧。当风力发电机组变桨距系统没有处于正常运行状态时，必须使用叶片锁紧装置，同时叶片应该处于顺桨位置。

叶片锁紧装置安放在叶轮轮毂和叶片轴承之间，应用叶轮锁紧装置使叶轮停在有一片叶片朝下的位置。使叶片变桨到工作位置或者其他需要的位置上。如果叶片没有被锁紧在顺桨位置，此时只能有一片叶片处于该位置，移开叶片锁紧装置上的两个螺栓，转动锁紧装置，并固定于能使叶片轴承双头螺栓插入4个螺孔的位置。如果位置不正确，变桨使叶片处于正确的位置。手工紧固螺栓，用力矩扳手给螺栓以规定的预紧力，解锁时执行相反的步骤。

三、机组维护检修项目及具体内容

（一）高强度螺栓维护检查

1. 维护检修周期

风力发电机组运行1000h要抽查重点部位螺栓紧固情况，机组运行2500h进行机组紧固件定期检查，应全部检查。

2. 维护检查标准

第一次维护及检查时，检查所有螺栓；第二次及后续维护和检查时，检查10%的螺栓，要求均匀抽查，只要一个螺栓可转动20°，说明预紧力仍在限度以内，但要检查该法兰内所有螺栓；如果螺母转动50°，则应更换螺栓和螺母，且该项剩余的所有螺栓必须重新紧固，更换后的螺栓应该做好相应标记，并在维护报告中记录。

3. 允许使用的工具

维护检查时允许使用的工具有液压扳手、力矩放大器，但不要使用电动扳手。力矩误差控制在±3%之内。

4. 防锈方法

目测螺栓是否锈蚀，对于锈蚀严重的，需更换；对于已经生锈但不严重的螺栓，手工除锈之后均匀涂红丹防锈漆做底漆，再涂银粉漆；对于未锈螺栓，均匀涂红丹防锈漆做底漆，再涂银粉漆。

（二）叶片的维护检修

风力发电机组叶片是具有空气动力形状、接受风能使风轮绕其轴转动的主要构件，具有复合材料制成的薄壳结构，如图4-1所示。

运行中应加强对叶片的日常巡视，特殊气候后应对叶片全面重点检查。叶片的定期维护检修一般首次是12个月，之后每24个月进行一次。

1. 外观维护检查

叶片的表面有一层胶衣保护，日常维护中应检查是否有裂纹、损害和脱胶现象。在最大弦长位置附近处的后缘应格外注意。

图 4-1 大型风力发电机组的叶片

（1）叶片清洁　污垢经常周期性发生在叶片边缘，通常情况下，叶片不是很脏时，雨水会将污物去除。但过多的污物会影响叶片的性能和噪声等级，所以有必要清洁叶片。清洁时一般采用发动机清洁剂和刷子来清洗。

（2）表面砂眼　风力发电机组在野外风沙抽磨的环境下，时间久了叶片表层会出现很多细小的砂眼。这些砂眼在风雨的侵蚀下会逐渐扩大，从而增加风力机的运转阻力。若砂眼内存水，会增加叶片被雷击的几率。在日常巡检中，发现较大砂眼要及时修复。通常采用抹压法和注射法对叶片砂眼进行修复。

（3）裂纹检查与修补　检查叶片是否有裂纹、腐蚀或胶衣剥离现象；是否有受过雷击的迹象。雷击损坏的叶片在叶尖附件防雷接收器处可能产生小面积的损害。较大的闪电损害（接收器周围大于10mm的黑点）表现在叶片表面有火烧黑的痕迹，远距离看像是油脂或油污点；叶尖或边缘、外壳与梁之间裂开，在易断裂的叶片边缘及表面有纵向裂纹，外壳中间裂开；叶片缓慢旋转时叶片发出卡嗒声。

观察叶片可以从地面或机舱里用望远镜检查，也可以使用升降机单独检查。出现在外表面的裂纹，在裂纹末端做标记并且进行拍照记录。在下一次检查中应重点检查，如果裂纹未发展，不需要采取进一步措施。裂缝的检查可通过目测或敲击表面进行，可能的裂缝处应用防水记号笔做记号。如果在叶片根部或叶片承载部分发现裂纹或裂缝，风力机应停机。

裂纹发展至玻璃纤维加强层处，应及时修补。若出现横向裂纹，应采用拉缩加固复原法修复。细小的裂纹可用非离子活性剂清洗后涂数遍胶衣加固。如果环境温度在10℃或以上时，叶片修补在现场进行。温度降低，修补工作延迟直到温度回升到10℃以上。当叶片修补完后，风力机先不要运行，须等胶完全固化。现场温度太低而不能修补时，叶片应被吊下运回制造公司修补。一个新的或修复后叶片安装后应与其他叶片保持动平衡。

（4）防腐检查　检查叶片表面是否有腐蚀现象。腐蚀表现为前缘表面上的小坑，有时会彻底穿透涂层；叶片表面应检查是否有气泡。当叶片涂层和层压层之间没有充分结合时会产生气泡。由于气泡腔可以积聚湿气，在温度低于0℃（湿气遇冷结成冰）会膨胀和产生裂缝，因此这种损害应及时进行修理。

2. 叶片噪声与声响检查

叶片的异常噪声可能是由于叶片表层或顶端有破损，也可能是叶片尾部边缘产生的噪声。如叶片的异常噪声很大，可能是由于雷击损坏。被雷击损坏的叶片外壳处会裂开，此时，风力机应停机，修补叶片。应检查叶片内是否有异物不断跌落的声响，如果有，应将有异常声响的叶片转至斜向上位置，锁紧叶轮。如存在异物，则应打开半块叶片接口板取出异物。

3. 排水孔检查

应经常清理排水孔，保持排水通畅。若排水孔堵死，可以使用直径大约为 5mm 的正常钻头重新开孔。

4. T-螺栓保护检查

在叶根外侧应检查柱型螺母上部的层压物质是否有裂纹，检查螺母有没有受潮。在叶片内侧，柱型螺母通过一层 PU 密封剂进行保护，有必要进行外观检查。根据要求定时定量向叶片轴承加油脂，要在各油嘴处均匀压入等量润滑脂。

5. 防雷系统的维护检查

检查防雷系统可见的组件是否有受过雷击的迹象，是否完整无缺、安装牢固，如有受过雷击的迹象则应整理和修复组件呈设计状态；检查雷电接收器和叶片表面附近区域是否有雷击造成的缺陷、雷电接收器是否损毁严重、雷电记录卡是否损坏。如果叶片表面变黑，可以用细粒的抛光剂除去；如果雷击造成叶片主体损坏，则由专业维护人员及时进行修补。

（三）轮毂与变桨距系统的维护检修

风力发电机组的核心部件是风轮，风轮由叶片和轮毂组成。轮毂是将叶片或叶片组固定到转轴上的装置，它将风轮的力和力矩传递到主传动机构中去。定桨距机组轮毂就是一个铸造加工的壳体，变桨距机组的轮毂由壳体、变桨距轴承、变桨距驱动、控制箱等机构构成。风力发电机组的轮毂如图 4-2 所示。

变桨距控制是通过叶片和轮毂之间的轴承机构，借助控制技术和动力系统转动叶片，使叶片绕其安装轴旋转，改变叶片的桨距角，以此改变风力机的气动特性，来减小翼型的升力，以达到减小作用在风轮叶片上的扭矩和功率的目的。变桨距系统由变桨距机构和变桨距控制系统两部分组成。变桨距机构是由机械、电气和液压组成的装置，具体包括变桨距轴承、变桨距驱动电机等；变桨距控制系统是一套计算机自动控制系统。变桨距控制系统构成简图如图 4-3 所示。

图 4-2 风力发电机组的轮毂

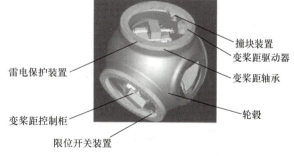

图 4-3 变桨距控制系统构成简图

1. 轮毂的日常维护

轮毂的日常维护项目包括检查轮毂表面的防腐涂层是否有脱落现象，轮毂表面是否有裂纹。如果有涂层脱落，应及时补上。对于裂纹应做好标记并拍照，随后的巡视检查中应观察裂纹是否进一步发展，如有应立即停机并进行维护检修。检查轮毂内是否有异物不断跌落的声响，检查电机制动盘和制动环之间是否有异物不断滚动。轮毂内如存有异物，清理出来，并检查异物的来源。如果是螺栓松动造成，检查所有这种螺栓是否松动，并全部涂胶拧紧。

如果螺栓断裂，则应及时更换。制动盘和制动环之间如有异物存在，则应停机清理。

2. 变桨距轴承与齿轮维护检查

1）清洁变桨距轴承表面，检查变桨距轴承表面的防腐涂层是否有脱落现象，如果有应及时补上。

2）检查变桨距轴承（内圈、外圈）密封是否完好。

3）检查变桨距齿轮齿面是否有点蚀、断齿、腐蚀等现象，发现问题应立即修补或更换新的变桨距轴承。

4）检查变桨距轴承是否有异常噪声，如果有异常的噪声，查找噪声的来源，判断原因并进行修补。

5）检查变桨距轴承螺栓是否拧紧，如果螺母（螺栓）不能被旋转或旋转的角度小于20°，说明预紧力仍在限度以内；如果螺母（螺栓）能被旋转，且旋转角超过20°，则应把螺母彻底松开，并用液压扳手以规定的力矩重新拧紧。

6）检查变桨距轴承全齿面是否有润滑脂，清理干净加油嘴及附近，用刷子给没有润滑脂的齿面涂脂防锈，在润滑过程中应小幅度旋转轴承；润滑油脂若耗完，用注油装置连接到润滑泵底部的注油孔，给泵注油，直至达到"最大"标志处；检查润滑泵是否破裂，油脂是否从润滑泵双层密封泄漏至弹簧侧，如是则立即更换。

3. 变桨距电机维护检修

1）日常维护检修中，应检查变桨距电机是否有异常声音或剧烈振动。如果有，关闭电源后再进行如下检查：检查变桨距电机轴承，手动变桨距注意观察是否有异响，是否有振动，如有上述情况检查变桨距电机。必要时更换电机；检查变桨距电机转子系统转动是否平衡，安装是否紧固，是否有共振等。风力发电机组变桨距系统的变桨距电机如图4-4所示。

2）检查变桨距电机是否有过热现象。如果过热，关闭电源后检查变桨距电机绝缘电阻。

3）检查变桨距电机接线情况，如果松动，关闭电源后再进行重新接线。

图4-4 变桨距电机

4）检查旋转编码器与变桨距电机连接螺栓，如果松动重新拧紧。

5）检查电机放电导条是否磨损，若放电导条和制动盘之间不接触，可以重新调整放电导条角度，压紧盘面。若安装脚已经磨掉，则更换放电导条。

4. 变桨距齿轮箱维护检修

1）清洁变桨距齿轮箱表面，检查变桨距齿轮箱表面的防腐涂层是否有脱落现象，如果有及时补上。

2）检查变桨距齿轮箱润滑油油位是否正常。如不正常应检查变桨距齿轮箱是否漏油，然后清理干净加油嘴及附近，根据实际缺少情况加油。在加油或检查油位过程中减速齿轮箱应与水平面垂直。

3）检查变桨距齿轮箱是否存在异常声音。如果有，检查变桨距小齿轮与变桨距轴承和变桨距齿轮箱的配合情况。检查变桨距小齿轮与变桨距齿圈的啮合间隙，正常啮合间隙为0.3~1.3mm。

模块四　风力发电机组的维护检修

4）齿面磨损是由于细微裂纹逐步扩展、过大的接触剪应力和应力循环次数作用造成的。仔细检查齿轮的表面情况，如果发现轮齿严重锈蚀或磨损，齿面出现点蚀裂纹等应及时更换或采取补救措施。

5）检查变桨距齿轮箱螺栓是否紧固。

5. 变桨距控制系统维护检修

在进行变桨距控制系统的维护检修时，要确保电源都已断开。变桨距控制柜电源如图 4-5 所示。

1）变桨距控制柜外观检查；检查接线是否牢固，文字及电缆标注是否清楚，电缆是否有损坏松动现象；检查屏蔽层与接地之间连接；检查控制柜的过滤棉是否堵住。如过滤棉需清洁，则拆下控制柜的过滤棉，在机舱外除尘处理，之后应重新安装到位，保证其通风良好。

图 4-5　变桨距控制柜电源

2）检查变桨距控制柜/轮毂之间缓冲器是否有磨损情况。如果缓冲器磨损严重，应更换新的缓冲器。

3）变桨距测试时，利用手动操作起动变桨距机构，检查变桨距的配合位置；测试工作位置开关，利用手动操作将一个叶片从工作位置转开。

4）检测变桨距控制柜螺栓紧固，用力矩扳手以规定的力矩检查螺栓及螺母紧固情况。

5）检查顺桨时位置编码器位置与设定值是否超过 1°。将手提电脑通过以太网与机舱控制柜连接，开启风力发电机组监测系统。手动变桨，检查顺桨时变桨角度编码器位置与设定值是否一致，超过 1°，需重新校准叶片零位。

6）集电环内部是否有大量碳粉，戴上口罩和防护眼镜，打开防护罩，清理炭粉；集电环上的电刷是否磨损殆尽，如是则更换电刷。

7）检查限位开关灵敏度，是否有松动；检查限位开关及限位开关撞块安装用螺钉、螺栓及螺母的紧固程度。限位开关如图 4-6 所示。

8）检查轮毂转速传感器固定是否牢固。如有松动应立即紧固。

9）检查导线是否磨损，如果轻微磨损，在导线磨损处用绝缘胶带或用绝缘热塑管处理。如果磨损严重，找出磨损原因并立即更换导线。

图 4-6　限位开关

10）检查绝缘衬套避雷放电导条与制动环之间间隙，应控制在 1～2mm 之间。

（四）齿轮箱的维护检修

风力发电机组齿轮箱的作用是将风轮的动能传递给发电机，并使其得到相应的转速。风力发电机组的齿轮箱如图 4-7 所示。

工作过程：风作用到叶片上，驱使风轮旋转；旋转的风轮带动齿轮箱主轴转动并将动能输入齿轮副，经过三级变速，齿轮副将输入的大扭矩、低转速动能转化成低扭矩、高转速的动能，通过联轴器传递给发电机；发电机将输入的动能最终转化为电能并输送到电网。

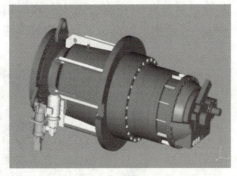
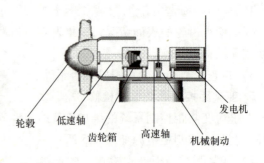

a) 齿轮箱外形图　　　　　　　　b) 齿轮箱位置图

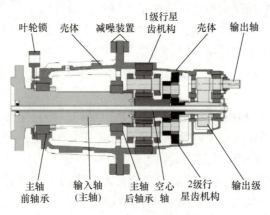

c) 齿轮箱内部结构简图

图 4-7　风力发电机组的齿轮箱

结构特点：主轴内置于齿轮箱的内部，主轴对中；采用两级行星、一级平行轴机构传动，提高速比，降低体积；先进的润滑与冷却系统，确保了齿轮箱的使用寿命。

一般情况下，齿轮箱每半年维护检修一次，润滑油应定期更换。润滑油第一次更换应在首次投入运行500h后进行，以后的换油周期为每运行5000～10000h。

1. 齿轮箱外表的维护检查

1）检查齿轮箱表面的防腐涂层是否有脱落现象。如果有，及时补上。
2）检查齿轮箱表面清洁度，如有污物，用无纤维抹布和清洗剂清理干净。
3）检查齿轮箱低速端、高速端、各连接处是否有漏油、渗油现象。
4）检查齿轮箱中所有螺栓、螺母的紧固情况。

2. 润滑油检查与油质化验

（1）油位检查　检查齿轮箱润滑油油位是否在规定范围内。通过油位指示器观察时应先将机组停止运行等待一段时间（不少于20min），使油温降下来（不高于50℃），再检查油位，只有这样检查的油位才是真实的油位。如果缺少润滑油应立即补足。齿轮箱的油位应从观察孔能够看到。

（2）油质检测　检查润滑油的油质时，应先将机组停止运行等待一段时间（不少于20min），使润滑油温降下来（不高于50℃），检查润滑油的颜色是否有变化（更深、黑等）；检查润滑油的气味，是否闻起来像燃烧退化过；检查润滑油是否有泡沫，泡沫的形状、高度,油的乳白度,泡沫是否只在表面上。

(3)油样采集　取油样品时应先将机组停止运行等待一段时间(不少于20min),使油温降下来(不高于50℃),用叶轮锁锁定叶轮并按下紧急制动,通过齿轮箱底部排油阀放出,在取样前,应将排油阀及附近清洁干净,并将油先放出约100ml后再取样。取出200ml油样(取出的油样要密封保管好)。取油样工作完毕后关闭放油阀,擦干净并再次确认放油阀位置没有泄漏。

风力发电机组正常运行后,每隔6个月对齿轮箱润滑油进行一次采样化验。油样送润滑油公司做化验,根据化验结果确定是否需要换油。

3. 齿轮箱噪声与振动检查

(1)噪声检查　检查齿轮箱是否有异常噪声(例如:嘎吱声、卡嗒声或其他异常噪声)。如果发现异常噪声,立即查找原因,排查噪声源。

(2)振动检测　齿轮箱的振动通过减噪装置传递给主机架,在主机架的前面板上装有两个振动传感器,因此系统可以监测齿轮箱的振动情况。如果需要检测齿轮箱本体的振动情况,可以应用手持式测振仪器进行检测。应多点检测,最好检测振动速度。

4. 轮齿啮合及齿表面情况检查

将视孔盖及其周围清理干净,用扳手打开视孔盖。通过视孔观察齿轮啮合、齿表面腐蚀、点蚀、齿面疲劳、胶合、断齿、齿接触撞击标记等情况。发现问题应拍照,并立即进行检修处理。观测完后,按照安装要求,将视孔盖重新密封安装;目测润滑油油色及杂质情况。

5. 齿轮箱辅件检测

(1)传感器　检测齿轮箱上所有的温度传感器、压力传感器,查看其连接是否牢固;通过控制系统测试其功能是否正常。如传感器失灵或机械损坏,应立即更换。

(2)叠板弹簧　目检组装状态的叠板弹簧,查看橡胶有无裂纹;目检工作状态下的叠板弹簧,通过缝隙查看是否有老化、有粉末物质脱落等情况。

(3)加热器　短时间起动齿轮箱加热器,测试加热元件是否供电(用电流探头测试)。

(4)集油盒　检查齿轮箱前端主轴下面的集油盒,将里面的油收集到指定的容器内,并将集油盒清理干净。

(5)避雷装置　检测避雷装置上的炭块,炭块应与主轴前端转子接触。如果炭块的磨损量过大,应立即更换新的炭块。避雷板前端尖部与主轴前端转子法兰面之间的间隙为0.5~1mm。

(6)空气滤清器　风力发电机组长时间工作后,空气滤清器可能因灰尘、油气或其他物质而导致污染,不能正常工作。取下空气滤清器的上盖,检查其污染情况。如已经污染,则应取下空气滤清器,用清洗介质进行处理,除去污物,然后用压缩空气或类似的东西进行干燥。

6. 齿轮箱油冷却与润滑系统的维护检查

齿轮箱的润滑十分重要,润滑系统具有减小摩擦和磨损、提高承载能力、防止胶合的功能,运行中还可以吸收冲击和振动,防止疲劳点蚀;还可以起到冷却、防锈、抗腐蚀等功能。总之,良好的润滑能够对齿轮和轴承起到足够的保护作用。齿轮箱的润滑系统如图4-8所示。

(1)检查管路连接情况　检查冷却系统所有管路的接头连接情况,查看各接头处是否有漏油、松动、损坏现象。如有问题,应进行更换检修处理。

(2)检查热交换器　检查主机架上部的热交换器是否清

图4-8　齿轮箱的润滑系统

洁，检查热交换器上电动机的接线情况是否正常；检查热交换器的风扇部分是否有过多污垢，如有，及时清理；检查热交换器与其支架的各连接部位的连接情况，如果连接部位有松动或损坏现象，应进行拧紧或更换处理；检查热交换器的整体运转情况是否正常，是否存在振动、噪声过大等现象，如果有应查找原因，进行检修处理。

（3）检查过滤器　一般情况下压力继电器系统可以监测滤网两侧的压力。如果滤网堵塞，两侧的压差会增加。当压差超过系统设定值时，系统自动报警或采取安全措施。

（4）检查润滑泵　检查油泵的接线情况；检查油泵表面的清洁度；检查油泵与过滤器的连接处是否漏油。

（5）检查手动阀　检查两个手动阀工作是否正常，有无漏油现象。

（6）紧固件检查　用液压扳手以规定的力矩检查用于将冷却油泵和过滤器安装到齿轮箱上的螺栓。

7. 齿轮箱故障分析

打开齿轮箱观察孔，用手慢慢转动高速轴，观察齿接触面是否有损伤，如果发现有断齿、点蚀、压痕、塑性变形、塑变折皱等现象，应详细记录，并进行检修处理。如果发现齿轮箱出现故障，应停止机组运行，检查过程中应保证不能有任何杂质进入齿轮箱。表4-2列出齿轮轮齿故障模式分类及其特征。

表4-2　齿轮轮齿故障模式分类及其特征

故　障	故障模式特征	举　例
表面接触疲劳损伤	麻点疲劳剥落：在轮齿节圆附近，由表面产生裂纹造成深浅不同的点状或豆状凹坑	承受较高的接触应力的软齿面和部分硬齿面齿轮
	浅层疲劳剥落：在轮齿节圆附近，由内部或表面产生裂纹，造成深浅不同、面积大小不同的片状剥落	承受高接触应力的重载硬齿面齿轮
	硬化层剥落：表面强化处理的齿轮在很大接触应力作用下，由于应力/强度比值大于0.55，在强化层过渡区产生平行于表面的疲劳裂纹，造成硬化层压碎，大块剥落	承受高接触应力的重载硬齿面（表面经强化处理）齿轮
齿轮弯曲断裂	疲劳断齿：表面硬化（渗碳、碳氮共渗、感应淬火）齿轮，一般在轮齿承受最大交变弯曲应力的齿轮根部产生疲劳断裂，断口呈疲劳特征	承受弯曲应力较大的变速箱齿轮和最终传动齿轮等
	过负荷断齿：一般发生在轮齿承受最大弯曲应力的齿根部位，由于材料脆性过大或突然受到过负荷和冲击，在齿根处产生脆性折断，断口粗糙	变速箱齿轮等
齿轮磨损	胶合磨损：轮齿表面在相对运动时，由于速度大，齿面接触点局部温度升高（热粘合）或低速重载（冷粘合）使表面油膜破坏，产生金属局部粘合，在接近齿顶或齿根部位速度大的地方，造成与轴线垂直的刮伤痕迹和细小密集的粘焊节瘤，齿面被破坏，噪声变大	高速传动齿轮
	齿端冲击磨损：变速箱齿轮齿端部受到冲击载荷，使齿端部产生磨损、打毛或崩角	变速箱齿轮受多次冲击载荷作用
齿面塑性变形	塑性变形：在瞬时过负荷和摩擦力很大时，软齿面齿轮表面发生塑性变形，呈现凹沟、凸角和飞边，甚至使齿轮扭曲变形造成轮齿塑性变形	软齿面齿轮过负荷
	压痕：当有外界异物或从轮齿上脱落的金属碎片进入啮合部位时，在齿面上压出凹坑，一般凹痕线平，严重时会使轮齿局部变形	齿轮啮合时有异物压入
	塑变折皱：硬齿面齿轮当短期过负荷摩擦力很大时，齿面出现塑性变形现象，呈波纹形折皱，严重破坏齿廓	硬齿面齿轮过负荷

（五）联轴器与制动器的维护检修

1. 联轴器

联轴器是一种通用元件，用于传动轴的连接和动力传递。联轴器的维修保养周期与整机检修周期一致，至少六个月一次。

1）清洁联轴器表面，检查联轴器表面的防腐涂层是否有脱落现象。如有应及时补上。

2）检测螺栓紧固情况。

3）同轴度检测。为保证联轴器的使用寿命，应每年进行 2 次同轴度检测。轴的平行度误差约是 ±0.2mm，如误差超出 ±0.2mm，应重新进行同轴度调整。调整时靠调整发电机的位置来控制同轴度，通常用激光对中仪进行同轴度检测。

2. 制动器

风力发电机组制动装置的作用是保证机组从运行状态到停机状态的转变。机械制动的工作原理是利用非旋转元件与元件之间的相互摩擦阻止转动或转动趋势。机械制动装置一般是由液压系统、执行机构（制动器）、辅助部分（管路、保护配件）等组成的。制动器是一个液压动作的盘式制动器，用于机械制动。制动器的构成如图 4-9 所示。

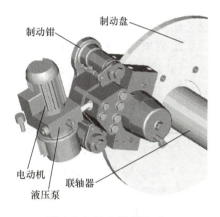

图 4-9 制动器的构成

（1）表面检查 清洁制动器表面，检查制动器表面的防腐涂层是否有脱落现象。如有应及时补上。

（2）液压系统检查 检查制动器和制动泵之间的液压管路、各连接处及液压泵的各个阀口处。如有污物，用无纤维抹布和清洗剂清理干净。

（3）螺栓检测 检查螺栓表面的防腐层是否有脱落现象，检测螺栓的紧固情况。

（4）间隙检测 在检测制动盘和闸垫之间间隙之前，应确保制动器已经工作过 5~10 次。用塞尺检测制动盘和闸垫之间间隙，其间隙的标准值应为 1mm，如果间隙大于 1mm，应重新调整间隙值。

（5）闸垫检测 制动器闸垫一般由钢板层和摩擦材料层两部分组成，其总厚度为 32mm。用标尺检查制动器闸垫的厚度，如果其磨损量超出 5mm（闸垫剩余厚度小于 27mm），应更换制动器闸垫。

（6）压力油检查 通过制动器泵上的油位指示器，检查油位。如果需要添加压力油，应同时观察压力油的颜色及状态。

（7）弹簧包检测 如果制动器的制动力矩不足，或在工作过程中弹簧包内部有异常声音，可能是碟形弹簧有损坏，需要进行检测。

（8）制动盘检测 制动盘做磁粉探伤，检验制动盘是否有裂纹。如有，应立即更换。用标尺检查制动盘的厚度，如制动器磨损严重，制动盘的厚度小于规定应更换。

（9）过滤器检查 检查过滤网上的网孔是否堵塞，如有堵塞现象，清洗滤网或更换新的滤网。液压泵单元装配有高压过滤网，更换周期为一年。更换步骤是：确保电动机已经停止工作，电磁阀中没有通电，系统处于安全状态；清洁液压单元表面上的灰尘与污垢；拧出塞子，取下高压滤网；安装新的高压滤网；重新安装上塞子；检查油位，如果需要，添加润滑油；查看塞子，如无漏油现象，起动润滑泵。

（10）传感器的连接情况检查　检查制动器后端尾帽上两个传感器的连接情况。如有松动，应重新安装。

（六）发电机的维护检修

风力发电机组的发电机一般为全封闭式电机，如图4-10所示。它散热条件比较差，平时维护一定要保证冷却空气进得来，热空气排得出去，发电机表面积灰应及时清除。根据发电机的运行环境，每年进行一次整体清洁维护；检查所有紧固件连接是否良好；检查绝缘电阻是否满足要求；检查空气过滤器，每年检查并清洗一次。

图4-10　风力发电机组的发电机

1. 发电机紧固件的维护检修

检查螺栓表面的防腐层是否有脱落现象，检查发电机所有紧固件的紧固情况，包括螺栓、垫圈等。

2. 发电机外表检查维护

1）检查发电机支架表面的防腐涂层是否有脱落现象，如果有及时补上。

2）检查发电机支架表面清洁度。发电机由于长时间运行，支架表面会附着油污、灰尘、导电颗粒或其他污染物质，应使用无纤维清洗抹布和规定清洗剂清理干净。

3）检查发电机电缆有无损坏、破裂和绝缘老化。

4）检查空气入口、通风装置和外壳冷却散热系统。

5）直观检查发电机消声装置。

3. 发电机水冷系统维护检修

1）系统表面的沉积物应及时清除，特别是排风和冷凝水排放口的螺栓处。

2）所有O形密封环应定期检验，如需要则及时予以更新。

3）定期清理水冷系统的冷却管道，以保证冷却水的理想冷却效果。开放式冷却循环的机器清理周期一般为1年；封闭冷却循环的机器清理周期一般为5年。若冷却水的pH值≥ 9或水硬度$\leq 10°dH$时，应及时更换冷却水。水硬度（石灰含量）比较高的地区，要提前考虑冷却管道的杂质清理。水冷管道内产生的化合物杂质，应由专业人员进行化学清洗。

4. 发电机主轴承维护及润滑

发电机滚动轴承是有一定寿命的可以更换的标准件，应根据制造厂规定进行轴承的更换和维护及润滑。特别要注意环境温度对润滑脂润滑性能的影响，对于冬季严寒地区，冬季使用的润滑脂与夏季使用的应不同。润滑维护时应定时定量地向发电机轴承加入指定牌号的润滑脂，加注润滑脂需要在发电机运转时进行。加注润滑脂后应把集油器中的废油排除，如发电机设有自动润滑系统，应定期检查系统润滑情况，定期检查油质。

1）检查液压泵工作是否正常，各润滑点是否出油。

2）检查油箱油位。油位少于总容量的1/3时，用注油装置或通过油缸顶部的注油口给油箱注油，直至达到"最大"标志处。

3）检查接头有无泄漏，泄漏时拧紧或更换接头。

4）检查油管有无泄漏和表面裂纹、脆化。若有裂纹、脆化情况，应更换油管。

如液压润滑系统不工作，应及时修理或更换泵单元。

5. 发电机电气连接及空载运转

维修发电机的电力线路、控制电路、保护及接地时应按规范操作。在电源线与发电机连接之前，应测量发电机绕组的绝缘电阻，以确认发电机可以投入运行，然后把发电机当成电动机，让其空载运转 1～2h，此时要调整好发电机的转向与相序的关系，注意发电机有无异声，运转是否自如，是否有什么东西碰擦，是否有意外短路或接地；检查电机轴承发热是否正常，电机振动是否良好，要注意三相空载电流是否平衡，与制造厂提供的数值是否吻合。确认发电机空载运转无异常后才能把发电机与齿轮箱机械连接起来，然后投入发电机工况运行。在发电机工况运行时，要特别注意发电机不能长时间过负荷，以免绕组过热而损坏。

6. 保护整定值

为了保证发电机长期、安全、可靠地运行，应对发电机设置有关的保护，如过电压保护、过电流保护、过热保护等。过电压保护、过电流保护的整定值，可依据保护元件的不同而做相应的设定，电机过热保护参数设定故障限值，一般以 0.1℃ 为单位。

7. 检测绝缘电阻

第一次起动发电机之前或长时间（停止运行超过 15 天）放置起动前，应测量绕组绝缘电阻值。如果绝缘电阻低于最低许可值，不要起动发电机，应对绕组进行干燥处理。绕组干燥处理通常采用电流干燥法或使用加热装置进行。

8. 锁紧销及传感器维护

1）检查液压锁紧销是否漏油，拧紧尾端传感器或更换液压锁紧销。

2）检查温度传感器，主要测量传感器电阻来检查其测量精度。

9. 电刷和集电环维护

1）电刷应每隔 6 个月进行定期检查。发电机停机后，逐个取下电刷观察表面是否光滑清洁，电刷高度磨耗的剩余高度不少于新电刷高度的 1/3。如有必要更换电刷，应用同一型号电刷代替。应定期检查接地（防雷）系统金属电刷。

2）检查电刷的同时要检查集电环状态，尤其是集电环、刷握、连线、绝缘和刷架，应进行必要的清洁。检查集电环时，如果表面出现小刷痕，这不会影响集电环的安全功能；如果表面有烧结点或大面积烧痕，应重磨集电环；检查弹簧压力、支架、接线是否正常；检查引线与刷架连接紧固螺栓是否松动。

3）每 6 个月清洗集电环室一次。用毛刷仔细清洁集电环槽和中间部位，用软布清洁所有部件，并检查集电环室绝缘值是否满足要求。

4）每年清洗集尘器一次。集电环室下面的通风处有一个集尘器，用来收集电刷碳粉。松开集尘器螺栓，卸掉盖子，拆掉过滤板，清扫或更换过滤棉，保证集尘器通风顺畅。

10. 发电机常见故障

风力发电机常见的故障有绝缘电阻低、振动噪声大、轴承过热失效和绕组断路、短路接地等。表 4-3 详细列出发电机常见故障及原因。

表 4-3　发电机常见故障及原因

故　障	原　因
绝缘电阻低	发电机温度过高，机械性损伤，潮湿、灰尘、导电微粒或其他污染物污染侵蚀发电机绕组等
振动、噪声大	转子系统转动不平衡，转子笼条有断裂、开焊、假焊或缩孔，轴径不圆，轴变形、弯曲，齿轮箱与发电机系统轴线未校准，安装不紧固，基础不好或有共振，转子与定子相摩擦等
轴承过热、失效	不合适的润滑油，润滑油过多、过少、失效或不清洁，轴电流电蚀滚道，轴承磨损，轴弯曲、变形，轴承套不圆或变形，发电机底脚平面与相应的安装基础支撑平面不是自然的完全接触，发电机承受额外的轴向力和径向力，齿轮箱与发电机的系统轴线未对准，轴的热膨胀不能释放，轴承的内圈或外圈出现滑动等
绕组断路、短路、接地	绕组机械性拉伤、损伤，连接点焊接不良，电缆绝缘破损、接线头脱落，匝间短路，潮湿、灰尘、导电颗粒或其他污染物污染、侵蚀绕组，相序反，长时间过负荷导致发电机过热，绝缘老化开裂，其他电气元器件短路、过电压过电流引起的绕组局部绝缘损坏、短路，雷击损坏等

（七）变频器及水冷系统的维护检修

1. 变频器的维护检修

1）检查变频柜安装及内部接线是否牢靠。

2）检查主动力电缆及防护隔离网是否完好。

3）目测及用手触摸整个柜体是否有松动现象，内部元器件的固定是否牢靠，接线是否有松动。

4）目测检查柜内是否干净或有遗留碎片，如有，清理干净。

5）在断电的情况下，用力矩扳手紧固主动力电缆连接端子，使之达到规定力矩。

6）确认防护隔离网的牢靠性。

2. 水冷系统的维护检修

发电机及变频柜的水冷系统回路图如图 4-11 所示。

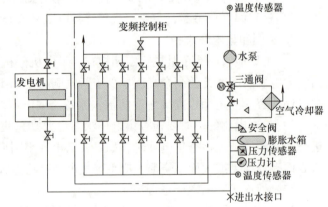

图 4-11　水冷系统回路图

1）用力矩扳手检验在悬挂装置上固定冷却器及泵单元的螺栓。

2）用无纤维抹布和清洗剂清洁冷却器及冷却风扇，保证通风良好。

3）核验冷却剂（液）所要求的防冻性。检查冷却液的清洁度，要定期更换冷却液。

4）看压力表核验水冷系统入口压力。从水冷装置压力表上观察其压力值是否符合系统设定值，压力显示应比较稳定，否则系统应排气或者添加液体。

5）核验所有管道和软管的密封性。如果发现管路漏水，应立即关闭所有管路阀门，修补间隙，还要通过加压容器旁的异径管接头补充冷却水，清理漏出的水。

6）上紧所有软管和螺栓连接。

7）目测观察电缆及辅件有无破坏和损伤现象，并用手轻微拉扯电缆检查是否有松动现象。

（八）偏航系统维护检修

水平轴风力发电机组风轮轴绕垂直轴的旋转叫偏航，偏航装置也称为对风装置。偏航装置的功能是跟踪风向变化、解缆和功率调节。偏航系统是一个自动控制系统，由控制器、功率放大器、执行机构、偏航计数器、检测元件等部分组成。其中执行机构是由偏航轴承、偏航驱动装置、偏航制动器、偏航测量装置、扭缆保护装置、偏航液压装置等构成。偏航系统结构图如图 4-12 所示。

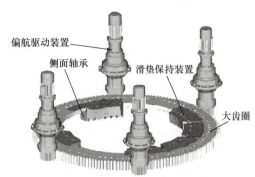

图 4-12　偏航系统结构图

偏航系统部件维护检修周期为一年，润滑一般三个月进行一次。

1. 表面检查与维护

1）偏航时检查是否有异常噪声，是否能准确对准风向。

2）停机检查侧面轴承和齿圈外表是否有污物，如有应及时用无纤维抹布和清洗剂清理干净。

3）检查涂漆外表面油漆是否脱落，如有应及时补上。

4）检查电缆缠绕及绝缘层磨损情况。

2. 紧固件检查与维护

检查螺栓的防腐层，用液压力矩扳手以规定的力矩检查偏航系统各部件连接用螺栓的紧固程度。

3. 偏航驱动电动机的维护

1）检查电动机外部表面是否有油漆脱落或腐蚀现象，检查电动机有无异常噪声。

2）检查裸露表面有无腐蚀，电缆接线有无表皮腐化脱落等，若有应及时修补或更换；打开接线盒检查电动机接线是否可靠。

3）检查摩擦片的磨损和裂缝，当摩擦片的最低点的厚度不足时，应更换。

4）检查制动盘和摩擦片，要保证清洁无机油和润滑油，以防制动失效。

5）将偏航开关分别打到左边和右边，检查是否有异常现象，如果需要，则应修理或更换。

4. 偏航齿轮箱的维护检修

1）检查偏航齿轮箱是否有漏油现象，若有渗漏现象，则说明密封出现问题，需要修理。

2）检查是否有异常的机械噪声。

3）运行 2 年以后，旋开排油螺塞将机油从螺塞孔放出，用清洗剂清洗后，从加油孔注入规定型号的润滑油到规定位置。

5. 齿轮、齿圈与轴承的维护检修

1）检查轮齿齿面的腐蚀、破坏情况；检查是否有杂质渗入齿轮间隙，如有应立即清除。

2）检查大齿圈与小齿轮的啮合齿轮副是否需要加注润滑脂，如需要，加注规定型号的润滑脂。

3）大齿圈如遇到点蚀、折断等问题时维修是很困难的，需要更换。

4）为了使偏航位置精确且无噪声，定期用塞尺检查啮合齿轮副的侧隙，要保证侧隙在 0.7~1.3mm 之间，若不符合要求，则将主机架与驱动装置连接螺栓拆除，缓慢转动驱动电动机，直到间隙合适。然后将螺栓涂抹润滑脂后，以规定的力矩拧紧螺栓。

5）检查偏航轴承的润滑情况；检查高压塑料管路；检查润滑脂油位；检查泵单元是否工作正常、各润滑点是否出油。润滑油应保持洁净，如怀疑润滑油变质，提取样品分析。3年更换一次齿轮油。

6. 上下滑动衬垫的维护

上下滑动衬垫属于易损件，由于其自身材料的自润滑性，无需加注润滑脂，但要定期检查滑动衬垫的磨损情况，当磨损量超过 4mm 时应予以更换。

7. 偏航制动器的维护

偏航制动器的维护检修周期为 6 个月。检查摩擦块剩余厚度，少于 5mm 时应更换摩擦块；液压管路不应破损、泄漏。

8. 扭缆传感器的维护

扭缆传感器限位开关完好，扭缆传感器可按设定程序控制，齿轮间隙不应超过 6mm。

9. 接近开关的维修

接近开关与齿顶有一定间隙，间隙过大可能检测不到信号。这个间隙是可以调整的，首先旋松锁紧螺母，调整接近开关到适合位置后锁紧两边的锁紧螺母。

（九）机舱的维护检修

1. 主机架检修维护

主机架（机舱底盘）是风力发电机组机舱部分的基础，对各个零部件起支撑连接紧固作用。

1）定期采用清洁剂进行表面清洁，除去残余的油脂或含有硅酮的物质。

2）目检发现有漆层裂开脱落，应及时清洁并补漆。

3）目检主机架上的焊缝，如果在随机检查中发现有焊接缺陷，做好标记和记录。如果下次检查发现焊接缺陷有变化，应进行补焊。焊接完成后，下次检查应注意该焊缝。

4）目检主机架踏板、梯子及其他各部件外形，若有变形损坏，应及时修复或更换。

5）使用力矩扳手或液压力矩扳手用规定力矩检查机架各部件螺栓连接情况。

2. 罩体维护与检验

为保护机组设备不受外部环境影响，减少噪声排放，机舱与轮毂均采用罩体密封。罩体的材料一般由聚酯树脂、胶衣、面层、玻璃纤维织物等材料复合而成。

1）检查机舱罩及轮毂罩是否有损坏、裂纹，如有及时修复；检查壳体内是否渗入雨水，如有，清除雨水并找出渗入位置；检查罩子内雷电保护线路接线情况。

2）用力矩扳手以规定的力矩检查各部件连接用螺栓的紧固程度。

3）检查航空灯接线是否稳固，工作是否正常；电缆绝缘层有无损坏腐蚀，如有应及时修复或更换。

4）检查风速风向仪连接线路接线是否稳固，信号传输是否准确；检查电缆绝缘层有无损坏或磨损，如有，及时更换。

3. 机舱内电气部件维护

(1) 设定参数检查　检查机组控制系统参数设定是否与最近参数列表一致。用便携式计算机通过以太网与机舱 PLC 连接，打开风力发电机组监控界面，进入参数界面观察参数设定。

(2) 电缆及辅件检查　所有连接电缆及辅件，观察有无损坏及松动现象；目测观察电缆及辅件有无破坏和损伤现象，并用手轻微拉扯电缆看是否有松动现象。

(3) 安装及接线检查　检查机舱控制柜安装及内部接线牢靠情况；目测观察及用手触摸整个柜体是否有松动现象及内部元器件的固定是否牢靠，接线是否有松动；目测检查柜内是否干净或有遗留碎片，如有应清理干净。

(4) 传感器检查　振动传感器可靠性及安全性检查。用便携式计算机通过以太网与机舱 PLC 连接，打开机组监控界面，在风小的情况下偏航，在界面上可以看到由于偏航引起的振动位移情况。

(5) 通信光纤检查　检查通信光纤通信是否正常，外观是否完好。目测检查光纤的外护套是否有损坏现象，是否存在应力，特别是拐弯处。

(6) 烟雾探测装置检查　检查烟雾探测装置功能是否正常。用香烟的烟雾或一小片燃着的纸来测试烟雾传感器，如果其工作正常，风力发电机组将紧急触发，紧急变桨距动作。

(7) 测风装置检查　检查风速风向传感器功能及可靠性。目测观察是否清洁，是否有破损现象；转动风杯和风向标是否顺畅；用万用表测量风速风向加热器的电源是否正常。

（十）塔筒及升降机的维护检修

塔筒维护周期为六个月，包括对塔筒内安全钢丝绳、爬梯、工作平台、门、防挂钩的检查，其中门锁、百叶窗、密封条每三个月检查一次；灭火器、塔筒内电缆、接地线及升降机维护检修或更换周期为一年。

1. 塔筒的检修维护

1）应用无纤维抹布和清洗剂清理塔筒内外，检查塔筒上各涂漆件是否有油漆脱落，如有应及时补上。

2）检查塔门闭锁机构是否完好，如有损坏应修补或更换；检查塔门上的通风窗，应保持通风顺畅。

3）检查内部照明和紧急照明，及时修复、更换老化、损坏的电器，确保电器系统各元器件工作正常。

4）检查钢丝绳和安全锁扣，确保钢丝绳拉紧、稳固，安全锁扣结构正常没有损坏。

5）检查灭火器支架外形结构是否正常，灭火器应在有效使用日期内。如有问题应及时修理或更换。

6）检查梯子的外形结构，检查各段平台，注意护栏、盖板，如有变形或损坏应及时修复或更换。

7）目检塔中的焊缝，在随机检查中发现有焊接缺陷，应做标记和记录；下次检查发现有变化，应进行补焊。要格外注意检查塔筒法兰和外护板（筒体）之间过渡处的横向焊缝及门框和外护板（筒体）之间过渡处的连续焊缝。

8）按从下至上的顺序检查各段塔筒连接法兰处螺栓锈蚀及紧固情况。先检查基础与下段塔筒连接螺栓，然后检查上部塔筒与机舱连接螺栓。塔筒与基础及机舱连接螺栓如

图 4-13 所示。机组运行一定时间后，应对螺栓的预拉伸进行检查。此外，法兰连接的所有螺栓连接应进行安装后拉伸。

图 4-13　塔筒与基础及机舱连接螺栓

2. 升降机的维护检修

1）高、低处的悬梁（机组电梯）及所有结构件是否存在变形、锈蚀，如存在锈蚀，应去锈补涂锌粉；如变形，应更换。

2）导向缆绳（机组电梯）及绞车装置钢丝绳不能存在断股，如存在断股，应更换；并涂润滑剂。

3）攀登设备、楼梯连接不能有松动，导向条间应过渡平稳，如有松动应立即紧固。

（十一）监控系统的维护检修

1）检查所有硬件是否正常，包括微型计算机、调制解调器、通信设备及不间断电源（UPS）等。

2）检查所有接线是否牢固。

3）检查并测试监控系统的命令和功能是否正常。

4）远程控制系统通信信道测试每年进行一次，保证信噪比、传输电平、传输速率等技术指标达到额定值。

（十二）机组整体的维护检修

1）定期检查法兰间隙；检查机组防水、防尘、防沙尘暴及防腐蚀情况。

2）机组防雷系统一年检查一次；机组接地电阻一年检测一次，阻值大小要考虑季节因素影响。

3）机组加热装置每年检测一次，检查机舱柜、水冷柜和主控柜加热装置是否正常。

4）检查并测试系统的命令和功能是否正常。

5）根据需要进行正常停机试验、安全停机、事故停机试验。

6）机组混凝土地基一年检查一次。检查混凝土基础有无裂缝、漏筋、局部疏松起灰、凸起、下沉等现象，如有应清理干净，按原施工条件进行浇筑。

实践训练

想一想： 如果你是运行维护人员，你每天对风力发电机组的维护工作都有哪些？

项目二　风力发电机组的异常运行与故障处理

风力发电机组是技术含量高、装备精良的发电设备，在允许的风速范围内正常运行发

模块四 风力发电机组的维护检修

电,只要保证日常维护,一般很少出现异常,但在长期运转或遭受恶劣气候袭击后也会出现运行异常或故障。

一、风力发电机组异常运行分析

对于机组异常情况的报警信号,要根据报警信号所提供的部位进行现场检查和处理。

(1) 发电机的定子温度过高、输出功率过高、超速或电动起动时间过长　发电机定子温度过高,温度超过设定值(140℃),原因可能是散热器损坏或发电机损坏;发电机输出功率过高,超过设定值15%,检查叶片安装角,是否符合规定安装;电动起动时间过长,超过允许值,原因可能是制动器未打开或发电机故障。发电机转速超过额定值,原因可能是发电机损坏、电网故障或传感器故障;发电机轴承温度超过设定值(90℃),原因可能是轴承损坏或缺油。

(2) 设备或部件温度过高　当风力发电机组在运行中发生发电机温度、晶闸管温度、控制箱温度、齿轮箱油温度、机械卡钳式制动器制动片温度等超过规定值会造成机组的自动保护停机。应检查冷却系统、制动片间隙、温度传感器及相关信号检测回路、润滑油脂质量等,查明温度上升原因并处理。

(3) 风力发电机组转速或振动超限　风力发电机组运行时,由于叶尖制动系统或变桨距系统失灵,瞬时强阵风以及电网频率波动会造成风力发电机组转速超过限定值,从而引起自动停机;由于传动系统故障、叶片状态异常导致机械不平衡、恶劣电气故障导致机组振动超过允许振幅也会引起机组自动停机。应检查超速、振动原因,经处理后,才允许重新起动。

(4) 偏航系统的异常运行引起机组自动保护停机　偏航系统电气回路、偏航电动机、偏航减速器以及偏航计数器和扭缆传感器等故障会引起风力发电机组自动保护停机。偏航减速器故障一般包括内部电路损坏、润滑油油色及油位失常;偏航计数器故障主要表现在传动齿轮的啮合间隙及齿面的润滑状况异常;扭缆传感器故障表现在使风力发电机组不能自动解缆;偏航电动机热保护继电器动作一段时间,表明偏航过热或损坏等。

(5) 机组运行中传感器出现异常　机组显示的输出功率与对应风速有偏差,风速仪损坏或断线;风轮静止时,测量转速超过允许值,或风轮转动时风轮转速与发电机转速不按齿轮速比变化,则转速传感器接近开关损坏或断线。温度长时间不变或温度突变到正常温度以外,温度传感器损坏或断线。

(6) 液压控制系统运行异常　液压装置油位偏低,应检查液压系统有无泄漏,并及时加油恢复正常油面;液压控制系统油压过低会引起自动停机,应检查油泵、液压管路、液压缸及有关阀门和压力开关等装置工作是否正常。

(7) 风力发电机组运行中系统断电或线路开关跳闸　当电网发生系统故障造成断电或线路故障导致线路开关跳闸时,应检查线路断电或跳闸原因(若逢夜间应首选恢复主控室用电),待系统恢复正常,则重新起动机组并通过计算机并网。

(8) 控制器温度过低　控制器温度低于设定允许值,原因是加热器损坏或控制元器件损坏、断线。

(9) 控制系统运行异常　风力发电机组输出功率与给定功率曲线值相差太大,可能是叶片结冰(霜)造成的;控制系统微处理器不能复位自检,原因可能是微机程序、内存或

CPU 故障。

（10）软并网失常　当风力发电机组并网次数或并网时间超过设定值，机组会采取正常停机。

（11）电网波动或故障停机　电压过高（高出设定值）或过低（低于设定值）会引起电网负荷波动；频率过高（高出设定值）或过低（低于设定值）会引起电网波动。

电网三相与发电机三相不对应，原因可能是电网故障或连接错误；三相电流中的一相电流超过保护设定值，原因可能是三相电流不平衡；电网故障造成电网电压、电流在 0.1s 内发生突变。

（12）振动不能复位　原因是传感器故障或断线；振动传感器动作，造成紧急停机。原因是叶片不平衡、发电机损坏或紧固螺栓松动。

（13）电源故障　机组电源出现故障，导致主断路器断开、控制电路断电以及主电路没有接通，原因分别是内部短路、变压器损坏或断线、主电路触头或线圈损坏。

二、风力发电机组常见故障及处理

1. 风力发电机组常见故障及排除方法

发电机、齿轮箱、偏航系统、液压系统和控制系统是风力发电机组的主要构成部分，也是机组故障的高发区。根据世界各地风力发电机组的实际运行记录，汇总各类型风力发电机组常见异常现象且频发的部件故障，列出风力发电机组常见故障及排除方法，见表 4-4。

表 4-4　风力发电机组常见故障及排除方法

故障描述	故障原因	故障排除
风力发电机组的异常声响或噪声	1. 叶片受损 2. 紧固螺栓松动或轴承损坏 3. 变桨距系统液压缸脱落或同步器断线 4. 调速器平衡弹簧或限位器断开 5. 联轴器损坏 6. 制动器松动 7. 发电机轴承缺油或松动	1. 修补叶片 2. 调整紧固螺栓、更换轴承 3. 更换液压缸或同步器 4. 更换弹簧并重新调整；固定或焊接限位器 5. 更换联轴器 6. 固定制动器、调整制动片间隙 7. 调整发电机同轴度并拧紧紧固螺栓、加油
液压系统漏油	1. 液压油从高压腔泄漏到低压腔 2. 液压系统的外泄漏	1. 调试液压元件，减少元件磨损；或改进设计 2. 拧紧管道接头或接合面；更换密封圈；降低壳体内压力或更换油封；油位泄露应及时拆修
额定风速以上风轮转速达不到设定值	1. 调速器卡滞，停留在一个位置上 2. 风轮轴承损坏 3. 微机调速失灵 4. 变桨距轴承或同步器损坏 5. 抱闸制动风轮的制动带和制动盘摩擦过大	1. 更换平衡弹簧；找出卡滞位置并消除 2. 拆下更换并调整同轴角度安装好 3. 检查微机输出信号、控制系统故障并排除；微机可能受干扰而误发指令，排除或屏蔽干扰，速度传感器损坏，更换 4. 更换轴承；更换或修理变距同步器 5. 检查并调整制动间隙

模块四 风力发电机组的维护检修

(续)

故障描述		故障原因	故障排除
发电系统故障	风力发电机组旋转但无输出电压	1. 励磁电路断线或接触不良 2. 电刷或集电环接触不良或电刷烧坏 3. 励磁绕组断线 4. 晶闸管不起动 5. 3次谐波励磁绕组断路或短路 6. 励磁晶闸管短路、断路或烧毁 7. 发电机剩磁消失 8. 无刷励磁整流管损坏 9. 发电机转子或定子短路或断路	1. 检查励磁回路，接好断线 2. 调整刷握弹簧，更换烧坏的电刷，清洗、磨圆集电环表面 3. 找出并接好 4. 检修触发电路，更换烧穿或断路的晶闸管 5. 拆下绕组，重新下线修好，并安装 6. 更换晶闸管 7. 用直流电源励磁，发电机正常发电后再切除直流电源 8. 更换整流管 9. 拆下转子或定子，重新下线修理
	输出电压低	1. 励磁电流不足 2. 无刷励磁整流器处在半击穿状态 3. 定子绕组有短路 4. 输电集电环和输出线路中连接点导电不良	1. 调整励磁电流，使发电机达到额定输出电压 2. 拆下励磁机，检修或更换整流器 3. 查明短路部位，剥离，浸漆绝缘 4. 清理集电环和输出线路中的连接点，降低接触电阻
	发电机过热	1. 负荷太重 2. 散热不良 3. 轴承损坏或磨损严重	1. 减轻负荷 2. 冷却风道堵塞，冷却水流不畅，清理 3. 更换轴承，重新安装发电机
电压振荡		1. 电网电压振荡 2. 发电机励磁电流小 3. 发电机输出线松动 4. 集电环和电刷跳动 5. 谐波引起的电压振荡	1. 联系电力管理部门，电压平稳后合闸送电 2. 增加励磁电流，或全面检查励磁系统 3. 拧紧螺栓 4. 调整刷握弹簧，消除跳动；检查电刷，表面跳火出坑，更换 5. 更换整流管、滤波电容，消除振荡
机舱振动		1. 风轮轴承座松动 2. 变桨距轴承损坏 3. 转盘推力轴间隙太大	1. 拧紧固定螺栓 2. 更换轴承 3. 调整转盘上推力轴承间隙到规定值
制动器故障	起动慢	1. 液压系统中有空气 2. 制动片和制动盘间隙大 3. 液压管路堵塞 4. 液压油粘度高	1. 排气系统设在最高点 2. 校正间隙 3. 清洗和检查管路和阀 4. 更换或加热液压油
	制动力差	1. 载重过大或速度过高 2. 气隙大 3. 制动块与制动盘间有油脂 4. 弹簧不配套或损坏	1. 检查制动距离、负载和速度 2. 校正气隙 3. 清洗 4. 更换所有弹簧
偏航系统故障	压力不稳	1. 液压管路出现渗漏 2. 液压蓄能器的保压出现故障 3. 液压系统元器件损坏	1. 清除液压管路渗漏 2. 排除液压蓄能器故障 3. 更换损坏的元器件
	定位不准	1. 风向标信号不准确 2. 偏航阻尼力矩过大或过小 3. 偏航制动力矩不够 4. 偏航齿圈与驱动齿轮齿侧间隙大	1. 校正调准风向标 2. 调整偏航阻尼力矩到额定值 3. 调整偏航制动力矩到额定值 4. 调整齿轮副的齿侧间隙
	计数故障	1. 连接螺栓松动 2. 异物侵入 3. 电缆损坏，磨损	1. 紧固连接螺栓 2. 清除异物 3. 更换连接电缆

（续）

故障描述	故障原因	故障排除
变流器故障	1. 参数设置错误 2. 变流器直流母线支流电压过高 3. 变流器过电流故障 4. 变流器和发电机过负荷 5. 变流器温度过高	1. 把参数恢复到出厂值 2. 断开电源，检查处理 3. 减少负荷突变、重新负荷分配，检查线路；若断开负荷变流器仍是过电流故障，则更换 4. 检查电网电压、负荷，或重新调定设定值或更换大的变流器 5. 检查通风或水冷系统是否出现问题

2. 风力发电机组故障处理

风力发电机组运行时，其微机控制系统随时能够接收到各类传感器输送来的工作信号，也包括异常或故障信号，由微机根据设计程序将接收到的信号分类处理，并发出相应的控制指令。同样，微机接收到异常或故障信号后，故障处理器首先将这些信息存储在运行记录表和报警表中，分类后进行有选择的发送。

风力发电机组的微机控制系统根据机组运行异常或故障的严重程度，对机组运行状态采取降为暂停状态、降为停机状态或降为紧急停机状态的三种情况之一的运行控制。

风力发电机组因异常或故障需要立即进行停机操作的程序：
1）利用主控室计算机进行遥控停机。
2）当遥控停机无效时，则就地按正常停机按钮停机。
3）当正常停机无效时，使用紧急停机按钮停机。
4）仍然无效时，拉开风力发电机组所属箱变低压侧开关。

故障处理后，微机控制系统一般能重新起动。如果外部条件良好，由此外部原因引起的故障状态可能会自动复位；一般故障可以通过远程控制复位。如果操作者发现该故障可以接受并允许起动风力发电机组，则可以复位故障。

有些故障很严重，不允许自动复位或远程控制复位，工作人员应到机组工作现场检查，并在机组的塔基控制面板上复位故障。故障被自动复位后10min，机组将自动重新起动。

3. 风力发电机组事故处理

当风力发电机组发生事故时，应立即停机，根据事故部位和程度进行处理。
1）叶片处于不正常位置或相互位置与正常运行状态不符时，应立即停机处理。
2）风力发电机组主要保护装置拒动或失灵时，应立即停机处理。
3）风力发电机组因雷击损坏时，应立即停机处理。
4）风力发电机组因发生叶片断裂等严重机械故障时，应立即停机处理。
5）制动系统故障时，应立即停机处理。
6）当机组起火时，应立即停机并切断电源，并迅速采取灭火措施，防止火势蔓延。
7）风力发电机组主开关发生跳闸，要先检查主电路晶闸管、发电机绝缘是否击穿，主开关整定动作值是否正确，确定无误后才能重合开关，否则应停止运行做进一步检查。
8）机组出现振动故障时，要先检查保护回路，若不是误动，则应立即停止运行做进一步检查。

模块四 风力发电机组的维护检修

想一想：风力发电机组发生哪些故障，机组控制系统不能自动复位？

项目三 风力发电机组的磨损与润滑

风力发电机组因其工作环境和设备运行方式的特殊性，运行过程中，齿轮、轴承等传动部件的磨损是最常见的机组故障之一。良好的润滑可以减少部件磨损，延长齿轮及轴承寿命；还可以降低摩擦，保证传动系统的机械效率。因此，为使风力发电机组在恶劣多变的复杂工况下能较长时间保持最佳运行状态，机组的润滑变得尤为重要。

1. 风力发电机组的磨损

风力发电机组的磨损现象主要发生在齿轮箱、发电机、制动、偏航及变桨距调节机构等部位的齿轮、轴承部件。磨损主要有黏附磨损、疲劳磨损、腐蚀磨损、微动磨损和空蚀等类型。

（1）黏附磨损　两个相对运动接触表面发生局部黏连，如表面划伤、胶合、咬死，常发生于齿轮表面或轴承中。

（2）疲劳磨损　在交变的应力作用下，齿轮表面或轴承中表层材料出现疲劳，继而出现裂缝，直至分离出碎片剥落或出现点蚀、麻点、凹坑等磨损。

（3）腐蚀磨损　金属表面遭受周围介质的化学与电化学腐蚀作用而产生的磨损。

（4）微动磨损　在微小振幅重复摆动作用下，两个接触表面产生的磨损。

（5）空蚀　液体产生汽化对周围固体的破坏。

2. 风力发电机组的润滑

在风力发电机组中，通过使用润滑油、润滑脂的方法来增加齿轮或轴承之间的润滑，降低摩擦、减少磨损、提高部件抗腐蚀能力，以提高机组的使用寿命。

（1）润滑油、润滑脂的作用　润滑油主要使用合成油或矿物油，应用于比较苛刻的环境工况下，如重载、极高温、极低温以及高腐蚀性环境下；润滑脂主要用于风力发电机组轴承和偏航齿轮上，既具有抗摩、减磨和润滑作用，还有密封、减振、阻尼及防锈等功能。

（2）润滑油、润滑脂使用注意事项

1）风力发电机组定期维护时，应对齿轮油的油样进行检测，以确认润滑油的性能是否正常，润滑油是否失效等。

2）风力发电机组的润滑油不得随意更换，不得已必须更换时，应得到厂家或专业部门认可。

3）按规定更换润滑脂时，应将原脂挤出，以保持轴承内部润滑脂的清洁。

4）按规定添加润滑脂，速度大、振动大的轴承润滑脂不能加得太多，一般在60%左右。

5）不同基油和稠度的润滑脂不得混用，否则会降低稠度和润滑效果。

做一做：找两种不同基油和稠度的润滑脂混合一下，观察混合后的效果。

集 电 环

1. 电气特性

由于集电环是静止不动的，而刷握是旋转的，因此强电流和信号都要通过集电环传输。连接电缆的电力性能及数量和类型见表4-5。

表4-5 连接电缆的电力性能及数量和类型

电缆芯数	电流/A	电压/V	电缆类型	截面积/mm²	外径/mm
4	20	400	Helukabel JZ-602 4×AWG144G2，5QMM	2.5	10.1
5+屏蔽	1	24	Helukabel JZ-602-CY5×AWG18 5G1	1.0	10.1
2+屏蔽	0.1	10	L2-BUS 1×2×0.64Industrie Helu No. 81186	0.64	8.0

连接电缆芯数总计13条。直接连接到集电环的电缆包括集电环侧总电缆长度（到机舱）4m，电刷侧总电缆长度（到变桨距柜）2m。穿越机舱的电缆必须加装保护套管，这是因为电缆没有固定而是简单地穿过主轴。

2. 电缆终端的连接头

电缆两端的连接头采用的是 Han 系列的 Harting 工业连接器。需要用到如下的连接头：

集电环侧电缆终端的连接头（到机舱的连接头）：公针。

集电环侧电缆终端的连接头（到变桨距柜）：母针。

Harting 连接器集电环侧电缆终端的连接头如图4-14所示。连接头上插头各脚的介绍见表4-6。

a) 公针　　b) 母针

图4-14 集电环侧电缆终端的连接头

表4-6 连接头上插头各脚的介绍

上层插头（24V）	中间层插头（SubD）（PROFIBUS）	下层插头（400V）
1脚：继电器1，1号线	3脚：信号B（红色）	1脚：L_1，线1
2脚：保留，4号线	5脚：屏蔽层	2脚：L_2，线2
3脚：保留，黄绿线	8脚：信号A（绿色）	3脚：L_3，线3
6脚：继电器2，2号线		4脚：PEN，黄绿线
9脚：安全链，3号线		
12脚：屏蔽层		

3. 数据传输速率

PROFIBUS 数据传输速率：6Mbit/s。

4. 机械特性

（1）安装位置　集电环的安装位置示意图如图4-15所示。

（2）外部尺寸

直径：<280mm。

长度：<400mm。

（3）旋转速度

平均转速：12r/min。

最小转速：0r/min。

额定转速：17.3r/min。

最大转速：22r/min。

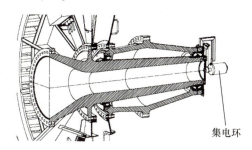

图4-15　集电环的安装位置示意图

5. 工作状况

（1）设计寿命和维护周期　风力发电机组的设计寿命是20年（165000h运行时间，175000h）。集电环也要设计成20年的寿命。但在经过10年（电刷旋转12000km）的运行后，应在车间进行一次全面的检查。维护周期为1年。

（2）防护等级　防护等级为IP65。

（3）环境温度范围　工作环境温度范围：−20～50℃；安全（survival）环境温度范围：−40～60℃。

（4）湿度和粉尘微粒　在整个温度范围内有可能在轮毂内发生粉尘微粒沉积现象。风力发电机组能够在外部空气中含盐的近海地区以及空气中夹带沙尘和尘土的沙漠地区运行。

（5）雷电区域　雷电区域（DIN VDE0185）：轮毂内区域1。

（6）机械环境/振动　运行期间的机舱加速度大约是$0.3g(g=0.9\text{m/s}^2)$，振动频率小于2Hz。

思考练习

一、选择题

1. 进行风力发电机组检查维护时，为安全起见应至少有_____个人工作。
   A. 1　　　　　　　B. 2　　　　　　　C. 3　　　　　　　D. 4

2. 由于电网故障或风力发电机组大修等原因造成风力发电机组停机超过两天，桨叶必须变桨距至大约_____，并且液压单元上的球阀必须关闭。
   A. 0°　　　　　　B. 30°　　　　　　C. 60°　　　　　　D. 87°

3. 当风力发电机组飞车或火灾无法控制时，应首先_____。
   A. 汇报上级　　　B. 组织抢救　　　C. 撤离现场　　　D. 汇报场长

4. 齿轮箱的功能是从叶轮向发电机传递_____。
   A. 力矩和转速　　B. 力矩　　　　　C. 转速　　　　　D. 电能

5. 雷雨天气不要停留在风力发电机组内，风力发电机组遭遇雷击后_____内不得靠近。
   A. 3h　　　　　　B. 0.5h　　　　　C. 2h　　　　　　D. 1h

6. 检查螺栓紧固度时，如果螺母（螺栓）不能被旋转或旋转的角度小于____，说明预紧力仍在限度以内。
   A. 0°　　　　　　B. 30°　　　　　　C. 60°　　　　　　D. 20°

7. 风速超过_____时不得打开机舱盖，风速超过_____时应关闭机舱盖。
   A. 12m/s、14m/s　B. 14m/s、12m/s　C. 10m/s、14m/s　D. 14m/s、10m/s

8. 如果环境温度在_____或以上时，叶片修补在现场进行。
   A. 0℃　　　　　　B. 50℃　　　　　C. 10℃　　　　　D. 40℃

9. 偏航系统部件检修维护周期为一年，润滑一般_____个月进行一次。
   A. 3　　　　　　　B. 0.5　　　　　　　C. 2　　　　　　　D. 6
10. 风力发电机组正常运行后，每隔_____个月对齿轮箱润滑油进行一次采样化验。
    A. 1　　　　　　　B. 12　　　　　　　C. 3　　　　　　　D. 6

二、判断题

1. 如果随转速的变化发生异常的功率和荷载变化，这可能是由于风轮内质量不平衡或桨距角调节不一致造成的。　　　　　　　　　　　　　　　　　　　　　　　　　　　　　　　　（　　）
2. 低温型风力发电机组运行的环境温度范围为 -30~40℃。　　　　　　　　（　　）
3. 在电网掉网时，通过使用备用电池，可以使除了手动停机以外的制动保持关闭状态。（　　）
4. 在风速超过 15m/s 时，不要更换或修理偏航。　　　　　　　　　　　　（　　）
5. 机舱散热通风设备高速起动条件：发电机绕组温度 >95°；机舱温度 >40°。（　　）
6. 进行机组巡视、维护检修时，工作人员应戴安全帽、穿绝缘鞋。　　　　（　　）
7. 变桨距小齿轮与变桨距齿圈的正常啮合间隙为 0.3~1.3mm。　　　　　　（　　）
8. 风力发电机组的润滑油可以随意更换，不用得到厂家或专业部门的认可。（　　）
9. 避雷板前端尖部与主轴前端转子法兰面之间的间隙为 0.5~1mm。　　　　（　　）
10. 润滑油如果有问题则颜色会变深或变成红色。　　　　　　　　　　　　（　　）

三、填空题

1. 检查风力发电机组时不要停留在风力发电机组半径 120m 之内，不要停留在风力发电机组的_____内，可以从正面观察风轮。
2. 在风力发电机组上工作或检查风力发电机组之前，_____必须断开。在风力发电机组上工作或完成风力发电机组检查后，切记激活_____。
3. 在风力发电机组的液压站上做相关工作时必须首先将液压站_____。
4. 风力发电机组有一个紧急停机回路，当风力发电机组由运行状态切换到停机、暂停时，这一回路必须处于_____状态。
5. 螺栓打转矩的方法有，使用手动_____和_____，螺栓拉伸器等工具。
6. 齿轮箱中的齿轮油的作用是_____和_____。
7. 检查维护集电环时，应检查电刷_____是否有磨损迹象，检查_____是否有变形，_____除受弹簧限制外，应该可以自由活动。
8. 风力发电机组的_____指在突发的故障或灾害损害后，对机组进行的维护检修活动。
9. 机组维护检修工作一般包括_____、_____和临时维护检修三类。
10. 在维护叶轮叶片和轮毂期间，叶片变桨距机械装置上的旋转装置应_____。当变桨距系统没有处于正常运行状态时，必须应用_____，同时叶片应该处于_____位置。
11. 齿轮箱的常见故障有表面接触_____、齿轮_____、齿面_____。
12. 发电机的常见故障有_____、_____、轴承过热失效和绕组断路、_____等。
13. 发电机定子温度过高，温度超过设定值（140°），原因可能是_____或发电机损坏。
14. 当正常停机无效时，使用紧急停机按钮停机；仍然无效时，拉开风力发电机组所属箱变_____开关。
15. 不同基油和稠度的润滑脂不得混用，否则会降低_____和润滑效果。

四、简答题

1. 简述风力发电机组日常维护的内容。
2. 攀登风力发电机组时必需的安全装置有哪些？
3. 进入轮毂检修维护前有哪些注意事项？
4. 风力发电机组的磨损有几种类型？主要发生在哪些部位？
5. 润滑油、润滑脂的作用是什么？

模块五

风电场输电线路运行与维护

目标定位

能力要求	知 识 点
了　解	风电场电气主接线形式及组成
熟　悉	风电场220kV母线运行与维护
掌　握	风电场内架空线路的运行与维护
识　记	风电场电力电缆的运行与维护
识　记	风电场直流系统的运行与维护

知识概述

本模块主要介绍有关风电场输电线路的构成、运行及维护的相关知识。通过对本模块的学习，可以了解风电场电气主接线形式及组成，熟悉风电场各输电线路的运行、维护检修的相关要求，掌握风电场各输电线路的主要维护检修内容。

项目一　风电场电气主接线及维护

一、风电场电气主接线形式及构成

风电场电气主接线通常是用电气主接线图来描述的。建立电气主接线图，首先需要规定具体电气设备的图形符号，主要电气设备的图形符号见表5-1。主接线图用规定的电气设备图形符号和文字符号并按照工作顺序排列，以单线图的方式详细地表示电气设备或成套装置的全部基本组成和连接关系。电气主接线图如图5-1所示。

表5-1　主要电气设备的图形符号

图形符号	电气设备	图形符号	电气设备	图形符号	电气设备
Ⓖ	发电机		避雷器		接地
	变压器		电抗器		母线
Ⓜ	电动机		电容器		熔断器

（续）

图形符号	电气设备	图形符号	电气设备	图形符号	电气设备
⊗⊗⊗	电流互感器		断路器		消弧线圈
⊗⊗⊗	电压互感器		隔离开关	——	导线

1. 常用的电气主接线形式

风电场中各种电气设备被合理组织，并按照一定方式用导体连接以实现电能的汇集与分配，这种连接电路被称为电气主接线。电力系统的电气接线图主要显示该系统中发电机、变压器、母线、断路器、电力线路等主要电机、电器、线路之间的电气接线。一次设备连成的电路称为一次电路（主电路）；二次设备连成的电路称为二次电路（副电路）。配电装置即实现了风力发电机组、变压器和线路之间电能的汇集和分配。电气设备的连接是由母线和开关电器实现的，母线和开关电器不同的组织连接构成了不同的接线形式。

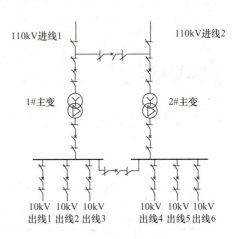

图 5-1 电气主接线图

（1）母线 在风电场、变压站中各级电压配电装置的连接，以及变压器等电气设备和相应配电装置的连接，大都采用矩形或圆形截面的裸导线或绞线。习惯上把裸露的、没有绝缘层包裹的导电材料，如铜排、铝排等连成的一次线叫做母线。母线将配电装置中的各个载流分支回路连接在一起，起着汇集、分配和传送电能的作用。母线分为主母线和分支母线，它们一般通过的电流较大，要求能承受动稳定和热稳定电流。母线按外形和结构不同，大致可分为软母线、硬母线和封闭母线三类，如图 5-2 所示。

a) 软母线　　　　　　　b) 硬母线　　　　　　　c) 封闭母线

图 5-2 母线

软母线包括铝绞线、铜绞线、钢芯铝绞线、扩径空心导线等。软母线多用于电压较高的户外配电室。因户外空间大，导线有所摆动也不至于造成线间距离不够。软母线施工简便，造价低廉。硬母线包括矩形母线、槽形母线、管形母线等。硬母线多用于低电压的户内外配电装置。矩形母线与其他形式的母线相比，具有散热面积大，节省材料，便于支撑和安装的优点。矩形母线一般使用于主变压器至配电室内，施工安装方便，运行中变化小，载流量大，但造价较高。封闭母线包括共箱母线、分相母线等。材质扁铜（相当于电线）、没有绝缘层、外面刷有表示相序的颜色油漆，主要用于室内变压器到配电柜再到电源总闸然后连接到各分闸的母线称为母线排。

（2）电气主接线形式　电气主接线常见有单元接线、桥形接线、单母线接线、单母线分段接线、双母线接线及双母线分段接线等六种形式。风电场电气主接线形式分为有汇流母线和无汇流母线两类。有汇流母线（简称母线）是汇集和分配电能的载体。

有汇流母线的接线形式包括单母线、单母线分段、双母线、双母线分段及带旁路母线等；无汇流母线的接线形式包括单元接线、桥形接线、角形接线和变压器-线路单元接线等。采用有汇流母线的接线形式，由于有母线作为中间环节，便于实现多回路的集中，有利于安装和扩建；无汇流母线的接线形式适用于进出线回路少、不再扩建和发展的风电场。

2. 风电场电气主接线

风电场升压变电站的主接线多为单母线接线或单母线分段接线，具体形式取决于风电场的规模，即风力发电机组的分组数目。当集电系统分组汇集的10kV或35kV线路数目较少时，采用单母线接线；而对于大规模的风电场，10kV或35kV分组数目较多就需要采用单母线分段接线方式；对于特大型风电场，可以考虑采用双母线接线形式。一般风电场电气主接线通常由220kV接线、35kV接线、400V接线和220V直流母线系统组成。

（1）风力发电机组电气主接线　目前风电场的主流风力发电机组输出电压一般为690V，经塔内电缆引至机组升压变压器（箱变）低压侧，将电压升高到10kV或35kV，再通过电缆接到35kV架空集电线上（或地埋电缆），输送到风电场升压变电站。风力发电机组的接线大都采用一机一变的单元接线，即一台风力发电机组配备一台变压器。

（2）集电系统电气主接线　风电场集电系统将每台风力发电机组生产的电能按组收集起来，各集电变压器的高压侧由电力电缆直接并联，经场内架空集电线路输送至升压变电站的35kV配电装置柜内。风电场集电环节的接线多为单母线分段接线。

（3）升压变电站电气主接线　风电场升压变电站的主变压器将集电系统汇集的电能再次升高，一般可将电压升高到110kV、220kV、500kV或更高，然后接入电网。风电场升压变电站的主接线多为单母线或单母线分段接线，接线方式取决于风力发电机组的分组数目。对于规模很大的特大型风电场，可以考虑采用双母线接线形式。

当前国内大部分风电场连接的是220kV电网，通常情况下，220kV配电装置采用户外型，升压变电站装设两台主变压器（主变压器台数根据风电场容量决定），通过1回220kV线路接至一次变压器并入电网。电气设备运行方式为220kV单母线运行，1#主变压器中性点接地，刀开关正常闭合。

（4）风电场场用电系统电气主接线　风电场的场用电也就是风电场内用电，包括生产用电和生活用电两部分，即维持风电场正常运行及安排检修维护等生产用电和风电场运行维护人员在风电场内的生活用电，通常包含400V的电压等级。400V为单母线方式，场用电变压器低压侧接至400V母线作为工作电源；10kV备用电源由10kV站外电源接入，经备用变压器降压后接至400V母线作为备用电源。

（5）220V直流母线系统　220V直流母线系统的两组蓄电池均采用单母线接线，每组蓄电池设置一段母线，两段母线间设置联络开关。正常运行时联络开关断开运行，两组蓄电池处于浮充状态。

二、风电场 220kV 母线的运行与维护

1. 母线正常运行与维护

（1）母线的正常巡视检查

1）母线支持绝缘子是否清洁、完整，有无放电痕迹和裂纹。

2）天气过热过冷时，矩形及管形母线接缝处应有恰当的伸缩缝隙。

3）固定支座是否牢固；软母线有无松股断股；线夹是否松动，接头有无发热发红现象。

4）母线上有无异音，导线有无断股及烧伤痕迹。

5）母线接缝处伸缩器是否良好。

（2）母线的特殊巡视检查

1）母线每次通过短路电流后，检查瓷绝缘子有无断裂，穿墙套管有无损伤，母线有无弯曲、变形。

2）过负荷时，增加巡视次数，检查有无发热现象。

3）降雪时，母线各接头及导线导电部分有无发热、冒气现象。

4）阴雨、大雾天气时，瓷绝缘子应无严重电晕及放电现象。

5）雷雨后，重点检查瓷绝缘子应无破损及闪络痕迹。

6）大风天气，检查导线摆动情况及有无搭挂杂物。

2. 母线、线路倒闸操作

（1）母线的倒闸操作

1）母线倒闸操作应考虑母线差动保护的运行方式。

2）母线停电或母线 TV（电压互感器）停电时，应防止 TV 反送电和继电保护及自动装置误动。

（2）线路操作的一般规定

1）线路停电的操作顺序为：断开线路断路器、线路侧刀开关、母线侧刀开关，断开可能向该线路反送电设备刀开关或取下其熔断器。送电时，操作顺序相反。

2）在线路可能受电的各侧都有明显断开点时，应将线路转为检修状态。

3. 母线异常运行及事故处理

1）母线及接头的长期允许工作温度不得超过 70℃，每年应进行一次接头温度测量。运行中应加强监视，发现接头发热或发红后，应立即采取减负荷等降温措施。

2）可能造成母线失电压的原因：母线设备本身故障或母线保护误动作；线路故障断路器拒动，引起越级跳闸，造成母线失电压；变电站内部故障，使联络线跳闸引起全站停电，或系统联络线跳闸引起全站停电。

3）母线失电压的处理：检查失电压母线及其设备有无明显故障，检查各分屏开关保护动作情况，是否由于保护动作而开关拒跳或越级跳闸引起。如属母线及主变压器故障，应等待故障消除后按调试命令再恢复送电。

实践训练

做一做：请为一个百万千瓦级的风电场设计电气主接线图。

项目二 风电场内架空线路及运行维护

一、架空线路概述

输电线路是连接风电场、变电站与用电设备的一种传送电能的装置,按结构分为架空线路和电缆线路。架空线路是由绝缘子将导线架设在杆塔上,并与风电场、变电站互相连接,构成电力系统各种电压等级的电力网络或配电网,用以输送电能。风电场架空线路如图 5-3 所示。

图 5-3 风电场架空线路

架空线路按电压等级可分为 110kV、220kV 和 500kV 三种线路,东北、西北等地区有 60kV、154kV、330kV 等电压等级的线路,此外也有 35kV 线路在风电场内用作集电线路。架空线路按杆塔上的回路数目分为单回路线路、双回路线路、多回路线路,是用绝缘子将输电导线固定在直立于地面的杆塔上传输电能的输电线路。架空线路由导线、架空地线、接地装置、绝缘子串、杆塔、金具和基础等部分组成。

导线:架空线路的导线不仅有良好的导电性能,还具有机械强度高、耐磨耐折、抗腐蚀性强及质轻价廉等特点,其结构可分单股线、单金属多股线、复合金属多股绞线三种形式。导线都是处在高电位,承担传导电流的功能,必须具有足够的截面积以保持合理的通流密度。为了减小电晕放电引起的电能损耗和电磁干扰,导线还应具有较大的曲率半径。

架空地线:架空地线又称避雷线,主要用于防止架空线路遭受雷闪袭击所引起的事故,它与接地装置共同起防雷作用。输电线路的避雷线一般采用钢绞线,超高压送电线路的避雷线正常运行时对地是绝缘的。

接地装置:接地装置是接地体和接地线的总称,输电线路杆塔的接地装置包括引下线、引出线、接地网等。

绝缘子串:绝缘子的作用是用来使导线和杆塔之间保持绝缘状态。绝缘子串由单个悬式绝缘子串接而成,需满足绝缘强度和机械强度的要求。主要根据不同的电压等级来确定每串绝缘子的个数,也可以用棒式绝缘子串接。对于特殊地段的架空线路,如污秽地区,还需采用特别型号的绝缘子串。绝缘子如图 5-4 所示。

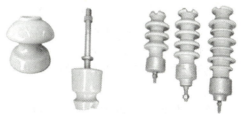

图 5-4 绝缘子

杆塔：杆塔是架空线路的主要支撑结构，多由钢筋混凝土或钢材构成，根据机械强度和电绝缘强度的要求进行结构设计。

架空线路暴露在大气环境中，直接受到气象条件的作用，应有一定的机械强度以适应当地气温变化、强风暴侵袭、结冰荷载以及跨越江河时可能遇到的洪水等影响。同时，雷闪袭击、雨淋、湿雾以及自然和工业污秽等也都会降低或破坏架空线路的绝缘强度，甚至造成停电事故。但与地下输电线路（地埋电缆）相比较，架空线路建设成本低，施工周期短，易于检修维护。因此，架空线路输电是电力工业发展以来所采用的主要输电方式。通常所称的输电线路就是指架空线路。

二、架空线路的运行及维护

架空线路维护检修一般分为改进、大修和定期巡视维护，也包括事故抢修及预防性试验等。架空线路的巡视，按其性质和任务的不同分为定期巡视和特殊性巡视。定期巡视是为了全面掌握线路的各部件运行情况及沿线环境的变化情况，巡视的周期一般为一个月，范围是全线。当遭遇特殊气候或电网负荷波动频繁时，对线路的定期巡视显然是不够的，则需有针对性地增加巡视次数，即特殊性巡视。

（一）架空配电线路的运行及维护

1. 架空配电线路的巡视检查

为了掌握线路的运行状况，及时发现缺陷和沿线威胁线路安全运行的隐患，应定期（每月一次）进行巡视与检查。线路巡视有定期巡视、特殊性巡视、夜间巡视和故障性巡视等四种方式。

（1）定期巡视　由专职巡线员进行，掌握线路的运行状况，沿线环境变化情况，并做好护线宣传工作。

（2）特殊性巡视　在气候恶劣（如台风、暴雨、覆冰等）、河水泛滥、火灾和其他特殊情况下，对线路的全部或部分进行巡视或检查。

（3）夜间巡视　在线路高峰负荷或阴雾天气时进行，检查导线接点有无发热打火现象，绝缘表面有无闪络，检查木横担有无燃烧现象等。

（4）故障性巡视　查明线路发生故障的地点和原因。

2. 巡视检查的主要内容

（1）杆塔　杆塔是否倾斜；铁塔构件有无弯曲、变形或锈蚀；螺栓有无松动；混凝土杆有无裂纹、酥松或钢筋外露，焊接处有无开裂、锈蚀；基础有无损坏、下沉或上拔，周围土壤有无挖掘或沉陷；寒冷地区电杆有无冻鼓现象，杆塔位置是否合适，保护设施是否完好，标志是否清晰；杆塔防洪设施有无损坏、坍塌；杆塔周围有无杂草和蔓藤类植物附生，有无危及安全的鸟巢、风筝及杂物。

（2）金属横担　金属横担有无锈蚀、歪斜或变形；螺栓是否紧固、有无缺少螺母；开口销有无锈蚀、断裂或脱落。

（3）绝缘子　瓷件有无脏污、损伤、裂纹或闪络痕迹；铁脚、铁帽有无锈蚀、松动或弯曲。

（4）导线（包括架空地线及耦合地线）　有无断股、损伤或烧伤痕迹；在化工、沿海等地区的导线有无腐蚀现象；三相弛度是否平衡，有无过紧、过松现象；接头是否良好，有无过热现象（如接头变色、雪先融化等），连接线夹弹簧垫是否齐全，螺母是否紧固；过（跳）引线有无损伤、断股或歪扭，与杆塔、构件及其他引线间距离是否符合规定；导线上有无抛扔物；固定导线用绝缘子上的绑线有无松弛或开断现象。

（5）防雷设施 避雷器瓷套有无裂纹、损伤、闪络痕迹，表面是否脏污；避雷器的固定是否牢固；引线连接是否良好，与杆塔构件的距离是否符合规定；各部附件是否锈蚀，接地端焊接处有无开裂、脱落；保护间隙有无烧损、锈蚀或被外物短接，间隙距离是否符合规定；雷电观测装置是否完好。

（6）接地装置 接地引下线有无丢失、断股或损伤；接头接触是否良好，线夹螺栓有无松动或锈蚀；接地引下线的保护管有无破损、丢失，固定是否牢靠；接地体有无外露或严重腐蚀，在埋设范围内有无土方工程。

（7）沿线情况 沿线有无易燃、易爆物品或腐蚀性液、气体；周围有无被风刮起危及线路安全的金属薄膜、杂物等；有无威胁线路安全的工程设施（机械、脚手架等）及有无违反"电力设施保护条例"的建筑；线路附近有无射击、放风筝、抛扔外物、飘洒金属或在杆塔、拉线上拴牲畜等现象；查明沿线污秽及沿线江河泛滥、山洪和泥石流等异常现象。

3. 架空配电线路的事故及处理

（1）事故处理原则

1) 尽快查出事故地点和原因，消除事故根源，防止事故扩大。
2) 采取措施防止行人接近故障导线和设备，避免发生人身事故。
3) 尽量缩小事故停电范围和减少事故损失。
4) 对已停电的用户尽快恢复供电。

（2）配电系统事故

1) 断路器掉闸（不论重合是否成功）或熔断器跌落（熔丝熔断）。
2) 发生永久性接地或频发性接地。
3) 变压器一次或二次熔丝熔断。
4) 线路倒杆、断线；发生火灾、触电伤亡等意外事件。
5) 用户报告无电或电压异常。

发生以上情况时，应迅速查明原因，并及时处理。

（3）事故处理

1) 高压配电线路发生故障或异常现象，应迅速对该线路和其相连接的高压用户设备进行全面巡查，直至故障点查出为止。
2) 线路上的熔断器或柱上断路器掉闸时，不得盲目试送，应详细检查线路和有关设备，确无问题后，方可恢复送电。
3) 中性点不接地，系统发生永久性接地故障时，可用柱上开关或其他设备（如用负荷切断器操作隔离开关或跌落熔断器）分段选出故障段。
4) 变压器一、二次熔丝熔断按如下规定处理：一次熔丝熔断时，应详细检查高压设备及变压器，确无问题后方可送电；二次熔丝（片）熔断时，首先查明熔断器接触是否良好，然后检查低压线路，确无问题后方可送电，送电后立即测量负荷电流，判明是否运行正常。

5）变压器、油断路器发生事故，有冒油、冒烟或外壳过热现象时，应断开电源并待冷却后处理。

6）应将事故现场状况和经过做好记录（人身事故还应记录触电部位、原因、抢救情况等），并收集引起设备故障的一切部件，加以妥善保管，作为分析事故的依据。

（二）风电场 35kV 集电线路运行与维护

1. 正常运行巡视检查项目

1）检查线路横担接线螺栓是否松动。

2）检查电缆出口与架空线路连接处螺栓是否松动。

3）检查电缆三岔口（T 形接头处）是否有损伤及放电现象。

4）电缆线路上不应堆置瓦砾、矿渣、建筑材料、笨重物件、酸碱性排泄物，或砌堆石灰坑等。

5）节日前夕、恶劣天气、负荷高峰，应特别加强巡视。

6）发现异常及故障要及时上报，并拍照存档。

2. 异常运行及事故处理

（1）35kV 架空线路单相接地

现象：

1）接地选线装置"单相接地"报警。

2）35kV 母线电压其中一相显著下降另两相升高。

3）35kV 零序电压显著升高。

处理：

1）根据接地选线装置选定的接地线路，停止接地线路所连接的所有风力发电机组，拉开集电线开关，若接地故障消失，则应尽快找出接地点，并消除故障。若接地现象依然存在，应依次拉开其他两条线路，直至接地现象消失。

2）35kV 接地运行最长时间不允许超过 2h。

（2）35kV 架空线路断相

现象：

1）故障线路所连接的运行风力发电机组同时故障停运。

2）故障线路负荷电流降至零。

处理：

1）立即断开故障线路，减小系统断相对风力发电机组的影响。

2）巡视故障线路，查出故障点，做进一步检修处理。

（3）35kV 架空线路故障跳闸

现象：

1）集电线开关跳闸。

2）线路保护动作。

3）故障线路所带风力发电机组停止运行。

处理：

1）记录故障现象。

2）做好线路停电措施，检修处理。

(4) 电力电缆的异常运行及事故处理

现象：

1) 电缆头有轻微放电现象。
2) 电缆头有严重放电现象。
3) 电缆头爆炸。

原因：

1) 电缆头绝缘损坏。
2) 电缆负荷电流大，电缆头处温度过高。
3) 电缆头损伤。

处理：

1) 将对应电气设备停电。
2) 加强运行监视。
3) 检修处理。
4) 做好灭火的准备工作。

实践训练

想一想：架空线杆上一般有几条输电导线，为什么？

项目三　风电场电力电缆及运行维护

一、电力电缆概述

电力电缆的主要作用是在电力系统主干线路中传输和分配大功率电能，其中包括 1～500kV 及以上各种电压等级、各种绝缘的电力电缆。电力电缆的基本结构由线芯（导体）、绝缘层、屏蔽层和保护层四部分组成，电力电缆及剖面结构图如图 5-5 所示。

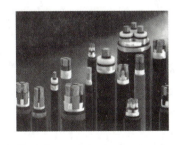

图 5-5　电力电缆及剖面结构图

线芯：线芯是电力电缆的导电部分，用来输送电能，是电力电缆的主要部分。

绝缘层：绝缘层的作用是将线芯与大地以及不同相的线芯间在电气上彼此隔离，保证电能输送，是电力电缆结构中不可缺少的组成部分。

屏蔽层：10kV 及以上的电力电缆一般都有导体屏蔽层和绝缘屏蔽层。

保护层：保护层的作用是保护电力电缆免受外界杂质和水分的侵入，以及防止外力直接损坏电力电缆。

电力电缆按绝缘材料可分为油浸纸绝缘电力电缆、塑料绝缘电力电缆、橡胶绝缘电力电缆。按电压等级可分为中、低压电力电缆（35kV 及以下）、高压电缆（110kV 以上）、超高压电缆（275~800kV）以及特高压电缆（1000kV 及以上）。此外，还可按电流制分为交流电缆和直流电缆。

电力电缆一般埋设于土壤中或敷设于室内、沟道、隧道中，受气候条件和周围环境影响小，传输性能稳定，可靠性高；具有向超高压、大容量发展的更为有利的条件，如低温、超导电力电缆等。此外，电力电缆还具有分布电容较大、维护工作量少、电击可能性小的优势。

二、电力电缆的运行维护及异常处理

电力电缆的维护检查每三个月进行一次，电缆终端头的巡视检查与其他一次设备同时进行。此外，每年要对电缆进行一次停电检查。

1. 电力电缆运行与检修的注意事项

1) 正常运行时，35kV 电力电缆长期允许工作温度不应超过 60℃。

2) 电力电缆的正常工作电压不应超过额定电压的 15%。

3) 紧急事故时，35kV 电缆线路允许过负荷 15%，连续运行不超过 2h，同时应严密监视。

4) 备用电缆应尽量连接在电力系统中充电，其保护应调整为无时限动作位置。

5) 停电超过 48h 而不满一个月的电缆重新投入运行前应测量绝缘电阻，停电超过一个月而不满一年应做直流耐压试验。融冰电缆应充电运行。

6) 停电后的电缆应将各线芯对地多次放电，确无残余电荷后，才能在两侧挂接地线。

7) 电缆头或电缆中间头检修后，应核对相位，并做直流耐压试验，合格后方可投入运行。

2. 电力电缆的正常巡视检查内容

1) 电缆沟内支架应牢固，无松动或锈蚀现象，接地良好。

2) 电缆沟内无易燃物或其他杂物，无积水，电缆孔洞、沟道封闭严密，防小动物措施完好。

3) 电缆中间、始、终端头无渗油、溢胶、放电、发热等现象，接地应良好，无松动、断股现象。

4) 电缆终端头应完整清洁，引出线的线夹应紧固无发热现象。

3. 运行中的电缆维护

1) 电缆走向标牌齐全，在埋设电缆的地方禁止挖土、打桩、堆积重物、泼洒酸碱等腐蚀物。

2) 如需挖掘电缆应停电进行，若无法停电，应由熟悉现场情况的人员指挥操作。

3) 挖出的电缆上面严禁人踩或压折。

4) 运行中的电缆禁止移动，已移动的电缆，应通过试验合格后，才允许投入运行。

4. 电力电缆消缺预试的验收

1) 电缆排列整齐，无机械损伤。

2）电缆的固定、弯曲半径、有关距离符合要求。

3）电缆终端的相色正确，电缆终端、电缆接头安装固定。

4）电缆沟内无杂物，盖板齐全。

5）电缆支架等的金属部件防腐层完好。

6）全部电气试验合格。

5. 电力电缆的异常运行及处理

1）应加强对电力电缆特别是电缆头的巡视检查，尤其是夜间闭灯检查时，发现电缆头有轻微放电现象，应及时检修处理；发现电缆头放电现象严重时，应采取紧急停电等措施，立即检修处理。电缆头漏油应根据漏油程度监视其运行，如漏油严重，应立即检修处理；电缆头爆炸，应立即停电。

2）电缆发生过负荷运行，应及时减少负荷。

3）巡视检查发现电缆有鼓肚现象应检修处理。

实践训练

做一做：到实训室找一段电力电缆，剖开后，查看一下内部结构，仔细辨别线芯（导体）、绝缘层、屏蔽层和保护层的具体位置。观察有几股线芯，为什么？

项目四　风电场直流系统及运行维护

一、直流系统概述

直流系统是风电场和变电站的重要组成部分，承担着为控制、信号、仪表、测量、继电保护和自动装置以及事故情况下的直流油泵、UPS 系统、事故照明等设备的供电任务。直流系统是一个独立的电源，由交流电源、电源充电设备及直流负荷三部分组成。直流系统是不受发电机、场用电及系统运行方式的影响，并在外部交流电中断的情况下，保证由后备电源——蓄电池继续提供直流电源的重要设备，其性能和质量直接关系到电网的稳定运行和设备的安全。

1. 直流系统的组成

直流系统主要由整流模块系统、监控系统、绝缘监测单元、电池巡检单元、开关量检测单元、降压单元和配电单元构成。

（1）整流模块系统　电力整流模块就是把交流电整流成直流电的单机模块，它可以多台并联使用。模块输出是 110V、220V 稳定可调的直流电压。模块自身有较为完善的各种保护功能，如输入过电压保护、输出过电压保护、输出限流保护和输出短路保护等。

（2）监控系统　监控系统是整个直流系统的控制、管理核心，其主要任务是对系统中各功能单元和蓄电池进行长期自动监测，获取系统中的各种运行参数和状态，根据测量数据及运行状态及时进行处理，并以此为依据对系统进行控制，实现直流系统的全自动管理，保证其工作的连续性、可靠性和安全性。

（3）绝缘监测单元　直流系统绝缘监测单元是监视直流系统绝缘情况的一种装置，可实时监测线路对地漏电阻，此数值可根据具体情况设定。当线路对地绝缘电阻降低到设定值时，就会发出告警信号。

（4）电池巡检单元　电池巡检单元就是对蓄电池在线电压情况巡回检测的一种设备，可以实时检测到每节蓄电池电压的多少，当某一节蓄电池电压不在设定值时，电池巡检单元就会发出告警信号，并能通过监控系统显示出是哪一节蓄电池发生故障。

（5）开关量检测单元　开关量检测单元是对开关量在线检测及告警干节点输出的一种设备。比如在整套系统中断路器发生故障跳闸或者熔断器熔断后开关量检测单元就会发出告警信号，并能通过监控系统显示出是哪一路断路器发生故障跳闸或者是哪路熔断器熔断。

（6）降压单元　降压单元就是降压稳压设备，是合母电压输入降压单元，降压单元再输出到控母，调节控母电压在设定范围内（110V或220V）。当合母电压变化时降压单元自动调节，保证输出电压稳定。

（7）配电单元　配电单元主要是直流屏中为实现交流输入、直流输出、电压显示、电流显示等功能所使用的器件，如电源线、接线端子、交流断路器、直流断路器、接触器、防雷器、分流器、熔断器、转换开关、按钮、指示灯以及电流、电压表等。

2. 风电场的直流系统

风电场直流系统电压为220V，选用智能高频开关直流电源，整流模块 $N+1$ 热备份。设置两组200Ah阀控式密封铅酸蓄电池，两组蓄电池均采用单母线接线，每组蓄电池设一段母线，两段母线间设置联络开关，正常运行时联络开关断开运行。蓄电池组不设端电池，每组由若干只电池组成。直流系统正常情况下采用浮充电方式运行，事故放电后进行均衡充电。直流系统还配有微机直流绝缘检测装置。为监察直流系统电压、绝缘状况，监测直流系统接地故障，每段直流母线设置有直流系统接地检测装置。

220V直流系统一般由免维护阀控式密封铅酸蓄电池、高频开关电源整流装置、电源监控系统、微机直流绝缘检测装置、直流馈线等组成。

（1）智能高频开关直流系统　风电场220V直流系统电源充电部分，一般有两台充电柜，每台充电柜均有两路交流电源，分别取自380V场用电Ⅰ、Ⅱ段母线；交流电源为工作电源，蓄电池组电源热备用。当全场停电时由两组直流蓄电池提供直流电源，从而保证直流负荷的不间断供电。每台高频充电器配置有 n 个智能高频开关整流装置，分2组运行。每一组中的任意一个整流器故障时会自动退出，不会影响并联运行的其他整流器，需要检修时，可以实现热插拔。高频开关电源正常时除向直流负荷供电外，还对蓄电池进行浮充电，保证蓄电池组的电压。智能高频开关直流电源充电模块可以自动实现蓄电池组浮充、均充的转换。

智能高频开关直流系统主要由交流配电单元、高频开关整流模块、蓄电池组、降压装置、开关量检测、绝缘检测、电池巡检和集中监控模块等部分组成。

智能高频开关直流系统供电方式：当交流输入正常时，两路交流输入经过交流切换控制选择其中一路输入，并通过交流配电单元给各个充电模块供电。充电模块将输入三相交流电转换为220V的直流电，经隔离二极管隔离后输出，一方面供给蓄电池组充电，另一方面给直流母线供电。两路交流输入故障停电时，充电模块停止工作，此时由蓄电池组不间断向直流母线供电。监控模块监测蓄电池组电压及放电时间，当蓄电池组放电到一定程度时，监控模块发出告警。交流输入恢复正常后，充电模块对蓄电池组进行充电。

监控模块对直流系统进行管理和控制,信号通过配电监控分散采集处理后,再由监控模块统一管理,在显示屏上提供人机操作界面,具备远程管理功能。系统还可以配置绝缘检测、开关量检测、蓄电池巡检等,获得系统的各种运行参数,实施各种控制操作,实现对电源系统的"四遥"功能。

(2) 直流系统蓄电池组的管理　蓄电池组是直流系统中不可或缺的重要组成部分,对蓄电池组良好的维护和监测显得尤其重要。蓄电池充电设备采用智能化微机型产品,具有恒压恒流性能。稳态浮充电电压的偏差≤±0.5%,充电电流偏差≤±2%,波纹系数≤1%,满足蓄电池充放电的要求。

蓄电池组采用熔断器保护,充电浮充电设备进线和直流馈线采用断路器保护。

所谓的免维护密封蓄电池,只是无需人工加酸加水,而并非真正意义上的免维护;相反,其维护要求变得更高。智能高频开关直流系统具有先进的电池管理功能:监控电池的充电电压、充放电电流、环境温度补偿、维护性定期均充等。

阀控式密封铅酸蓄电池各种运行状态下的程序:

1) 正常充电程序:用 0.1C10A(可设置)横流充电,电压达到整定值(2.30~2.40)V×n(n 为单体电池节数)时,微机控制充电浮充电装置自动转为恒压充电,当充电电流逐渐减小,达到 0.01C10A(可设置)时,微机开始计时,3h 后,微机控制充电浮充电装置自动转为浮充电状态运行,电压为(2.23~2.28)V×n。

2) 长期浮充电程序:正常运行浮充状态下每隔 1~3 个月,微机控制充电浮充电装置自动转入恒流充电状态运行,按阀控式密封铅酸蓄电池正常充电程序进行充电。

3) 交流电中断程序:正常浮充电运行状态时,电网事故停电,此时充电装置停止工作,蓄电池通过降压模块,无间断地向直流母线送电。当电池电压低于设置的告警限值时,系统监控模块发出声光告警。

4) 交流电源恢复程序:交流电源恢复送电运行时,微机控制充电装置自动进入恒流充电状态运行,按阀控式密封铅酸蓄电池正常充电程序进行充电。

5) 蓄电池温度补偿:阀控式密封铅酸蓄电池在不同的温度下对蓄电池充电电压作相应的调整才能保障蓄电池处于最佳状态,蓄电池管理系统监测环境温度,升压变电站可根据厂家提供的参数,选择使用电池温度补偿功能,这样,系统便可以监测环境温度变化,自动调整蓄电池充电电压,以满足蓄电池充电要求。

二、直流系统的运行与维护

(一) 直流系统的运行

直流系统正常情况下采用浮充电方式运行,事故放电后进行均衡充电。两组蓄电池均采用单母线接线,每组蓄电池设一段母线,两段母线间设联络开关,正常运行时联络开关断开运行。直流系统还配有微机直流绝缘检测装置,以监察直流系统电压、绝缘状况,监测直流系统接地故障。每段直流母线都设有接地检测装置。

1. 直流系统的运行操作

1) 高频开关电源充电器投入前的检查项目:高频开关模块良好;充电器出口开关良好;充电器监控系统良好。

2) 高频开关电源充电器投入运行:合上充电器出口开关、充电器交流侧电源开关,监测充电器高频开关模块和微机监控系统正常运行，模块均流<3%。

3）高频开关电源充电器停止运行：断开充电器交流侧电源开关，拉开充电器出口刀开关。蓄电池在进行定期均衡充电及放电期间，应避免设备的分合闸操作。正常运行中，备用充电器出口刀开关断开，备用充电器空载运行。

2. 蓄电池充电方式

蓄电池充电设备采用智能化微机型产品，具有恒压恒流性能。稳态浮充电电压的偏差≤±0.5%，充电电流偏差≤±2%，波纹系数≤1%，满足蓄电池充放电的要求。蓄电池组采用熔断器保护，充电浮充电设备进线和直流馈线采用断路器保护。

1）蓄电池正常运行方式：浮充电方式。

2）蓄电池均衡充电方式：阀控式密封免维护蓄电池组深度放电或长期浮充电时，单体电池的电压和容量都有可能出现不平衡，为此适当提高充电电压，这种充电方法叫均衡充电。一般三个月进行一次。

3）蓄电池定期充放电方式：新装或大修后的阀控式密封免维护蓄电池组应进行全核对性放电试验，此后每隔2~3年进行一次核对性试验，6年后每年进行一次核对性放电试验。

3. 直流系统绝缘检测装置

每段直流母线提供一套直流系统绝缘检测装置，为保证绝缘检测装置精度，各回路直流电流传感器应为毫安级产品，并与绝缘检测装置组合成套。该装置应为独立的智能型装置。

直流系统绝缘检测装置的主要功能是在线检测直流系统的对地绝缘状况（包括直流母线、蓄电池回路、每个电源模块和各个馈线回路绝缘状况），并自动检出故障回路。绝缘检测装置可与成套装置中的总监控装置通信。

（二）正常巡视检查项目及运行规定

1. 直流充电装置的正常巡视检查

1）充电模块的声响、气味、风扇运转正常，直流系统的充电方式正确。

2）蓄电池电流、总电流表指示稳定正确，直流合闸母线电压指示在允许范围之内。

3）交流侧及直流侧熔断器无熔断。

4）充电模块、供电模块上电正常，"浮充"指示灯亮；"输入"指示灯在均衡充电状态下亮；"故障"指示灯在模块有故障时亮。

5）各元器件无过热现象，导线各连接点牢固。

2. 蓄电池的正常巡视检查

1）室内清洁，温度正常，排风、照明良好。

2）连接片无松动和腐蚀现象，极柱与安全阀周围无酸雾溢出。

3）壳体无渗漏和变形；电池密封良好，无腐蚀现象；电解液无渗漏、溢出现象。

4）各接头压接良好，无过热、泛碱现象。

5）浮充状态下蓄电池单体电压值正常，单个电池电压在正常范围之内。

6）蓄电池温度符合规定值。

3. 充电屏和直流馈电屏的检查维护

1）定期清洁蓄电池壳体、充电机柜、直流馈线柜。

2）充电器、绝缘监测装置功能齐全，面板指示正确；各种电压表、电流表指示正确；

直流馈电屏直流负荷电源指示灯显示正确，与实际运行方式相符。

3）屏后端子排接触良好，无松动；直流母线绝缘情况正常，无报警现象。

4）正常时直流母线电压应维持在（230±10）V。如遇异常，应及时进行相应的调整，使其保持在规定范围内。

4. 蓄电池运行规定

1）蓄电池组采用浮充电运行方式。以浮充电方式运行时，严禁充电器单独带母线或蓄电池长时间单独带母线运行。

2）蓄电池对温度要求较高，运行时应控制在标准使用温度范围内。温度太低，会使其容量下降；温度过高，则会缩短其使用寿命。

3）直流各分段母线联络刀开关正常运行时，应处于断开状态，只有在各分段直流母线电源部分进行相关检修或工作时，才能投入。

4）不允许将两组蓄电池并列运行。

（三）直流系统异常运行及事故处理

1. 直流母线电压过高或过低

现象：

1）警铃响，"直流母线电压异常"报警。

2）母线电压表指示高于或低于规定值。

3）"直流系统熔断器熔断"、"充电装置故障"、"直流系统故障"信号灯亮。

处理：

1）检查母线电压值，判断监控器动作是否正确。

2）调整充电器输出，使母线电压恢复正常。

3）检查充电器是否故障跳闸，如某一组充电器故障跳闸，应立即检查充电器四路交流电源是否正常，监控器盘后互投控制熔断器是否熔断。

2. 直流系统接地

现象：

1）警铃响，"直流母线绝缘降低"报警。

2）直流母线绝缘监视装置有接地现象，一极对地电压降低或为零，另一极电压升高或为220V。

处理：

1）根据微机直流绝缘监测装置显示情况，确定接地回路，假如报多个回路接地则应重点选择报出绝缘电阻值最小的回路。

2）查接地负荷应根据故障支路检修、操作及气候影响判断接地点。用瞬停法进行查找，先低压后高压、先室外后室内的原则，无论该支路接地与否，拉开后应立即合上。

3）切换绝缘不良或有怀疑的设备。

4）根据天气、环境以及负荷的重要性依次进行查找；对接地回路进行外部检查，是否因明显的漏水、漏气所造成。

在故障查找过程中，注意不要造成另一点接地；直流接地运行时间不得超过2h。

3. 蓄电池熔断器熔断

现象：

1）警铃响，"直流系统熔断器熔断"、"直流系统故障"报警。

2）"直流母线电压异常"光字牌亮。

处理：若供电模块交流电源消失，此时应拉开故障两路直流输出总开关，更换蓄电池熔断器后，再合上两路直流输出总开关。

4. 220V 直流母线电压消失

现象：

1）220V 母线电压指示到零。

2）"充电装置故障"、"直流系统熔断器熔断"、"直流系统故障"、"控制电路断线"报警。

处理：

1）若此时供电模块交流电源消失，应检查蓄电池熔断器是否熔断。

2）如母线上有明显故障点，应立即切除故障点，恢复供电。

5. 充电器故障

现象：

1）"充电器故障"信号发出。

2）充电器输出电压、电流到零。

3）充电器运行灯灭。

处理：

1）检查充电器跳闸原因。

2）过电压、过电流动作可手动复位。

3）交流电源故障，查明原因，恢复正常运行。

4）充电器确属故障跳闸无法立即恢复，应手动投入备用充电器，恢复母线电压。

实践训练

想一想：为什么不允许将两组蓄电池并列运行？

知识链接

1. 案例：某风电场电气主接线图

风电场不同于其他类型的电场，风电场电气主接线图除了表示集中布置的升压变电站，还需要在图中表示风力发电机组和机电系统。由于风力发电机组数目一般较多，因此常在集电系统的绘制时候采用简化图形，即以发电机表示风力发电机组，再对风力发电机组进行单独的详细描述。图 5-6 所示为某风电场电气主接线图。

2. ZIVAN 蓄电池充电器 NG5

蓄电池是风电场直流系统的重要部分，而蓄电池充电器会极大地影响电池寿命和性能。这里简单介绍一下蓄电池充电器的工作原理、结构与功能。蓄电池充电器在使用间接 AC-DC 变换的基础上，增加一级 DC-DC 变换，如图 5-7 所示。

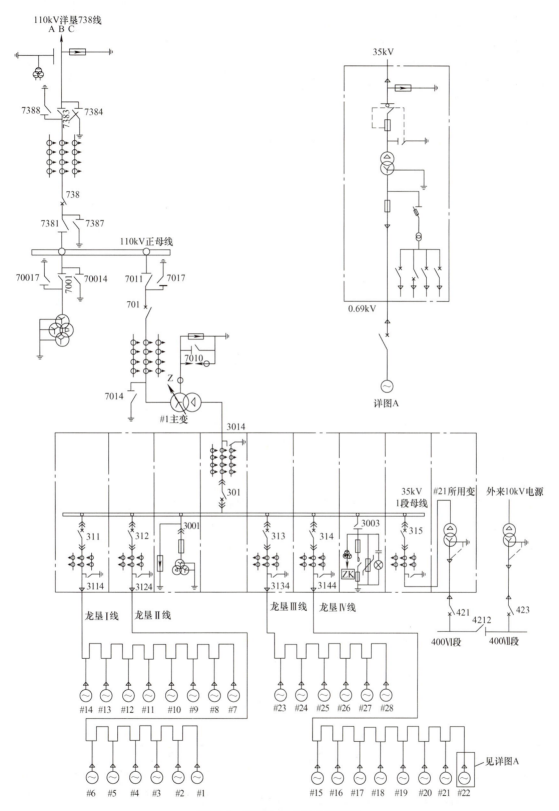

图 5-6　某风电场电气主接线图

这种方法使用了更为快速的、功率更大的开关器件，使得成本和体积得到了最小化。其主要优点是效率高，尺寸小，充电时间短，充电不受交流电源变化的约束，电子控制方式能够提供理想的充电曲线。通常大功率的开关电源的工作方式就是如此。

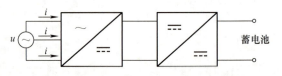

图 5-7　间接 AC–DC 蓄电池充电器结构图

电气问题（由于换向）的出现需要引入适当的滤波措施来满足 EMC89/336/EEC 对电磁兼容性的要求。图 5-8 所示为 NG5 的结构框图。

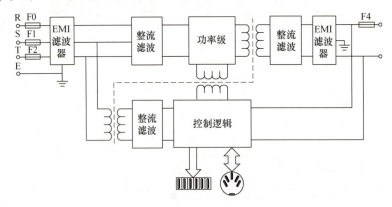

图 5-8　NG5 的结构框图

当电池充电时，充电程度指示器会显示充电情况，红色 LED 灯表明电池处于初始化充电阶段；黄色 LED 灯表明电池已经达到 80% 的充电量；绿色 LED 灯表明电池已经充满。充电程度指示器如图 5-9 所示。

当交流电源发生断相时，红色 LED 灯会亮起。这时电池充电器停止工作，充电程度指示器变成黄灯。检查交流电源和输入熔断器。两音调的声音信息和闪烁的 LED 灯提示有报警。蓄电池充电器断相报警指示器如图 5-10 所示，断相报警描述见表 5-2。当有报警时，蓄电池充电器停止对外输出电流。

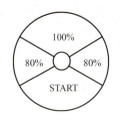

图 5-9　充电程度指示器

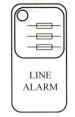

图 5-10　断相报警指示器

表 5-2　蓄电池充电器断相报警描述

情　况	报警类型	描述（动作）
声音信息 + 红色 LED 闪烁	电池	电池未连接或者不符合要求（检查连接和额定电压情况）
声音信息 + 黄色 LED 闪烁	热传感器	充电过程中热传感器未连接或超出其工作范围（检查传感器的连接并测量电池温度）

模块五 风电场输电线路运行与维护

（续）

情 况	报警类型	描述（动作）
声音信息＋绿色 LED 闪烁	超时	第 1、2 阶段同时或者其一持续一段时间超过允许最大值（检查电池容量）
声音信息＋红、黄 LED 闪烁	电池电流	失去对输出电流的控制（控制逻辑故障）
声音信息＋红、绿 LED 闪烁	电池电压	失去对输出电压的控制（电池未连接或控制逻辑故障）
声音信息＋黄、绿 LED 闪烁	选择	选择了不能使用的配置模式（检查选择器的位置）
声音信息＋红、黄、绿 LED 闪烁	过热	半导体器件过热（检查风扇工作情况）

热传感器和外部指示器属于可选组件，需要把它和 5 针的插头连接在一起。除非另作说明，否则对电池单元而言，能够补偿电池电压的温度传感器的温度补偿功能是 $-5mV/℃$。热传感器的控制范围是 $-20\sim50℃$。外部指示器准确地反映了设备上的 LED 指示器的状态，其外形如图 5-11 所示。

除非另作说明，蓄电池充电器辅助触点功能见表 5-3。

图 5-11 外部指示器外形

表 5-3 蓄电池充电器辅助触点功能

部 件	功 能	描 述
AUX1	交流电源	当 NG5 接通时，常开触点闭合，常闭触点断开
AUX2	充电结束或细流充电阶段	当 NG5 处于停止阶段或者非停止阶段时，常开触点闭合，常闭触点断开

✓ 思考练习

一、选择题

1. 定期巡视是为了全面掌握线路的各部件运行情况及沿线环境的变化情况，巡视周期一般_____一次，范围是全线。
   A. 一年　　　　B. 半年　　　　C. 三个月　　　　D. 一个月

2. 输电线路的避雷线一般采用_____，超高压送电线路的避雷线正常运行时对地是绝缘的。
   A. 铝绞线　　　B. 铜绞线　　　C. 钢绞线　　　　D. 铝合金绞线

3. 直流系统运行时，_____将两组蓄电池并列运行。
   A. 不允许　　　B. 允许　　　　C. 有时可以　　　D. 怎样都行

4. 电缆沟、电缆井、电缆架及户外电缆每_____进行一次检查。
   A. 半年　　　　B. 一年　　　　C. 三个月　　　　D. 一个月

5. 把裸露的、没有绝缘层包裹的导电材料，如铜排、铝排等连成的一次线叫做_____，其作用是汇集、分配和传送电能。
   A. 高压线　　　B. 低压线　　　C. 绝缘线　　　　D. 母线

6. 母线及接头长期允许工作温度不得超过_____，每年应进行一次接头温度测量。
   A. 70℃　　　　B. 60℃　　　　C. 80℃　　　　　D. 90℃

7. 架空配电线路的巡视检查有定期巡视、特殊性巡视、夜间巡视和_____。
   A. 白天巡视　　B. 故障性巡视　C. 日常巡视　　　D. 临时巡视

8. 电缆的正常工作电压不应超过额定电压的_____。

A. 25% B. 35% C. 15% D. 5%
9. 正常运行时，35kV 电力电缆长期允许工作温度不应超过_____。
   A. 70℃ B. 80℃ C. 90℃ D. 60℃
10. 汇流母线是汇集和分配电能的载体，分为主母线和分支母线，它们一般通过的电流较大，要求能承受_____和热稳定电流。
    A. 高强度电流 B. 动稳定电流 C. 弱电流 D. 冷稳定电流

二、判断题

1. 220kV 主接线采用单母线接线方式，母线为硬管型母线。（　）
2. 架空配电线路的巡视，按其性质和任务的不同分为定期巡视和特殊性巡视。（　）
3. 绝缘子的作用是用来使导线和杆塔之间保持绝缘状态。（　）
4. 配电装置是用来接受、分配和控制电能的装置。110kV 及以上电压等级一般多采用屋外配电装置，35kV 及以下电压等级的配电装置多采用屋内配电装置。（　）
5. 蓄电池组采用浮充电运行方式，不允许充电器单独带母线或蓄电池长时间单独带母线运行。（　）
6. 母线有硬母线、软母线和封闭母线三类，硬母线用于高压户内外配电装置。（　）
7. 架空配电线路检修一般分为改进、大修和维护，包括事故抢修及预防性试验。（　）
8. 电力电缆的职能是在电力系统主干线路中传输和分配小功率电能。（　）
9. 采用有汇流母线的接线形式，由于有母线作为中间环节，便于实现多回路的集中，有利于安装和扩建。（　）
10. 输电线路杆塔的接地装置包括引下线、引出线、接地网等。（　）

三、填空题

1. 风电场输电线路是连接风电场、变电站与用电设备的一种传送电能的装置，按结构分为_____和_____。
2. 接地装置是_____和_____的总称，输电线路杆塔的接地装置包括引下线、引出线、接地网等。
3. 风电场电气主接线形式分为_____和_____两类。
4. 蓄电池正常运行方式是_____。
5. 配电装置按电压等级的不同，可分为_____配电装置和_____配电装置。
6. 风电场 220V 直流系统一般由免维护阀控式密封铅酸蓄电池、_____、_____、微机直流绝缘检测装置、直流馈线等组成。
7. 架空线路是由_____将导线架设在杆塔上，并与风电场、变电站互相连接，构成电力系统各种电压等级的电力网络或配电网，用以_____电能。
8. _____又称避雷线，主要用于防止架空线路遭受雷闪袭击所引起的事故，它与_____共同起防雷作用。
9. _____的基本结构由线芯（导体）、绝缘层、_____和保护层四部分组成。
10. 直流系统是一个_____的电源，由_____、电源充电设备及直流负荷三部分组成。

四、简答题

1. 简述风电场电气主接线形式及组成。
2. 简述风电场内架空配电线路的巡视检查内容。
3. 简述风电场电力电缆的正常巡视内容。
4. 当直流系统接地时，该如何处理？
5. 简述线路停电的操作顺序。

模块六 风电场变电站电气设备运行与维护

目标定位

能力要求	知识点
了 解	风电场变压器的工作原理
识 记	风电场变压器的运行检查与维护检修
掌 握	风电场开关设备的作用与维护检修
理 解	风电场电抗器和电容器的功能及维护
识 记	风电场互感器的故障处理
熟 悉	绝缘油的维护与处理

知识概述

本模块主要介绍风电场变电站电气设备运行与维护检修的相关知识,包括变压器、开关设备、电抗器、电容器、互感器、绝缘油的维护与处理等内容。通过对本模块的学习,可以了解风电场变电站电气设备的构造、原理、运行要求及日常维护检修项目,掌握设备常见的运行异常与处理方法。

项目一 变压器运行与维护

变压器是利用电磁感应现象实现一个电压等级的交流电能到另一个电压等级交流电能的变换,达到改变交流电压目的的设备。变压器的核心构件是铁心和绕组,其中铁心用于提供磁路,缠绕于铁心上的绕组构成电路。此外还有调压装置即分接开关、油箱及冷却装置、保护装置,包括储油柜、安全气道、吸湿器、气体继电器、净油器和测温装置及绝缘套管等。大部分变压器均有固定的铁心,与电源相连的绕组(线圈)接收交流电能,称为一次绕组,与负载相连的线圈送出交流电能,称为二次绕组。

变压器的基本原理是电磁感应原理,图 6-1 所示是变压器工作原理图。当一个正弦交流电压 $\dot{U}_1$ 加在一次绕组两端时,导线中就有交变电流 $\dot{I}_1$ 并产生交变磁通 $\dot{\Phi}_m$,这些磁通称为主磁通,它沿着铁心穿过一次绕组和二次绕组形成闭合的磁路,在它作用下,两侧绕组产生的感应电动势分别为 $\dot{E}_1$、$\dot{E}_2$,并在二次绕组中感应出互感电动势和电流。

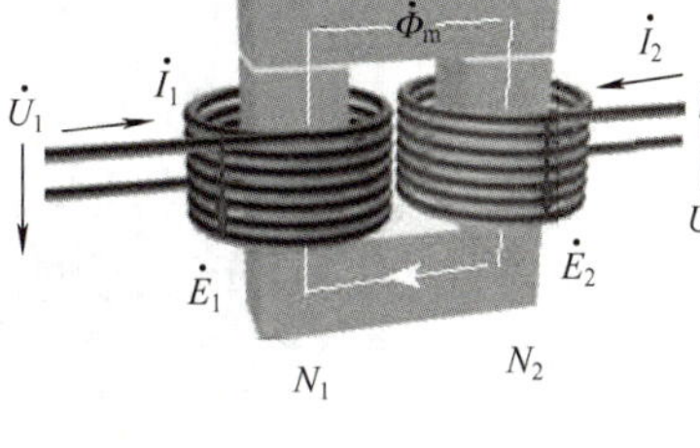

图 6-1 变压器工作原理图

感应电动势公式为

$$E = 4.44fN\Phi$$

式中，E 为感应电动势；f 为频率；N 为绕组匝数；Φ 为磁通量。

由于二次绕组与一次绕组匝数不同，感应电动势 $\dot{E}_1$ 和 $\dot{E}_2$ 大小也不同，当略去内阻抗压降后，电压 $\dot{U}_1$ 和 $\dot{U}_2$ 大小也就不同。

变压器两组绕组匝数分别为 N_1 和 N_2，N_1 为一次绕组匝数，N_2 为二次绕组匝数。在一次绕组上加交流电压时，二次绕组两端就会产生感应电动势。当 $N_2 > N_1$ 时，二次侧产生的感应电动势要比一次绕组所加的电压还要高，则为升压变压器；当 $N_2 < N_1$ 时，二次侧产生的感应电动势低于一次电压，则为降压变压器。

变压器在电器设备和无线电路中，常起升降电压、匹配阻抗、安全隔离等作用。风电场中变压器大多采用油浸式三相变压器和干式三相变压器。油浸式三相变压器和干式三相变压器如图 6-2 所示。

油浸式变压器依靠变压器油作冷却介质，有油浸自冷、油浸风冷、油浸水冷、强迫油循环等类型。其中油浸风冷式变压器比较常用。干式变压器是依靠空气对流进行冷却，一般用于局部照明、电子线路等小容量电路。风电场变电系统大多使用油浸式变压器作为主变压器，采用二级或三级升压结构。

a) 油浸式三相变压器　　　　b) 干式三相变压器

图 6-2　三相变压器

风电场变电系统在风力发电机组出口装设满足其容量输送的变压器（风力发电机组出口处变压器一般归属于风力发电机组，其职能是将电能汇集后送给升压变电站，也称为集电变压器或箱变），将 690V 电压提升至 10kV 或 35kV，汇集后送至风电场中心位置的升压变电站，经过其中的升压变压器变换为 110kV 或 220kV 后输送到电网。如果风电场装机容量是百万或千万千瓦级的规模，则要升压到 500kV 或更高后送入电力主干网。升压变电站中的升压变压器，其功能是将风电场的电能送给电力系统，因此也被称为主变压器。此外，为满足风电场和升压变电站自身用电需求，还设置有场用变压器或所用变压器。风电场变压器如图 6-3 所示。

a) 风电场集电变压器　　　　b) 风电场变电站主变压器

图 6-3　风电场变压器

一、变压器正常运行与检查

(一) 主变压器的运行与巡视检查

1. 主变压器的运行

风电场所使用的变压器类型基本为油浸式变压器,其基本构成如图6-4所示。

变压器投运时,全电压冲击合闸,由高压侧投入,且中性点直接接地。变压器应进行五次空载全电压冲击合闸,均无异常情况下方可投运。变压器第一次受电后持续时间不应少于10min,励磁电流不应引起保护装置的误动。变压器的投运和停运应使用断路器进行控制,严禁使用刀开关拉合变压器。

(1) 变压器投运前的检查 变压器投运之前应做如下检查,以确定变压器在完好状态,且具备带电运行条件。

1) 进行外观检查,确信变压器本体、冷却装置及所有附件均无缺陷,外观整洁、油漆完整。

2) 温度计指示正确,整定值符合要求。

3) 变压器的储油柜、冷却装置等油系统上的油管通道阀门均应打开,即油门在"开"位置。储油柜和充油套管的油位正常,隔膜式储油柜的集气盒内无气体。

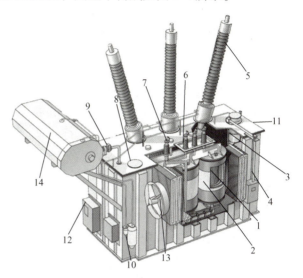

图6-4 油浸式变压器的基本构成(引自网络)

1—铁芯 2—绕组 3—调压分接头 4—调压机构箱
5—高压侧套管 6—低压侧套管 7—高压侧中性点
8—压力释放阀门 9—气体继电器 10—吸湿器
11—油箱 12—端子箱 13—散热风扇 14—储油柜

4) 高压套管清洁,无裂纹,引线无松动现象;其接地小套管应予接地,套管顶部将军帽结构密封良好,与外部引线的连接接触良好(并涂有导电膏)。

5) 变压器外壳有可靠接地,接地电阻合格。轮子固定装置牢固,各种螺钉紧固。

6) 有载开关气体继电器经检验合格[流速在1.4m/s×(1±10%)动作],其重瓦斯触点应投入跳闸,轻瓦斯触点接信号。检查气体继电器的脱扣功能,按动脱扣试验按钮,应能切断变压器的电源。气体继电器内无充气、卡涩现象。

7) 有载调压分接开关位置指示正确,手动、电动调压无卡涩现象,控制盘、操作机构箱和顶盖上三者分接位置的指示一致。

8) 吸湿器内的吸湿剂数量充足、无变色受潮现象,油封良好,能起到正常呼吸作用。

9) 压力释放阀试验符合规程要求;继电保护定值及压板位置符合要求。

(2) 变压器允许运行的方式 变压器经过空载试运行后,未发现有异常现象,变压器便可以正式投入运行。

1) 额定运行方式:变压器在额定使用条件下,全年可按额定容量运行。冷却介质最高温度为40℃,自然油循环变压器自冷却最高上层油温应为95℃,强迫油循环变压器自冷却最高上层油温应为75℃。自然油循环变压器上层油温不应长期在85℃运行,强迫油循环变压器上层油温不应长期在75℃运行。允许的电流值应遵守制造厂的规定或根据试验确定，有载调压变压器各分头的额定容量应遵守制造厂规定。

2）允许的过负荷运行方式：

① 变压器可以在正常过负荷和在事故过负荷的情况下运行。正常过负荷可以经常使用，其允许值根据变压器的负荷曲线、冷却介质温度以及过负荷前变压器所带负荷等来确定。事故过负荷只允许在事故情况下使用。

② 变压器存在较大缺陷（如严重漏油、局部过热、色谱分析异常等）时不准过负荷运行。

③ 全天满负荷运行的油浸式变压器不宜过负荷运行。

④ 自然油循环自冷却的变压器，其事故过负荷的允许值，应参照相关规定。

⑤ 变压器发生过负荷后，应每隔20min抄表一次，包括变压器各侧负荷电流、上层油温及环境温度，并将有关内容记入运行记录。

⑥ 变压器经过事故过负荷以后，应将事故过负荷的大小值和持续时间记入运行记录及变压器的技术档案内。

2. 主变压器的巡视检查

（1）主变压器的正常巡视检查项目

1）变压器的运行声音是否正常；储油柜、套管的油位、油色是否正常，有无渗漏油现象。

2）套管有无破损、裂纹及放电痕迹；套管各引线接头接触是否良好，有无发热现象。

3）气体继电器是否充满油，有无气体；吸湿器的硅胶有无变色情况。

4）变压器测量表计指示是否正确，二次回路是否良好，调压装置、驱潮电阻是否正常。

5）主变压器端子箱是否密封严密、清洁干燥。

（2）主变压器的特殊巡视 出现特殊天气和状况时，应对变压器进行特殊巡视，且增加巡视次数。

1）风电场出现特殊天气时，应增加对主变压器的检查次数。风天检查引线及有无搭挂杂物；雾天检查瓷套管有无放电现象；雪天根据积雪融化情况，检查接头是否有发热现象，并及时处理冰柱；雷雨后检查套管有无放电现象，检查避雷器及保护间隙的动作情况。

2）在气候激变时（冷、热）应对变压器的油面进行额外的检查。

3）气体继电器发出信号时，进行本体油位及外部检查。

4）过负荷及冷却装置故障时，应增加巡视次数。重点监视负荷、油温和油位的变化；检查引线接头接触是否良好，有无发热现象；检查冷却系统运行情况。

5）大短路故障后，重点检查有关设备接点有无异状。

（3）主变压器的维护

1）变压器运行的第一个月，每周取油样进行耐压击穿试验，若油的耐压值比出厂试验值下降15%～20%时，油应进行过滤。在滤油过程中，若滤纸表面滞留有黑色的炭化物，应进行器身检查，检查的要求与程序和验收器身检查一样。若油的耐压值低于35kV/2.2mm，变压器须立即停止运行，且找出故障点及时排除。

2）对运行中的变压器，取油样进行色谱分析。分析油中气体的成分及含量，由此来判断变压器有无故障及故障性质。

3）变压器油箱顶盖有铁心接地套管，可用接地套管进行器身绝缘监视，将接地套管的接地线打开进行测量，测量时应注意避免瞬间开路。

4）变压器下节油箱上装有玻璃板事故放油阀，此玻璃板平时作闸阀密封盖板。若发生事故须紧急放油时，立即砸碎玻璃板便可迅速将油箱内的变压器油放出。

（二）主变压器附件的运行维护

1. 压力释放装置运行维护及油样检测

1）运行中的压力释放阀动作后，应将释放阀的机械电气信号手动复位；若压力释放阀有渗漏油现象，应及时检修。

2）变压器采用油样阀，取油样时，拧开阀套，用注射器插入针芯嘴处，抽取油样。这种抽取方式能排除外界空气中的水分及其他气体成分的干扰，确保试验数据准确。

2. 气体继电器的运行维护

1）继电器应每年进行一次外观检查及信号回路的可靠性和跳闸回路的可靠性检查。

2）已运行的继电器应每年开盖一次，进行内部结构和动作可靠性检查。

3）已运行的继电器应每五年进行一次工频耐压试验。

3. 有载调压分接开关的运行维护

（1）有载调压装置的调压操作

1）有载开关的调压操作每切换一分接位置记为调节一次，一般应尽可能在调节次数不超过5次的条件下，把母线电压控制在合格水平。

2）正常运行时，调压操作通过电动机构进行。每按按钮一次，只许调节一个分接头。操作时应注意电压表和电流表指示，应核对位置指示器与动作计数器的变化，并做好记录。

3）有载开关每操作一档后，应间隔1min以上时间，才能进行下一档操作。

4）每次操作完毕，应进行外观检查和分接位置的复查。

有载调压装置在过负荷情况下禁止进行切换操作，且不宜运行在极限档位。当运行在极限位置上进行调压时，应特别注意调压方向。

（2）有载调压开关的巡视检查

1）有载调压开关的巡视检查应与变压器的巡视检查同时进行，检查项目包括：电压指示应在规定范围内；位置指示器应与分接开关位置一致；切换开关油管油位、油色及吸湿器均应正常；开关箱、气体继电器无渗漏油现象。

2）定期检查驱动控制箱密封情况，检查驱动控制箱内交流接触器、端子排的主要部件，驱动电动机变速盒内和扇形齿轮的润滑油应保持在油面线上，不得渗漏。

（3）有载调压开关操作异常情况的处理

1）不应联动的档位出现联动时，应按紧急脱扣按钮，断开操作电源后，立即用手柄手动摇至邻近档位分接位置，查明原因后进行专业处理。

2）当计数器、位置指示器动作正常，而电压不随升动与降动做相应变化时，应操作一档位，并注意切换开关的动作声响。若无声响，则为传动机构故障，此时应断开操作电源，停止切换操作，进行专业处理。

3）在电动操作过程中，出现操作失电压时，应操作到邻近档的正确分接位置。

4）若有载调压开关气体继电器动作跳闸，则应按变压器事故处理程序进行操作检查，及时检修，未查明原因严禁强送。

（4）有载调压分接开关的故障原因

1）辅助触头中的过渡电阻在切换过程中被击穿烧断。

2）分接开关密封不严，进水造成相间短路。

3）由于触头滚轮卡住，使分接开关停在过渡位置，造成匝间短路而烧坏。

4）分接开关油箱缺油。

5）调压过程中遇到穿越故障电流。

6）有载调压装置动作失灵的主要原因是操作电源电压消失或过低、电动机绕组断线烧毁、起动电动机失电压、联锁触点接触不良或转动机构脱扣及销子脱落。

（5）下列情况严禁调整变压器有载调压装置的分接开关

1）变压器过负荷运行。

2）有载调压装置轻瓦斯保护频繁出现信号。

3）有载调压装置的油标无油。

4）调压次数超过规定。

5）调压装置发生异常。

（三）箱变（箱式变压器）的正常运行与巡视

1）检查箱变内、外是否清洁，是否有损伤。

2）检查箱变运行时声音是否正常。

3）查看箱变压力释放阀指示数据、温度指示数据、表计、灯光等指示是否正常。

4）检查箱变接地线是否连接牢固。

二、变压器的维护检修

（一）油浸式变压器的维护检修

1. 维护检修周期

1）变压器在投入运行后的第五年和第十年大修一次；变压器根据运行状况或试验情况判断变压器内部有故障时应提前大修；当主变压器发生出口短路后，应考虑提前大修；主变压器如无异常运行，大修周期可适当延长。

2）主变压器每年至少进行一次小修，或根据风电场现场风沙等情况确定小修时间。

3）保护装置和测温装置的校验应根据有关检验规程进行；变压器冷却用风扇电动机的分解检修，每一至两年一次；吸湿器中的活性氧化铝或硅胶可根据吸湿情况进行更换。

4）从有载分接开关油室中取油样进行试验，若低于标准时应换油或过滤；当有载分接开关的切换次数达3000次时，应滤油或换油；新投入运行的有载分接开关在切换次数达到4000次，或虽未达到4000次但运行满一年后，应将切换部分吊出检查。以后可按实际情况确定检修周期；制造厂另有规定时，可按制造厂的有关规定进行检修。

2. 维护检修项目

（1）小修项目

1）检查并消除已发现的缺陷。

2）检查变压器的密封情况，处理渗漏油。检修油位计，调整油标，放出储油柜积污器中的污油。

3）变压器保护装置、有载调压开关、放油阀门、冷却器及储油柜的检修。

4）各种保护装置及操作控制箱的检修、试验。

5）检修调压装置、测量装置、控制箱，进行调试。

6）必要时断开变压器高低压侧引线接头并检查处理各接触面。

7）检查并拧紧套管引出线的线头，充油套管及本体补充变压器油。

8）检查器身的锈蚀情况，必要时补刷油漆。

9）绝缘预防性试验和绝缘油试验。

（2）大修项目

1）检查器身，包括铁心、绕组、绝缘、引线、支架、切换装置等。

2）检修箱盖、油箱、储油柜、防爆管（泄压器）、套管、冷却装置、控制箱、各部阀门和分接开关等。

3）检查处理铁心、穿心螺杆、接地线、吸湿器、净油器等。

4）清洗油箱内外及其附件，必要时对外表喷漆。

5）检查更换密封胶垫，消除各密封点渗、漏油现象。

6）处理绝缘油（滤油），必要时换油或干燥器身。

7）检验测温、控制仪表、信号和保护装置；进行规定的测量和试验。

3. 油浸式变压器检修前的准备工作

1）了解变压器在运行中所发现的缺陷和异常（事故）情况，出口短路的次数和情况。

2）查阅变压器上次大修的技术资料和技术档案。

3）了解变压器的运行状况（负荷、温度、有载分接开关的切换次数和其他附属装置的运行情况）。

4）查阅变压器的试验记录（包括变压器整体的电气性能试验，油的简化分析、色谱分析、微水分析、糠醛分析等）判断其绝缘情况。

5）查明变压器的渗漏部位（做出相应的标记）和外部缺陷。

6）进行大修前的本体和油质分析试验，确定检修时的附加项目（如干燥、换油等）。

4. 油浸式变压器的维护检修

（1）器身检修　器身检修主要是对吊钟罩、绕组、铁心、引线、油箱的检修。

1）吊钟罩（或吊器身）检修：将箱壳中油抽净，拆卸外壳螺栓，吊出钟罩（或拆下大盖）后吊出器身，将油箱底部残油放净，清扫箱底残油；当器身温度低于环境温度时，宜将变压器加热，一般较环境温度高10℃左右。器身检查前，应清洁场地，并应有防尘措施。

2）绕组检修：检查相间隔板和围屏（至少检查一相），检查有无破损、变色、变形、放电痕迹。如发现异常，应打开其他二相进行检查；检查绕组表面是否清洁，匝绝缘有无破损；检查绕组各部垫块有无位移和松动情况；检查绕组油道，有无被油垢或其他物质（如硅胶）堵塞情况，必要时可用软毛刷（或用白布或泡沫塑料）轻轻擦拭；用手指按压绕组表面，检查其绝缘状态。

3）铁心检修：检查铁心外表是否平整，有无片间短路或变色、放电烧伤痕迹，绝缘漆膜有无脱落；上铁轭的顶部和下铁轭的底部是否有积聚的油垢杂物，可用白布或洁净的泡沫塑料进行清扫擦拭；若叠片有翘起或不规整之处，可用木槌或铜锤敲打平整；检查铁心、上下夹件、绕组压板（包括压铁）的紧固度和绝缘情况。为便于监测运行中铁心的绝缘情况，可在大修时在变压器箱盖上加装一小套管，将铁心接地线（片）经小套管引外接地；检查穿心螺栓的紧固度和绝缘情况；检查铁心和夹件的油道；检查铁心接地片的接触及绝缘状况；检查铁心与定位钉（变压器运输用）的距离。

4）引线检修：检查引线及引线锥的绝缘包扎情况，有无变形、变脆、破损，引线有无断股，引线与引线接头处焊接情况是否良好，有无过热现象；检查绕组至分接开关的引线的长度、绝缘包扎的厚度、引线接头的焊接、引线对各部位的绝缘距离，引线的固定情况等；检查套管将军帽密封是否良好，套管与引线的连接是否紧固；检查木支架有无松动和裂纹、位移等情况，检查引线在木支架内的固定情况。

5）油箱检修：检查油箱内部清洁度；检查油箱及大盖等外部，特别是焊缝处是否有锈蚀、渗漏现象，如有应进行除锈喷漆（一次底漆，再喷本色漆）、补焊；检查套管的升高座，一般升高座的上部应设有放气塞。对于大电流套管，为防止产生电流发热，三相之间应采用隔磁措施；检查油箱（或钟罩）大盖的箱沿是否保持平整，接头焊缝须用砂轮打平。箱沿内侧应加焊防止胶垫移位的圆钢或方铁；检查铁心定位螺栓；检查隔磁及屏蔽装置；检查油箱的强度和密封性能。

(2) 冷却装置检修 冷却装置检修前应先拆除冷却器（散热器）。关闭上、下两端蝶阀，打开底部的排油塞（底部应放置一个洁净的油桶盛油）；逐渐打开上部排气塞，以控制排油速度，排油完毕，松开管接头螺钉并吊下冷却器。清扫冷却器表面，油垢严重时可用金属去污剂清洁，然后用清水冲净晾干；用盖板将管接头法兰密封，加压进行试漏。

(3) 套管检修 变压器套管有压油式套管和油纸电容型套管两种类型。

1）压油式套管检修：瓷套外观检查并清扫。套管分解时，应依次逐个松动法兰螺钉。拆卸套管前应先轻轻晃动，使法兰与密封胶圈间产生缝隙后再拆下套管，如法兰处粘合牢固，可用片锯割离后再分解套管。拆导杆和法兰螺钉前，应防止导杆摇晃损坏瓷套。拆下的螺钉应进行清洗。对螺扣有损坏的螺钉和螺母，可用板牙和丝锥进行修理。取出绝缘件（包括带复盖的导杆），擦除油垢。检查瓷套内部，并用干净抹布擦净。进行组装时，将套管垂直放置于套管架上，按与拆卸相反顺序进行组装。有条件时，应将拆下的瓷套和绝缘件送入干燥室进行轻度干燥后再组装。

2）油纸电容型套管检修：变压器大修过程中，油纸电容型套管一般不做分解检修。只有在套管介损不合格，需进行干燥或套管本身存在严重缺陷，只有分解才能消缺的情况下才进行分解检修。但对于局放测量超标的套管，不宜分解进行干燥。

(4) 套管型电流互感器检修 检查引出线标志是否齐全；更换引出线接线柱的密封胶垫；必要时进行变比和饱和特性试验；测量绕组的绝缘电阻。

(5) MR 型有载分接开关检修 按规定时间间隔对切换开关进行检查与维修。检修时，切换开关本体暴露在空气中的时间不得超过 10h，相对湿度不大于 65%，否则应按说明书规定，做干燥处理。

检修开关时，要取油样进行化验，发现油不合格时应更换。换油时先把切换开关油箱内的污油抽尽，用干净的油注入。冲洗切换开关及绝缘筒等，并再次抽尽冲洗用油，然后注满干净新油。

选择开关部分的检修仅在变压器大修吊心时，顺便进行检查，一般无需进行单独检修。

模块六　风电场变电站电气设备运行与维护

（6）储油柜检修　变压器的储油柜主要有普通式和隔膜式两种类型。

1）普通式储油柜：打开储油柜的侧盖，检查气体继电器联管伸入储油柜是否高出底面 20mm；清扫内外表面锈蚀及油垢并重新刷漆，内壁刷绝缘漆，外壁刷油漆，要求漆面平整有光泽；清扫积污器、油位计、油塞等零部件，储油柜间应互相连通；更换各部密封垫圈，保证密封良好无渗漏，应耐压 0.05MPa，72h 无渗漏；重划油位计温度标示线，油位标示线指示清晰。

2）隔膜式储油柜：分解检修前可先充油进行密封试验，隔膜应保持良好的密封性能，耐压 0.02~0.03MPa，72h 无渗漏。

（7）吸湿器检修　将吸湿器从变压器外壳上卸下，倒出内部吸湿剂，检查玻璃罩是否完好，并进行清扫；把干燥的吸湿剂装入吸湿器内，为便于监视吸湿剂的工作性能，一般可采用变色硅胶作吸湿剂；已变色失效的吸湿剂可置入烘箱内再次干燥，还原成蓝色，以重新使用；更换胶垫；空气过滤罩内注入变压器油，将罩拧紧密封。检修时为防止吸湿器摇晃，可用卡具将吸湿器固定在变压器外壳上。

（8）气体继电器检修　气体继电器是变压器正常运行的主要保护之一，应注意检修和维护。气体继电器的检修项目及质量标准见表 6-1。

表 6-1　气体继电器的检修项目及质量标准

检 修 项 目	质 量 标 准
1. 将气体继电器拆下进行外部检查，检查容器、玻璃窗、放气阀门、放油塞、接线端子盒、小套管等是否完整，接线端子及盖板箭头标志是否清楚，各接合处是否渗漏油。气体继电器密封检查合格后，用合格变压器油冲洗干净 2. 气体继电器动作可靠、绝缘、流速检验合格 3. 检查连接气体继电器二次线，并做操作试验	1. 继电器内充满变压器油，在常温下加压 0.15MPa 持续 30min 无渗漏 2. 对流速要求： 1000kVA 及以下变压器 0.7~0.8m/s 自冷式变压器 1.0~1.2m/s 200MVA 以上变压器 1m/s×（1±20%） T、F、G 型变压器 3m/s×（1±20%）（大型变压器取上限） 3. 二次线应做耐油处理，并防止漏水和受潮；气体继电器的轻、重瓦斯动作正确

（9）蝶阀、油门及塞子的检修

1）检查蝶阀的转轴、挡板等部件是否完整、灵活和严密，更换密封垫圈，必要时更换零件。

2）油门（事故排油门、放油门等）应拆下分解检修，研磨并更换密封填料，缺损的零件应配齐，对有缺陷（如油门本体有砂眼）又无法修理的应更换新品。

3）对变压器本体和附件各部的放油（气）塞、油样活门等进行全面检查，并更换密封胶圈；检修螺扣是否完好，有损坏又无法修理的应更换。

（10）测温装置检验　变压器的测温装置有压力式（信号）温度计、电阻温度计和棒式玻璃温度计。其中，电阻温度计也称为电桥温度计，在大修中由计量室对其进行校验，校验中直接检修温度计、埋入元器件及二次回路。棒式温度计装设在油箱上层，作为对前两种温度计的指示校对标准。为此，对棒式温度计要定期进行校验，以保证指示数据的正确性。

温度计校验标准：棒式温度计全刻度±2℃；电阻温度计全刻度±1℃；压力温度计全刻度±1.5℃（1.5 级）或全刻度±2.5℃（2.5 级）。

5. 油浸式变压器大修后的试运行

变压器大修后试运行时应做如下检查：

1）检查变压器的声响及温升情况。
2）检查变压器冷却系统的运行情况。
3）观察负荷电流情况。
4）测量外部接头温度。

（二）干式变压器维护检修

1. 检修周期

干式变压器的定期检修随机组大修进行；在干燥清洁的场所，每12个月进行一次检查性小修；若是潮湿环境或空气中灰尘、化学烟雾污染较大，应每三至六个月进行一次检查性小修；变压器在运行中或检查调试时，发现或发生异常情况，可及时进行检修。

2. 检修项目

（1）检查性小修项目　变压器本体的检查清扫；检查高、低压侧引线端子及分接头等处的紧固件和连接件的螺栓紧固情况；检查辅助器件能否正常运行；检查变压器的外壳及铁心的接地情况；绝缘电阻的测试。

（2）大修项目　柜体的检修；本体的检修；变压器附件的检修；电气试验；复装。

3. 维护检修工序及标准

（1）维护检修前准备　根据设备的具体问题准备相应的备品、配件；检修场地做好防止污染、破坏地面的措施；检查变压器大修的安全措施是否可靠、齐全；备好常用检修工具、绝缘电阻表（规格2500V）、电动手提风机；准备干净的抹布、煤油、毛刷、砂纸、电力复合脂、无水乙醇等材料；做好柜体及变压器各接头的检查处理。

（2）变压器的清扫　检查变压器的清洁度，如发现有过多的灰尘聚积，应清除以保证空气流通和防止绝缘击穿，特别要注意清洁变压器的绝缘子、绕组装配的顶部和底部；使用手提风机或干燥的压缩空气或氮气吹净通风道等不易接近空间的灰尘及异物，使用无水乙醇清除沉积油灰。

（3）变压器的全面检查

1）检查铁心及其夹件表面有无过热、变形，螺钉有无松脱现象；检查心体各穿心螺杆的绝缘是否良好。用1000V绝缘电阻表对螺栓进行测定，绝缘电阻一般不低于100MΩ。

2）检查高、低压侧引线端子及分接头等处的紧固件和连接件的螺栓紧固情况，有无生锈、腐蚀痕迹。

3）检查绝缘体表面有无爬电痕迹或炭化、破损、龟裂、过热、变色等现象，必要时采取相应的措施进行处理。

4）变压器铁心接地情况检查；端子排及接线情况检查。

5）温控器及测温元器件的检查、校验。

4. 试验

（1）绕组直流电阻的测试　从高、低压侧母线的开口端测量高、低压侧的线电阻，每侧三相电阻的不平衡率不应超过2%，如超过此值应检查母线连接是否可靠。

（2）绝缘电阻的测试　使用绝缘电阻表检查高、低压侧对地的绝缘电阻，阻值应符合相应的标准要求。如果测量值低于标准值，检查变压器是否受潮。如变压器受潮，需进行干燥。干燥后,再重新测量。

在比较潮湿的环境下,变压器的绝缘电阻会有所下降。一般情况下,每 1kV 的额定电压,其绝缘电阻不小于 2MΩ(1min25℃ 时的读数)。如果变压器遭受异常潮湿发生凝露现象,则不论绝缘电阻如何,在其进行耐压试验或投入运行前,都应进行干燥处理。

三、变压器异常运行及事故处理

(一)主变压器的异常运行与事故处理

1. 防止主变压器损坏的紧急措施

当运行中的主变压器发生下列情况之一时,应立即拉开主变压器各侧开关,然后再做其他相关处理。

1)主变压器喷油、着火而保护未动作时。

2)主变压器低压母线侧发生明显故障,而相应母线保护及主变压器低压侧开关均未动作跳闸时。

3)主变压器套管严重炸裂、放电时。

4)主变压器同时发生下列情况而保护未动作时:主变压器声音很不正常,非常不均匀,有爆裂声;主变压器高压侧电流超过过电流保护定值;主变压器温度异常升高,并且不断上升,超过上限值 95℃;引线接头有明显发热、发红现象。

2. 主变压器的异常运行及处理

(1)运行监视　变压器在运行中出现下列不正常现象,未采取有效措施之前应加强对主变压器的运行监视。

1)变压器温度异常并不断上升;变压器过负荷超过标准。

2)变压器内部有很不均匀的响声;轻瓦斯发出动作信号;变压器套管有裂纹及放电现象。

3)外壳和套管有漏油现象;渗漏油严重致使储油柜油位低于油位计上的最低限度。

4)油色显著变化,油内出现炭质变色。

(2)运行中异常现象的处理　变压器运行中发现有不正常现象,如漏油、油位变化过高或过低、温度异常、音响不正常及冷却系统不正常等,应设法尽快消除。变压器发生过负荷时,应检查负荷电流超过额定电流程度;检查变压器上层油温;检查冷却装置是否正常。如果异常,应及时采取压负荷或转移负荷等措施。

(3)变压器油温升高超过许可限度　应检查变压器负荷和冷却介质温度,并与在同一负荷和冷却条件下应有的油温核对;检查变压器机械冷却装置,若温度升高的原因是由于冷却系统的故障,应将变压器停运处理;检查证实冷却装置、温度计为正常,而变压器的保护装置未反映,则判明为变压器发生内部故障,如铁心严重短路或绕组匝间短路等,应立即将变压器停运。

(4)油位显著降低　当发现变压器的油位较当时油温所应有的油位显著降低时,应立即加油。加油时应遵守相关规定。如因大量漏油而使油位迅速下降时,禁止将瓦斯保护改为信号,而应迅速采取停止漏油的措施,并立即加油。对采用隔膜式储油柜的变压器,应检查胶囊的呼吸是否畅通,以及储油柜的气体是否排尽等问题,以避免产生假油位。

(5)油位升高　变压器的油位因温度升高而迅速升高时,若在最高油温时的油位可能高出指示计最高限度，则应放油，使油位降到适当的高度，以免溢油。

（6）轻瓦斯动作发信　发信原因可能有：滤油加油引起；温度下降或漏油使油位缓慢下降；变压器的油温异常升高；变压器所带线路近距离短路故障；气体继电器内有气体，如有气体则应用专门工具进行收集分析。如经前述检查未发现异状，则对气体继电器二次回路进行检查。

3. 变压器事故处理

（1）变压器断路器跳闸　迅速查明保护动作情况，检查变压器本体及外观有无明显故障。变压器的重瓦斯保护和差动保护之一动作跳闸，在未查明原因、消除故障之前，不得强送电。变压器后备保护动作及其他情况跳闸，在确定变压器本体无异常时，可试送一次。

（2）变压器着火　拉开变压器各侧开关、刀开关，断开直流电源、冷却器电源，用干粉灭火器进行灭火，在不得已时，可用干沙子灭火。严禁用水灭火。若变压器顶盖着火，应打开下部阀门放油至适当位置；若变压器内部故障着火则不能放油，以防变压器爆炸。

（3）主变压器差动保护动作跳闸　对现场相关的设备进行详细的外观检查，重点检查变压器附近有无油的气味、油色、油位有无突变，油箱有无膨胀变形，套管有无破损、裂纹及放电痕迹，气体继电器内有无气体；检查差动保护范围内的电流互感器、开关、连接导线有无故障；检查主变压器端子箱、保护屏等二次回路有无故障等。

经检查试验确认变压器整体及相关一次设备和差动保护二次回路无异常，或变压器整体及相关一次设备和差动保护二次回路无异常后，变压器则可以重新投入运行；当确认变压器整体及相关一次设备无异常而系差动保护及其二次回路故障，变压器需重新投入运行时，应退出差动保护，重瓦斯保护应投入在跳闸位置。

（4）重瓦斯保护动作跳闸　检查主变压器整体有无喷油、漏油现象，压力释放阀有无动作，储油柜有无破裂，油位、油色有无变化，气体继电器内有无气体，主变压器端子箱、保护屏等二次回路有无故障等。

重瓦斯保护动作跳闸后，在未查明原因和排除故障前不得强送电。若查明确为误动，且主变压器本体及相关设备检查试验正常，可以对主变压器进行试送，此时重瓦斯保护、差动保护均须可靠投入。

（5）主变压器后备保护动作跳闸　重点检查主变压器本体有无异常，套管有无破损及放电痕迹，气体继电器内有无气体，油位、油色有无突变，开关、刀开关、避雷器、互感器等有无故障，主变压器端子箱、保护屏有无异常，主变压器高、低压侧所有出线附近区有无短路故障，检查有无出线开关保护动作而开关拒跳情况等。

若对现场设备主变压器一、二次进行外观检查未发现明显故障或可疑现象，可以对主变压器进行试送电；若经检查确定为外部故障，应进行故障检修处理；故障未排除前，不得对主变压器进行试送电。

（二）箱变的异常运行及事故处理

1) 箱变压力显示过高时，拉泄压阀泄压。

2) 箱变低压侧开关跳闸，核对各保护时限是否正确，检查风力发电机组是否有故障，排除后合闸送电。

3) 低压侧负荷开关跳闸，检查负荷线路是否短路、断路、过负荷、漏电，排除后可试送电，直到正常运行。

模块六　风电场变电站电气设备运行与维护

4）高压侧熔断器熔断，可能是箱变内部故障，断开高压侧负荷开关，测量箱变绝缘，如绝缘正常，则更换熔断器后试送；如绝缘不合格，则检修处理。

四、变电站用电系统的运行与维护

1. 变电站用电系统的运行

风电场变电站用电系统变压器通常采用油浸式变压器或干式变压器。站用电由35kV站用变压器及10kV备用变压器供电。站用变压器接入站35kV母线，备用变压器接入当地供电所10kV线路。低压侧380kV采用单母线分段运行。

正常运行站用变压器供站用380V母线，10kV备用变压器作为站内380V母线的备用电源。正常运行时，380V备用开关处于热备用，具有备用电源保障功能；当站用变压器低压侧开关故障跳闸时，退出站用变压器低压侧开关，合上备用变压器低压侧开关，保证380V母线的正常供电。

2. 变电站用电系统的巡视检查

1）站用变压器运行声音是否正常，有无异常响声。
2）套管是否清洁，有无破损、放电痕迹；电缆及电缆头是否有异常。
3）站用屏是否清洁，有无杂物，有无异常响声，是否有发热现象。
4）输出电压是否正常，三相负荷是否平衡。
5）低压配电箱、动力箱的防小动物措施是否严密可靠。
6）备用电源自投装置是否正常；备用变压器运行声音及电压指示是否正常，器身是否干净，接线是否松动等。

3. 变电站用电系统的异常及事故处理

1）控制室、高压室、设备场地，均应有足够的正常照明，控制室和高压室应有事故照明。当正常运行的站用变压器全部失电压时，应能自动切换至备用电源上，保证在正常操作和事故处理时有足够的照明。事故照明每两周进行定期切换试验，并做好相关记录。
2）站用电全站失电压时，应立即判明失电压原因。若因电网故障失电压，而站用电开关未跳闸，待电网电压恢复后，站用电立即恢复；当本站设备故障而造成站用电全站失电压时，应首先尽快排除故障点，恢复站用电。
3）变电站全站失电压时，应首先恢复站用电，站用电的恢复可不必等待调度命令。
4）当分段开关、站用变压器低压开关断开后，要取下相应控制熔断器，以免烧毁继电器。
5）站用变压器与备用变压器严禁并列运行。
6）备用变压器的异常运行及处理：

① 备用变压器高压侧失电：联系当地电网确认电网是否停电，如电网正常，检查备用引入线是否正常，尽快恢复供电。
② 备用变压器高压侧熔断器熔断：将三相都拉开，测量备用变压器绝缘。如果绝缘正常，则更换熔断器后可以试送电；如果绝缘不合格，则进行检修处理。
③ 备用变压器运行声音异常：拉开备用变压器高压侧开关，检查备用变压器是否潮湿、进水、或内部短路等。需要干燥处理时，应进行适宜方式的干燥处理。

实践训练

想一想：在风电场中，主变压器、箱变压器、站用变压器一次侧及二次侧出口电压一般情况下各是多少？若主变压器重瓦斯保护动作跳闸，应如何处理？

项目二　开关设备运行与维护

开关设备主要用于风电场电力系统的控制和保护，既可以根据电网运行需要将一部分电力设备或线路投入或退出运行，也可在电力设备或线路发生故障时将故障部分从电网快速切除，从而保证电网中无故障部分的正常运行及设备、运行维修人员的安全。因此，开关设备是非常重要的输配电设备，其安全、可靠运行对电力系统的安全、有效运行具有十分重要的意义。

常用的开关电器有断路器、隔离开关、接触器、熔断器等，它们的功能各不相同。断路器是最为重要的开关电器，当电力系统某一部分发生故障时，它和保护装置、自动装置相配合，将该故障部分从系统中迅速切除，减少停电范围，防止事故扩大，保护系统中各类电气设备不受损坏，保证系统无故障部分安全运行。高压断路器可以熄灭分合电路时所产生的电弧，能开断1.5kV、电流为1.5~2kA 的电弧，这些电弧可拉长至2m仍然继续燃烧不熄灭。当断路器断开电路后，隔离开关可以在电气设备之间形成明显的电压断开点，以保证安全。熔断器是最早出现的电路保护装置，其作用是在电路发生故障或异常时，熔断器会在电流异常升高到一定高度时，自身熔断切断电流，从而起到保护电路安全运行的作用。接触器则实现电路正常工作时电路的分合，但它只能分合正常电流，无法断开故障电流，为此常和熔断器组合使用，起到断路器的效果。

一、高压断路器

（一）高压断路器概述

1. 高压断路器的功能

高压断路器是一种高压电器，其功能是在电力系统故障或正常运行情况下，切、合各种电流。高压断路器（或称高压开关）是风电场主要的电力控制设备，具有灭弧特性。当系统正常运行时，它能切断和接通线路以及各种电气设备的空载和负荷电流；当系统发生故障时，它和继电保护配合，能迅速切断故障电流，以防止扩大事故范围。因此，高压断路器工作的好坏，直接影响到电力系统的安全运行。风电场高压断路器如图6-5所示。

a) SF$_6$高压断路器　　b) SF$_6$高压组合电器　　c) 35kV真空断路器　　d) 220kV SF$_6$断路器

图6-5　风电场高压断路器

2. 断路器的结构

断路器由导电回路、可分触头、灭弧装置、绝缘部件、底座、传动机构、操动机构等组成。导电回路用来承载电流；可分触头是使电路接通或分断的执行元件；灭弧装置则用来迅速、可靠地熄灭电弧，使电路最终断开。与其他开关相比，断路器的灭弧装置的灭弧能力最强，结构也比较复杂。触头的分合运动是靠操动机构做功并经传动机构传递力来带动的。断路器的操作方式可分为手动、电动、气动和液压等。有些断路器（如油断路器、SF_6 断路器等）的操动机构并不包括在断路器的本体内，而是作为一种独立的产品提供断路器选配使用。

3. 断路器的类型

断路器种类很多，其适用条件和场所、灭弧原理各不相同，结构上也有较大差异。因此，断路器分类有多种方式，按适用电器分为交流断路器和直流断路器；按适用电压分为低压断路器和高压断路器，其中，低压断路器的交流额定电压不大于 1.2kV 或直流额定电压不大于 1.5kV，高压断路器的额定电压在 3kV 及以上；断路器按灭弧介质分为油断路器、压缩空气断路器、六氟化硫（SF_6）断路器、真空断路器等。

4. 断路器的性能参数

断路器的性能参数主要有额定电压、额定电流、开断电流、额定短路接通电流及分断时间等。

额定电压：断路器铭牌上的标称电压，三相系统为相电压，指断路器长期安全运行的电压。

额定电流：断路器的额定电流是开关在规定使用条件和性能条件下能持续通过的电流有效值。长期通过此电流时无损伤，且各部分发热不导致超过长期工作时的最大允许温升。

开断电流：是指在给定电压下，高压断路器能断开而不致妨碍其继续正常工作的电流。开断电流有额定开断电流和极限开断电流的分别，其单位是千安。

额定短路接通电流：在额定电压、规定使用条件和性能条件下，断路器能保证正常接通的最大短路接通电流（峰值）。

分断时间：从断路器接到断开指令瞬间起至燃弧时间结束时止的时间间隔。

（二）断路器的正常检查与操作（以 SF_6 断路器为例）

1. 新安装及大修后的断路器投入运行前的检查

新安装及大修后的断路器，投入运行前应按检修规程验收合格。

1) 断路器及操动机构固定牢靠，外部各表面应涂漆，而且清洁无锈蚀、无破损、无裂纹。相序涂漆正确醒目，各部位螺钉紧固，断路器内外无遗留物。

2) 操动机构密封良好，箱内清洁，无渗漏油及漏气现象，各微动开关及辅助开关位置正确，液压机构压力正常，SF_6 气压正常，弹簧操动机构储能正常。

3) 开关无渗漏油或漏气现象，油标指示正确；SF_6 气体系统各阀门位置正确。

4) 导线引线紧固，无松股、断股现象，接地引线可靠接地。

5) 手动跳、合闸时，操动机构及连杆工作正常，三相联动情况良好，切换无卡涩现象；分合闸位置与指示位置一致，红绿灯指示正常。

6) 各回路熔断器完好，应投入的各种电源已按要求投入，储能电源正常。

7) 二次接线整齐，绝缘良好。

8）检修规程要求的各项试验项目都已完成，试验结果合格，试验资料齐全。

2. 断路器的操作要求及合闸送电后的检查

1）断路器操作前应检查控制电路、控制电源及液压回路是否均正常，保护是否已投入；操作中应同时监视有关电压、电流、功率表等表计的指示；操作后应检查断路器的实际位置及指示灯情况，注意表计的变化和断路器动作声响是否正常，同时还应对间隔做一次全面检查。

2）断路器合闸送电后应检查开关位置指示灯是否正常；开关本体合闸指示器的指示是否正确；液压机构压力是否正常，SF_6气压是否正常。此外还应随时关注其所带负荷情况。

3. 断路器正常运行时的巡视检查

1）检查断路器各部分应无松动、损坏，断路器各部件与管道连接处应无漏气异味。

2）检查弹簧储能电动机储能正常，行程开关触头应无卡住和变形。

3）套管引线、接头无发热变色现象；套管、瓷绝缘子等清洁完整，无裂纹破损和不正常的放电现象。

4）机械闭锁应与开关的位置相符合。

5）开关的分合闸机械指示、电气指示与开关实际位置相符合。

6）液压机构工作压力应正常，各部位应无渗漏油现象，压力偏低时应检查是否漏气。

7）检查SF_6断路器六氟化硫气体压力是否正常。

8）检查分、合闸线圈，接触器、电动机应无焦臭味，如闻到上述味道，则应进行全面详细检查，消除隐患。

9）检查油泵是否正常。

10）电磁操动机构的巡视检查项目包括：机构箱门平整，开启灵活、关闭紧密；检查分、合闸线圈及合闸接触器线圈完好无异常；直流电源回路接线端子无松脱、无铜锈或腐蚀；机构箱内整洁无异味。

4. 断路器的特殊巡视

1）新设备投运的巡视检查，巡视周期为2h一次，投运72h以后转为正常巡视。

2）气温突变，增加巡视。

3）雷雨季节、雷击后应进行检查，检查套管有无闪络、放电痕迹。

4）高温季节、高峰负荷期间，应加强巡视。

5）短路故障后，检查设备接头有无发热，引下线有无断股、松股，开关有无喷油、冒烟，瓷绝缘子有无损坏等现象。

6）大风时检查引线接头有无松动，开关、引线上有无搭挂杂物；雨雾天气检查有无不正常的放电和冒气、接头发热现象；下雪天气检查接头处有无融雪情况。

5. SF_6断路器操动机构运行中的注意事项

1）经常对SF_6断路器和弹簧操动机构进行外部检查，注意是否有异常响声。

2）运行中注意监视压力表压力值，压力过高或过低应有信号发出。

3）失电压闭锁后严禁手动对液压油泵打压。

4）注意渗漏油情况，若运行中24h内油泵起动一次则认为正常，2次以上应予检修。

5）加热器在5℃时投入，在15℃时退出。

模块六　风电场变电站电气设备运行与维护

6. 运行中断路器异常情况的操作规定

1）严禁用手力杠杆或千斤顶的办法带电进行合闸操作。

2）无自由脱扣的机构严禁就地操作。

3）液压（气压）操动机构，如压力异常导致断路器分、合闸闭锁时，不准擅自解除闭锁进行操作。

4）SF_6断路器在未充气体至额定气压以前，严禁进行快分、合试验。

7. 断路器故障状态下及故障跳闸后的操作规定

1）220kV 分相操作的断路器操作时，发生非全相合闸，应立即将已合上相拉开，重新操作合闸一次，如仍不正常，则应拉开全部合上相并切断该断路器的控制电源并查明原因。

2）如断路器跳闸，应对断路器进行巡视检查：断路器的现场分、合实际位置；液压机构压力是否正常；SF_6气压是否正常；弹簧储能机构储能是否正常；缓冲器是否漏油；传动机构是否变形、移位；套管及支持瓷绝缘子是否损坏；引线及接头是否断股、发热等。

（三）断路器的维护检修

1. 每 1~2 年检查维护项目

（1）外观检查　检查并清扫瓷套管、外壳和接线端子，紧固松动螺栓；检查 SF_6 气体压力。

（2）液压机构检查维护项目

1）检查液压机构模块对接处有无渗漏油，元器件有无损坏，根据不同情况分别进行擦拭、拧紧、更换密封圈或修理。

2）检查并紧固压力表及各密封部位。

3）检查操动机构，在传动及摩擦部位加润滑油，紧固螺栓。

4）油箱油位应符合规定，如果油量低于运行时的最低油位，应补充液压油。

5）检查储压器预压力。

6）检查清理辅助开关触点。

7）检查紧固电气控制电路的端子。

8）检查油泵起动、停止油压值，分、合闸闭锁油压值，安全阀开启、关闭油压值。

（3）电气试验　检查电气控制部分动作是否正常；检查油泵起动、停止油压值，分、合闭锁油压值，安全阀开启、关闭油压值；检查分、合闸操作油压降；测量主电路电阻。电气试验项目和标准按《电力设备交接和预防性试验规程》的相关内容执行。

2. 每 5 年检查维护项目

1）电气试验参照上小节项目，并按《电力设备交接和预防性试验规程》要求进行。

2）检查指针式密度控制器的动作值，取下指针式密度控制器罩，把密度控制器从多通体上取下（多通体上带自封接头），进行充、放气来检查其第一报警值及第二报警值。如指针式密度控制器有问题，应更换新品。

3）将液压油全部放出，拆下油箱进行清理。

液压系统处于零表压时，历时 24h 应无渗漏现象；油压为 26MPa 时，液压系统分别处于分闸和合闸位置 12h，压力下降不应大于 1.0MPa。测此压力降时应考虑温度的影响。由于存在温度变化、渗漏和安全阀泄压的可能，系统工作时每天补压 3~5 次是正常的。

4）在额定 SF_6 气体压力、额定油压、额定操作电压下进行20次单分、单合操作和2次0.3s 合、分操作，每次操作之间要有 1~1.5min 的时间间隔。

5）测量断路器动作时间、同期性及分、合闸速度，结果应符合技术参数的要求。

6）对弧触头的烧损程度进行测量：用300mm长的钢板尺在机构内连接座中断路器的分闸位置上的一个测量基准点，使断路器慢合至刚合点（利用万用表的欧姆档接至灭弧室进出线端，刚合时，万用表的表针动作），量出基准点与刚合点位置处测量点之间的距离，计算出超程，判断弧触头的烧损程度。弧触头允许烧去10mm，即超程不小于30mm。如果弧触头烧损严重，应对灭弧室进行大修。

3. 检修前的准备工作

1）断路器退出运行，处于分闸位置，拉开交、直流电源，将液压机构油压释放到零。

2）检修人员应了解 SF_6 气体的特性和使用要求，熟悉断路器的结构、动作原理及操作方法，具有一定的电工安全知识和机械维修经验。

3）检查断路器外观（包括压力表、瓷套管、接线端子等）；检查各部位密封情况；进行手动分、合闸操作，检查各传动部件的动作是否正常；检查操动机构及辅助开关动作情况；并做好排放 SF_6 气体的准备工作。

4）根据存在的问题，检查相关部位，测定必要数据。

5）具备清洁、干燥的检修装配场所和检修所必需的专用工具、仪器、专业设备及材料。

4. 检修时的安全措施

1）维护检修人员应按规定做好防护措施，拆卸零部件时应穿工作服、戴口罩，每次工作结束都应及时清洗双手及所有外露部位。

2）排放 SF_6 气体时，操作人员应在上风口。

3）使用过的 SF_6 气体含有害物质，应进行处理。如不能进行分析测定，可用管道连接，将气体排放到处于较低位置的 20% NaOH 溶液或石灰水中。

（四）断路器的异常运行及处理

1. SF_6 断路器气体密度降低

断路器本体内的 SF_6 密度降低时，密度控制器的报警触点动作，发出报警信号，此时应对断路器补充 SF_6 气体。若 SF_6 气体密度继续降至闭锁压力时，切断分、合闸控制电路，使断路器不能进行分、合闸操作，插入防止分、合闸防动销，并切断电源。

2. SF_6 断路器储压电动机损坏

1）检查控制电源是否完好，机构箱中的断路器是否跳开。

2）在机构箱中手动起动电动机接触器，看能否起动电动机。

3）如果是电动机损坏不能储能，应立即手动操作储能：拉开电动机控制电源，取下手力打压杆，用装在打压杆尾部的销轴通过伞形齿轮的中心孔把手力打压杆固定在油泵旁边的支座上，让打压杆前部的伞形齿轮与电动机轴上的齿圈啮合，快速上下摇动打压杆，带动油泵转动，即可打压。

3. 断路器在运行中发现下列情况应立即停止运行

1）套管支柱瓷绝缘子严重损坏或连续放电、闪络。

2）套管内有放电声、冒烟、冒气或明显的过热现象。

3）开关本体严重漏气或操动机构严重漏油缺油。

4）接线端子严重发红或烧断。

5）开关切断故障电流次数不超过 20 次。

4. 运行中断路器液压机构油压降至零

断路器在运行中，如出现液压机构油压降至零的现象时，控制系统会发出"压力异常"、"禁止合闸"、"禁止分闸、"压力置零"、"控制电路断线"等一系列信号，指示灯熄灭。

出现此故障时，应首先取下开关控制熔断器，并用禁止分合闸的专用工具将断路器闭锁在合闸位置，使其不能进行分闸；检查开关机构油箱是否有油及机构内是否有严重漏油现象，管道及油泵是否完好。小四通、高压积油阀是否密封严密。

如检查无油或严重漏油及管道有损坏时，不应起动油泵人为打压。在处理液压机构故障时，应先用压力释放阀泄压。失压闭锁后，做好安全措施，严禁人为打压。

5. 当油泵起动后，出现"压力异常高"信号

出现这种情况时，应断开油泵电源使油泵停止运转，并检查液压机构运行情况，拉开该开关液压机构的油泵电源，然后恢复直流屏上的合闸电源，检修处理。检修前严禁将运行的开关泄压。

6. 断路器拒绝合闸（检查储能正常）

1）检查控制电源电压、SF_6 气压是否符合要求，若不符合应予调整。

2）检查控制熔断器、合闸熔断器有无接触不良或熔断。

3）拉开开关两侧刀开关，再次试合开关，检查接触器是否动作。如未动作，则是由控制电路引起，应检查开关辅助触点、防跳跃继电器触点，以及合闸接触器线圈是否完好。

4）若接触器已动作，开关未合上，则应检查合闸线圈是否烧坏。

5）若合闸线圈已动作，则可能是操动机构问题。

6）若开关合不上闸，应立即断开该开关的合闸电源，防止合闸线圈烧坏。

7. 事故状态下断路器拒绝跳闸

若需紧急遮断，而继电保护未动作或操作失灵，又有可能引起主设备损坏时，则应立即拉开上一级开关。然后将拒动开关退出后，再恢复上一级电源供电，并查明原因处理。

8. 油泵起动频繁

1）检查机构是否漏油、渗油。

2）检查高压放油阀是否关紧（压力释放阀是否关紧）。

9. 打压时间过长

1）如打压时间超过 4min 仍不停泵，则应立即将电动机控制电路或油泵电源切断。

2）检查油泵起动回路、接触器触点是否粘连。

3）检查压力是否因油泵起动而升高，否则应检查储压筒是否漏气。

4）检查微动开关位置。

（五）断路器小车

1. 正常运行与巡视

1）断路器本体、机构的分合闸指示与远方开关位置的状态一致，并与实际工况相符。

2）断路器电流不超过额定值。
3）断路器外部无裂纹和放电痕迹，内部无放电声。
4）断路器机构箱门平整、关闭严密，机构箱内无异味。
5）弹簧机构储能正常。
6）断路器构架无锈蚀，断路器本体及四周无杂物，柜门锁好。

2. 投运前的检查
1）拆除临时接地线和临时安全措施。
2）断路器本体及周围清洁，无杂物。
3）35kV 断路器检修后工作票全部终结。
4）手车柜在推入柜内之前开关在断开位置。
5）保护装置投入正确。
6）附件安装齐全，接线完整。

3. 送电操作
1）开关在分闸位置；小车在试验位置，接地刀开关在分闸位置。
2）送上直流控制及插上小车开关的二次插头，将小车摇到工作位置。
3）打开储能电源，开关储能良好。
4）将远程/就地选择开关打至要求位置。
5）综合保护测控装置正常，开关位置指示器显示正确。

4. 停电操作
1）开关确已断开。
2）将小车摇至试验位置，断开储能电源，拔下小车的二次插头。
3）将小车拖至仓外，断开直流控制。

5. 异常运行及事故处理
断路器在运行中发现下列情况应立即停止运行：
1）套管支柱瓷绝缘子严重损坏或连续放电、闪络。
2）套管内有放电声或冒烟、冒气或明显过热现象。
3）接线端子严重发红或烧断。
4）真空断路器出现真空损坏的嘶嘶声。
5）开关切断故障电流次数超过规定。

二、高压（220kV）隔离开关

高压隔离开关是户外三相交流 50Hz 高压输变电设备，主要用来将高压配电装置中需要停电的部分与带电部分可靠地隔离，如对被检修的高压母线、断路器等电气设备与带电高压线路进行电气隔离，以保证检修工作的安全。隔离开关还可以用来进行某些电路的切换操作，以改变系统的运行方式。例如：风电场输电线路在无载流情况下进行切换；在双母线电路中，可以用隔离开关将运行中的电路从一条母线切换到另一条母线上；当电气设备需要检修的时候，由断路器断开电路，再拉开安装在断路器和电气设备之间的隔离开关，在电气设备和断路器之间形成明显的电压断开点，从而保证了检修的安全。此外，隔离开关常用来进行电力系统运行方式改变时的倒闸操作。

根据安装地点,隔离开关可以分为屋内式和屋外式;根据其绝缘支柱的数目可以分为单柱式、双柱式、三柱式和 V 形隔离开关。风电场高压户外隔离开关如图 6-6 所示。

a) 双柱式隔离开关　　　　b) V 形隔离开关　　　　c) 三柱式隔离开关

图 6-6　风电场高压户外隔离开关

隔离开关的触头全部敞露在空气中,具有明显的断开点,隔离开关没有灭弧装置,因此不能用来切断负荷电流或短路电流,否则在高压作用下,断开点将产生强烈电弧,并很难自行熄灭,甚至可能造成飞弧(相对地或相间短路),烧损设备,危及人身安全。

高压隔离开关运行方式灵活、可靠,是保证风电场尤其是变电站具有合理的运行方式而不可缺少的设备。一般情况下,高压隔离开关不需要特殊维护,只进行常规检查和维护即可。

(一)隔离开关的正常运行与检查

1. 隔离开关验收及投运前的检查项目

1)操动机构、辅助触点及闭锁装置安装牢固,动作灵活可靠。
2)相间距离及分闸时触头分开角度或距离符合规定。
3)触头应接触紧密良好。
4)瓷绝缘子清洁、完好无裂纹。
5)电动操作动作正常。

2. 隔离开关的巡视检查

1)检查瓷绝缘子是否清洁,有无裂纹和破损。
2)刀开关接触良好,动触头应完全进入静触头,并接触紧密,触头无发热现象。
3)引线无松动或摆动,无断股和烧股现象。
4)辅助触点接触良好,连动机构完好,外罩密封性好。
5)操动机构连杆及其他机构各部分无变形、锈蚀。
6)处于断开位置的刀开关,触头分开角度符合厂家规定,防误闭锁机构良好。

(二)隔离开关的维护与检修

1. 检修维护周期及项目

小修检修每年一次,大修项目根据具体情况确定。小修检修项目:

1)瓷绝缘子检查、清扫。
2)引线、导电板、软联机等固定螺钉的检查,各部件连接螺栓、底脚螺栓、接地螺栓检查。

3）传动装置中各轴销的检查，并涂低温润滑油。

4）辅助开关及微动开关的检查。

5）分、合闸操作试验；高压绝缘试验。

2. 检修质量要求

1）瓷件部分表面清洁，无裂纹、弧痕和斑点，铁瓷结合处无开裂，安装牢固。否则应予以更换。

2）接线端子及载流部分清洁、接触紧密；螺钉弹簧垫及垫片完好，螺扣长出螺母2～3扣；开关合闸时触头部分保持良好接触位置，触头上弹簧无变形。

3）隔离开关三相联动中各相接触同步，机构中辅助开关等组件绝缘良好；接地处的接地情况良好；操作时各转动部件灵活，无卡滞现象。

4）隔离开关各连接部分的螺钉紧固牢靠，与母线之间连接触头的各接触点全面接触。

5）隔离开关的传动机构调整符合下列规定：传动装置的拉杆应校直，如应弯曲时，弯度应与原杆平行；传动操动机构用的垂直拉杆直径与轴承套应很好配合，其间隙不应大于1cm，连接部分的销子不应松动；传动装置把手的拉合终端制动定位闭锁销子应正确牢固；所有传动机构转动部分应全面分解并涂以防冻润滑油。

6）检测回路电阻值，阻值符合技术要求。

7）隔离开关、负荷开关及熔断器螺钉应镀锌或烧蓝防锈，机构铅油脱离应补刷防腐。

8）隔离开关的辅助触点动作应接触严密，调整轻快，无卡涩现象。

9）隔离开关的外罩密封严密，以防止雨水、灰尘进入。

（三）隔离开关的异常运行及事故处理

1. 隔离开关的异常运行及处理

1）正常情况下刀开关及引线接头温度不得超过70℃，接头发热后，应采取转移或减少负荷等措施。

2）刀开关瓷绝缘子有不严重的放电痕迹，可暂不停电。若损坏严重，应立即停电处理。

3）刀开关瓷绝缘子因过热、放电、爆炸，应立即停电处理。

4）刀开关触头发热熔焊，应立即停电处理。

2. 隔离开关的拒动处理

1）手动操作的刀开关拒绝分、合闸时，应用均衡力轻轻摇动，逐步找出障碍的原因和克服阻力的办法。未查明原因，不得强行操作，以免损坏刀开关机构。

2）刀开关操作时严重不同期或接触不良，应拉开重新操作，在必要时，可用绝缘棒分别调整，但应注意相间距离。

3）电动操作的刀开关若电动控制电源失电压，应查明原因再进行操作。操作时禁止按接触器。

实践训练

谈一谈： 熔断器也被称为保险丝，广泛用于配电系统和控制系统中。谈一谈它在电路中的作用及与断路器、隔离开关的异同之处。

模块六　风电场变电站电气设备运行与维护

项目三　电抗器和电容器运行与维护

一、电抗器

1. 电抗器及功能

把导线绕成螺线管形式，形成一个空心线圈，当通电时就会在其所占据的一定空间范围产生磁场，能在电路中起到阻抗的作用。这便是最简单的电抗器，也称为空心电抗器，如图6-7a所示。为了让这只螺线管具有更大的电感，便在螺线管中插入铁心，称铁心电抗器。电抗器就是依靠线圈的感抗阻碍电流变化的电器，因此也叫电感器。

电抗器在电路中具有限流、稳流、无功补偿及移相等功能。电力网中所采用的电抗器，实质上是一个无导磁材料的空心线圈。它可以根据需要布置为垂直、水平和品字形三种装配形式。在电力系统发生短路时，会产生数值很大的短路电流。如果不加以限制，要保持电气设备的动态稳定和热稳定是非常困难的。因此，串联电抗器通常安装在出线端或母线前，用于限制系统的短路电流，使得电路出现短路故障时，电流不致过大，并维持母线电压在一定水平。串联电抗器如图6-7b所示。在330kV以上的超高压输电系统中应用并联电抗器，用于补偿输电线路的电容电流，防止线路端电压的升高，以提高线路的传输能力和输电效率，并使系统的内部过电压有所降低。此外，在并联电容器的回路通常串联电抗器，以降低电容器投切过程中的涌流倍数和抑制电容器支路的谐波，还可以降低操作过电压。并联电抗器如图6-7c所示。

a) 空心电抗器　　　b) 串联电抗器　　　c) 并联电抗器　　　d) 风电场用电抗器

图6-7　电抗器

2. 干式电抗器的正常巡视检查

1) 电抗器接头良好，无松动、发热现象。
2) 绝缘子清洁、完整，无裂纹及放电现象。
3) 线圈绝缘无损坏、流胶。
4) 接地良好、无松动。
5) 对于故障电抗器，在切断故障后，应检查电抗器接头有无发热及损坏，外壳有无变形及其他异常情况。

3. 电抗器的常见故障及判断

通常情况下，电抗器除与变压器具有相同的绝缘问题外，还存在振动和局部过热的问题。电抗器事故及故障情况基本上可以分成如下几类：

1）油色谱分析异常。通过对电抗器进行油色谱分析，可以发现许多早期故障及事故隐患，对预防电抗器事故起重要作用。

2）振动噪声异常。引起振动的主要原因是磁回路有故障、制造时铁心未压紧或夹件松动。此外，器身固定不好、安装质量不高等均可造成振动和噪声异常。

3）电抗器烧坏。电抗器匝间短路，导致电抗器烧毁。

4）过热性故障。电抗器绝缘层材质老化；内部导线电流密度超标。

5）磁回路故障引起内部放电。磁回路出现故障的原因是多方面的，如漏磁通过于集中引起局部过热；铁心接地引起环流及铁心与夹件间的绝缘破坏；接地片松动与熔断导致悬浮放电及地脚绝缘故障等。

4. 预防电抗器事故的措施

1）为防止电抗器油老化，定期加抗氧化剂。

2）对过热现象较明显的电抗器加装冷却风扇。

3）加强运行巡视和试验跟踪，重视油色谱数据分析，必要时应缩短油分析间隔。

4）定期进行电抗器油脱气及油过滤处理。

二、电容器

电容器是储藏电能的装置，是电子、电力领域中不可缺少的电子元件，主要用于电源滤波、信号滤波、信号耦合、谐振、隔直流等电路中。电容器具有充电快、容量大等优点。并联电容器是一种无功补偿设备，也称移相电容器。变电所通常采取高压集中的方式，将补偿电容器接在变电所的低压母线上，补偿变电所低压母线电源侧所有线路及变电所变压器上的无功功率，使用中往往与有载调压变压器配合，以提高电力系统的电能质量。电容器类型很多，如图6-8所示。

a) 高压电容器

b) 超级电容器

c) 并联电容器

d) 变电站集合式并联电容器

图6-8　电容器

（一）电力电容器的维护及故障排除

1. 电容器的日常巡视项目

1）电容器有无鼓肚、喷油、渗漏油现象。
2）电容器是否有过热现象。
3）各相电流是否正常，有无激增现象。
4）套管的瓷质部分有无松动、发热、破损及闪络的痕迹。
5）有无异常声音和火花。
6）电容器的保护网门是否完整。

寒冷天气以及天气突然变冷时，需增加对电容器的巡视次数。

2. 电力电容器的维护

（1）外观检查　电容器套管表面、外壳、铁架子要保持清洁；如发现箱壳膨胀应停止使用，以免故障发生。

（2）负荷检查　用无功电能表检查电容器组每相的负荷。

（3）温度检查　电容器投入时本身温度不得低于 $-40℃$，运行时环境上限温度（A 类 40℃，B 类 45℃），24h 平均不得超过规定值（A 类 30℃，B 类 35℃）及一年平均不得超过规定值（A 类 20℃，B 类 25℃），如超过时，应采用人工冷却或将电容器与网络断开；安装地点和电容器外壳上最热点的温度的检查可以通过水银温度计等进行，需做好温度记录（特别是在夏季）。

（4）电压检查　电容器允许在不超过工作电压 1.1 倍额定电压下运行，在 1.15 倍额定电压下每昼夜运行不超过 30min，电容器允许在由于电压升高而引起的不超过 1.3 倍额定电流的电流下长期运行。接上电容器后将引起网络电压的升高，当电容器端子间电压超过 1.1 倍额定电压时，应将部分电容器或全部电容器从网络断开。

（5）电气连接检查　检查接有电容器组的电气线路上所有接触处的接触可靠性；检查连接螺母的紧固度。

（6）电容和熔断器的检查　对电容器电容和熔断器的检查，每个月一次，在一年内要测电容器的损耗角正切值三次，目的是检查电容器的可靠情况，这些测量都在额定值下或近似额定值的条件下进行。

（7）耐压试验　电容器在运行一段时间后，需要进行耐压试验。

3. 电容器停电工作注意事项

1）电容器组每次从网络断开后，其放电应该自动进行，并在 10min 内将其从额定电压的峰值剩余电压降到 75V 或更低。
2）在接触自网络断开的电容器的导电部分之前，即使电容器已经放电，仍必须用有绝缘的接地的金属杆，短接电容器的出线端进行单独放电。
3）更换电容器熔断器，必须停电，同时做好安全措施后方可进行。

4. 电容器的故障排除

电容器开关跳闸，在未查明原因并处理好之前，不得强行送电。

1）在运行过程中，如发现电容器外壳漏油、套管焊缝渗油，可以用锡铅焊料修理。但应注意电烙铁不能过热以免银层脱焊。
2）当一组电容器有单个损坏时，把那组电容器每相退出一个，保持每相电容器平衡。

3）三相电容器误差允许值符合规定，三相电容器误差不超过一相总容量的5%，单个电容器的电容量不得超过其铭牌的10%，不平衡电流不超过5%。

（二）超级电容模块

超级电容模块是一个独立的能量存储设备，由多个独立的超级电容单元、激光焊接的母线连接器和一个主动的、完整的单元平衡电路组成。电容单元可以串联连接以获得更高的工作电压，也可以并联连接提供更大的能量输出，或者是通过串联和并联的组合来获得更高的电压和更大的能量输出。当电容串联连接的时候，单元到单元之间的电压平衡问题可以通过双线平衡电缆加以解决。超级电容模块串联连接如图6-9a所示，图6-9b所示是超级电容模块并联的情况。

a) 串联连接　　　　　　　　　　　b) 并联连接

图6-9　超级电容模块的连接

1. 超级电容模块使用注意事项

1）模块应该在规定的电压和温度定额范围内工作。根据辅助设备的电流定额确定是否需要在输入/输出端进行限流。

2）保护周围的电气元器件不要与其接触。

3）充电时不要碰触端子和导线。

2. 电容器组的投退规定

1）电容器组的投退，应根据电网电压、电容器运行的温度及系统无功情况，按调度命令进行。

2）电容器组退出后，需放电5min，方可重新投入。

3）操作中切除轻载变压器时，应先切除电容器组，投入时先投变压器，再投电容器组，禁止变压器和电容器同时投切。

3. 超级电容模块的运行维护

1）定期检查主接线端子的连接情况，必要时上紧端子的螺钉。

2）在进行任何操作之前，确保超级电容单元存储的能量被彻底放掉。如果发生了误操作，存储的能量和电压有可能是致命的。

（三）并联电容器

并联电容器是一种无功补偿设备，也称移相电容器。变电所通常采取高压集中方式将补偿电容器连接在变电所的低压母线上，补偿变电所低压母线电源侧所有线路及变电所变压器上的无功功率。通常与串联电抗器组成无功补偿装置或与有载调压变压器配合使用，以提高电力系统的电能质量。

并联电容器包括电容器、进线隔离开关、串联电抗器、全密封放电线圈、氧化锌避雷器

（附在线监测装置）、接地开关、内熔丝、支持绝缘子、母线、安全护栏等成套装置。

1. 并联电容器的运行安全

（1）定期停电检查　每个季度至少1次，主要检查电容器壳体、瓷套管、安装支架等部位是否有积尘等污物存在，并进行认真地清扫。检查时应特别注意各连接点的连接是否牢固，是否松动；壳体是否鼓肚、渗（漏）油等。若发现有以上现象出现，应将电容器退出运行，妥善处理。

（2）控制运行温度　在正常环境下，一般要求并联电容器外壳最热点的温度不得大于60℃，否则，须查明原因，进行处理。

（3）控制运行电压　并联电容器的运行电压，应严格控制在允许值范围之内，即并联电容器的长期运行电压不得大于其额定电压值的10%，运行电压过高，并联电容器的介质损耗将增大，电容器内绝缘过早老化、击穿而损坏，将大大缩短电容器的使用寿命。当然实际运行电压过低也是十分不利的，因为并联电容器所输出的无功功率是与其运行电压的二次方成正比的。若运行电压过低，将使电容器输出的无功功率减少，无法完成无功补偿的任务，失去了装设并联补偿电容器应起的作用。所以在实际运行中，一定要设法使并联电容器的运行电压长期保持在其额定电压的95%~105%，最高运行电压不得大于其额定电压值的110%。

（4）防止谐波　电网中存在许多谐波源，在设置并联电容器的网点处谐波通常很大，若直接投入并联电容器，往往会使电网中的谐波更大，对并联电容器的安全造成极大的威胁。采取装设串联电抗器的方法，能够有效地抑制谐波分量及涌流的发生，对保证并联电容器的安全运行具有明显的效果。

（5）正确选用投/切开关　断开并联电容器时，由于开关静、动触头间的电弧作用，将会引起操作过电压产生，除了要求将投/切开关的容量选得比并联电容器组的容量大35%左右以外，还应使用触头间绝缘恢复强度高、电弧重燃性小、灭弧性能好的断路器。

（6）装设熔断器保护　应对每个单台电容器设置熔断器保护，要求熔丝的额定电流不得大于被保护电容器额定电流的1.3倍，这样可避免某台电容器发生故障时，因得不到及时切除而引起群爆事故。

（7）确保密封性能良好　电容器单元的密封性能足以保证其各个部分达到电介质允许最高运行温度后至少经历2h而不出现渗漏。

（8）装设继电保护

1）过电压保护：使电容器组内单元的电压升高不超过1.1倍额定电压。

2）过电流保护：使流过电容器的电流不超过1.3倍额定电流。

3）失电压保护：当母线电压低于某一值或母线失电压时，自动切除电容器组，防止电容器组与变压器同时投切或电容器带剩余电荷投入运行。

4）为使电容器及时隔离出来，根据电容器组的接线方式可采用开口三角电压保护、中性线电流不平衡保护和多串电容器差电压保护等。

（9）装设避雷器　为了防止操作过电压对设备的损害，电容器成套装置装设氧化锌避雷器。一般采用三组件相对地连接方式。

2. 并联电容器检修及注意事项

并联电容器检修周期为1年。若存在严重缺陷，影响电容器继续安全运行时，应进行D级检修。

(1) 检修内容

1) 测量单元电容,并与前次记录对照。如有明显变化,应及时用相同规格的产品更换。检查电容是否渗漏油、是否已受污秽。如有渗漏油现象,可用钎焊自动修补。套管法兰处漏油修补时,应注意温度不要过高,以免套管上烧结的银层脱落。如有污秽,则应清理干净。

2) 经常检查所有电气连接点的接触是否良好,如有意外情况应及时处理,以免酿成事故。

3) 检查继电保护的整定值和动作情况。

4) 查对电容器组的三相电流和不平衡电流。如三相电流值或不平衡电流已表明有电容器单元击穿,应检查所有单元的电容和损耗角正切值并更换故障单元。

(2) 检修时注意事项

1) 检修时必须停电 10min,当信号灯熄灭后方可进入护栏内,并合上接地隔离开关。

2) 在人接触电容器前,即使有放电器件,仍须用绝缘接地棒将电容器短路接地放电,任何时候均不应将两手直接接触两个套管的接线头,对已损坏退出运行的电容器尤其如此。

3) 检修完毕应及时将接地线拆除,将接地隔离开关拉开。

3. 并联电容器的试验项目

1) 电容器单元密封试验。

2) 电容器单元电容值测量。

3) 电容器的耐压试验。

4) 每台电容器进行局部放电试验。

5) 在规定电压下进行耐压后的复测电容值。

4. 并联电容器故障分析与排除

并联电容器常见故障、原因分析及处理方法见表6-2。

表6-2 并联电容器故障、原因分析与处理方法

故障现象	原因分析	处理方法
试验时击穿	试验电压过高或持续时间过长 测量电压的方法错误	更换电容器
电容显著减小	可能是熔丝动作	更换电容器
电容显著增大	可能是组件击穿	更换电容器
损耗增大	电容器质量恶化	更换电容器
外壳鼓肚	介质内有局部放电发生 组件击穿或极对壳击穿	检查线路并更换鼓肚电容器
轻微漏油	拧螺母时用力过大造成瓷套焊接处损伤 日光暴晒,温度变化剧烈 漆层脱落,箱壳锈蚀	可用钎焊修补,但注意温度不要过高,以免套管上烧结的银层脱落;采用软线连接,接线时勿扳摇套管,拧螺母时勿用力过猛 采取措施,防止暴晒 使用过程中及时补漆
温升过高	环境温度过高 电容器布置太密 谐波电流过大 投切过于频繁 介质老化,损耗角正切值增大	改善通风条件,增大电容器间的间隙 加装串联电抗器,或设设滤波装置 限制操作过电压和过电流 如不能恢复,更换电容器

（四）电容器组的异常运行与事故处理

1. 发生下列情况之一应立即停用电容器组

1）电容器发生喷油、爆炸或着火。

2）套管发生严重放电闪络。

3）接点严重过热或熔化。

4）电容器内部有异常响声。

2. 发生下列情况之一应退出电容器组

1）全站及母线失电压后，必须将电容器组的开关拉开。

2）运行中母线电压超过电容器额定电压的1.1倍运行30min时，应分组停用电容器组，直到母线电压正常。

3）电容器鼓肚时，应退出电容器组。

4）当三相电流不平衡，或超过1.3倍额定电流时，应退出运行。

3. 电容器组事故处理

1）处理事故需靠近电容器时，首先要对全组电容器进行接地短路放电。工作中，需要接触电容器时，还应对电容器进行逐个放电才能进行。

2）并联电容器喷油或冒烟、起火时，应立即用断路器将故障电容器切除；然后用刀开关隔离故障点。将电容器放电完全接地后，用干式灭火器灭火。

3）由于继电器动作使电容器组的开关跳开，此时在未找出跳开的原因之前，不得重新合上开关。

三、无功补偿设备

无功功率补偿简称无功补偿，在风力发电系统中起着提高电网功率因数、降低输送线路的损耗、增加电网的传输能力、提高设备利用率、改善电能质量的作用。

1. 无功补偿的原理

交流电在电源与电感或电容负载之间往返流动，在流动中通过磁场或电场时，不会使电能转换成热能、机械能或其他任何类型的能量。此电能既不做功也不消耗，称为无功电能，即无功功率。

风力异步发电机在向电网输出有功功率的同时还必须从电网中吸收滞后的无功功率来建立磁场和满足漏磁的需要。异步发电机的励磁电流为其额定电流的20%~30%，如此大的无功电流的吸收，将加重电网无功功率的负担，使电网的功率因数下降，同时引起电网电压下降和电路损耗增大，影响电网的稳定性。因此，并网运行的风力异步发电机必须进行无功功率补偿。

2. 无功补偿的类型

风电场常用的无功补偿设备主要有三种类型：并联电容器、静止无功补偿器（SVC）和静止同步补偿器（STATCOM）。其中，并联电容器由于用不到电力电子技术，投切时一次性变化其全部容量，而该容量与系统所需无功未必刚好相等，因而可能对电网造成冲击。静止无功补偿器和静止同步补偿器应用了基于电力电子的柔性交流输电系统，可以根据系统的无功需求，更加灵活地调整和控制无功输出。

（1）并联电容器 并网运行的异步发电机并联电容器后，它所需要的无功电流由电容器提供，从而减轻电网的负担。

（2）静止无功补偿器　静止无功补偿器基于电力电子及其控制技术，将电抗器与电容器结合起来使用，能实现无功补偿的双向、动态调节。它具有调节速度高、运行维护工作量小、可靠性高的特点。缺点是有较多的有源器件，体积和占地面积较大；工作范围窄，无功输出随着电压下降而下降更快；本身对谐波没有抑制能力。

（3）静止同步补偿器　静止同步补偿器由电压源型逆变器（VSI）和直流电容组成，以可控电压源的方式实现无功功率的动态补偿，与静止无功补偿器相比，具有控制特性好、响应速度快、体积小（相同容量的 STATCOM 体积约为 SVC 的 1/3）、损耗低等优点，同时还具有有源滤波器的特性。

3. 正常运行巡视检查项目

1）无功补偿装置的运行电压最好不超过额定电压的 1.05 倍；运行电流一般不超过额定电流的 1.3 倍。

2）储油框指示的油位、油色正常，无渗漏现象。

3）本体无渗漏，吸湿器正常，变色硅胶颜色改变不得超过 1/3。

4）声音随着电流的变化有所变化，但不应有不均匀的爆裂声或放电声。

5）油温正常，各散热器温度接近。

6）气体继电器内无气体，继电器与储油柜连接阀应打开；压力释放阀应完好无损。

7）特殊天气、温度突变时，应及时检查储油柜指示的油面变化情况。

8）与无功补偿装置本体连接的励磁单元等设备应牢固、完好。

9）设备连接点无发热、火花放电或电晕放电等现象。

10）当无功补偿装置持续大功率长时间运行后，温度可能达到 55℃ 以上，此时本体下的风扇应转动。巡视时应留意本体上温度计是否已经达到 55℃，风扇转动是否正常。

4. 异常运行及事故处理

1）风电场无功补偿设备的过电压故障、欠电压故障、断相故障、负序故障、失控故障、过温故障、轻瓦斯故障、过负荷故障、误操作故障都是可以自动恢复的。若控制系统检测到工况已经恢复正常，则可以自动继续正常运行。其中过温和过负荷属于最轻微的故障，发生时只点亮报警灯，故障灯正常。接触器故障、控制器异常（励磁故障）是不能自动恢复的，需要手动故障复位才能恢复系统正常。

2）过电流故障和重瓦斯故障是重故障，控制器跳闸将无功补偿装置强行从系统中切下。在手动状态下，通过面板上的合闸按钮重新投上，再按下故障复位按钮，才能使系统恢复正常。

3）有些故障发生后，综合保护系统鸣警，但并不显示故障类型。出现这种状况，可以在上位机界面或智能控制器的液晶界面查看故障类型。控制器根据故障类型已经采取了安全措施，控制无功补偿装置不再自动调节，只是处于轻载状况。在外界故障确实已经排除的情况下，按下故障复位按钮 30s 之后，报警灯、故障灯熄灭，系统恢复正常，运行灯、就绪灯点亮。如果 30s 之后，系统仍旧报出故障，则应先将运行状态转为停止，切除无功补偿装置，仔细查找故障原因。

实践训练

想一想：电抗器和电容器有什么不同？若二者组合使用，主要有哪些功能？

项目四　高压互感器运行与维护

一、高压互感器

1. 互感器的作用

互感器是按比例变换电压或电流的设备，其作用就是将交流电压和大电流按比例降到可以用仪表直接测量的数值，便于仪表直接测量，同时为继电保护和自动装置提供电源。电力系统用互感器是将电网高电压、大电流的信息传递到低电压、小电流二次侧的计量、测量仪表及继电保护、自动装置的一种特殊变压器，是一次系统和二次系统的联络元件，其一次绕组接入电网，二次绕组分别与测量仪表、保护装置等连接。互感器与测量仪表和计量装置配合，可以测量一次系统的电压、电流和电能；与继电保护和自动装置配合，可以构成对电网各种故障的电气保护和自动控制。互感器性能的好坏，直接影响到电力系统测量、计量的准确性和继电器保护装置动作的可靠性。

2. 互感器的类别

互感器分为电压互感器（PT）和电流互感器（CT）两大类，其主要作用是将一次系统的电压、电流信息准确地传递到二次侧相关设备，将一次系统的高电压、大电流变换为二次侧的低电压（标准值）、小电流（标准值），使测量、计量仪表和继电器等装置标准化、小型化。此外，互感器还能将二次侧设备以及二次系统与一次系统高压设备在电气方面很好地隔离，对二次设备和人身安全起到保护作用。

电压互感器是利用电磁感应原理改变交流电压量值的器件，是将交流高电压转化成可供仪表、继电器测量或应用的电压的变压设备。在正常使用条件下，其二次输出电压与一次电压成一定比例。电压互感器如图6-10a所示。

电流互感器是利用电磁感应原理，对一次设备和二次设备进行隔离，为测量装置和继电保护的线圈提供电流。风电场电流互感器如图6-10b所示。

电流互感器的结构较为简单，由相互绝缘的一次绕组、二次绕组、铁心以及构架、壳体、接线端子等组

a) 风电场电压互感器

b) 风电场电流互感器

图6-10　互感器

成。电流互感器的工作原理与变压器基本相同，一次绕组的匝数 N_1 较少，直接串联于电源电路中，一次负荷电流通过一次绕组时，产生的交变磁通感应产生按比例缩小的二次电流。

电压互感器的一次绕组匝数很多，并联于待测电路两端；二次绕组匝数较少，与电压表及电能表、功率表、继电器的电压线圈并联。

二、互感器运行维护与事故处理

（一）互感器的运行检查

1. 互感器运行注意事项

1）运行中的电压互感器二次侧不得短路，电流互感器二次侧不得开路。

2）电压互感器允许高于额定电压的10%，电流互感器允许高于额定电流的10%连续运行。

2. 电压互感器投入前及运行中的检查项目

1）油浸式电压互感器套管瓷绝缘子整洁无破裂，无放电痕迹。

2）油位计的油位在标志线内，油色透明，无渗油、漏油现象。

3）一次接线完整，外壳接地良好，无异常响声，引线接头紧固无过热现象。

4）一、二次熔断器（快速开关）完好，击穿熔断器无损坏。

5）电容式互感器电容及下部的电磁装置，无放电现象。

3. 电流互感器投运前及运行中的检查项目

1）外壳清洁，套管无裂纹、放电痕迹，油位正常，无渗油、漏油现象。

2）一次引线接触良好，无过热现象，二次接线不开路。

3）外壳接地良好，内部无异常声音。

（二）互感器维护检修

1. 维护检修周期及项目

（1）日常维护项目

1）外观检查，包括瓷套的检查和清扫。

2）检查油位计，必要时添加绝缘油。

3）检查各部密封胶垫，处理渗漏油现象。

4）检查金属膨胀器。

5）检查外部紧固螺栓，二次端子板和一、二次端子。

6）检查接地端子、螺型电流互感器（CT）的末屏接地及电压互感器（PT）的N端接地。

7）检查接地系统（包括铁心外引接地）。

（2）一年一次的检修项目

1）器身检查及检修。

2）零部件检查清理及更换密封垫圈。

3）高、低压绕组绝缘层的检查及处理。

4）铁心绝缘支架的处理或更换。

5）处理或更换绝缘油。

6）按规定要求进行测量和试验，包括电气试验（含局部测试）和绝缘油简化试验、色谱分析、微水试验等。

另外，出现严重缺陷，影响系统安全运行时，根据具体情况确定检修项目和检修时间。

2. 检修质量要求

1）外观检查要求：检查瓷套有无破裂、损伤现象；油位指示器、瓷套、连接处、放油线等处无渗漏油现象，破裂瓷裙修补正常；检查储油柜及金属膨胀器油位是否正常，密封良

模块六　风电场变电站电气设备运行与维护

好，有无渗漏现象；检查油箱、底座、储油柜漆膜是否脱落，油漆完好，相色正确；箱底的二次接线板是否清洁干燥，接线盖压平应完整，底板无锈蚀，法兰与瓷套的结合处应无变形；检查二次接线板，一、二次引出接线处，末屏小瓷套及各组件之间应接触良好，无渗漏；检查互感器身各部螺栓应无松动，附件完整，接地良好，铁心无变形，紧密、清洁、无锈蚀。

2）电流互感器的分路放电器安装牢固，金属电极要有5~10mm间隙。

3）一次接线牢固，二次接线排列整齐、接线板完整，引出端子连接紧固，绝缘良好，标志清晰，端子盖密封严密。

4）检修后互感器应测定极性及伏安特性和红外线保险试验。

5）绕组绝缘完好，连接正确、紧固；绝缘支架牢固无损伤，内部清洁；无油垢、无杂物、无水分、实心螺栓绝缘良好。

6）对110kV及以上互感器应真空注油，注油前预抽真空时间按规定操作，注入合格的新油；金属膨胀器应采用真空氮静压注油，注油前后均应抽真空至残压133Pa以下，时间是30min。

7）互感器的下列部位应予接地：半激式电压互感器的一次绕组的N端接地；电容型CT一次绕组末屏的引出端子接地；互感器外壳接地；电流互感器暂不使用的二次绕组应短路后接地。

3. 互感器检修特殊规定

（1）电压互感器检修特殊规定

1）电压互感器的一、二次侧应加装熔断器保护，发电机励磁用互感器二次侧不允许加装熔断器。

2）干式电压互感器绝缘良好有弹性，线圈与铁心互相紧固无串动。

3）二次侧带有击穿熔断器的电压互感器应进行分解清擦，电极中心应组合紧固，350V交流击穿试验应正确。

4）检查一次侧的熔断器，检修时更换新熔丝；检查接触紧固情况，绝缘电阻表测量应处于导通状态。

（2）电流互感器检修特殊规定

1）电流互感器二次绕组在端子板处牢固短路并接地，严禁二次回路开放，不准装熔断器。

2）干式互感器线圈外部绝缘状态良好，有弹性；线圈与铁心内无串动间隙；绝缘无破损。

3）贯穿式电流互感器线圈在瓷套外无串动，与外壳的绝缘纸垫紧固。

（3）零序电流互感器检修特殊规定

零序电流互感器检修除满足电流互感器检修特殊规定外，还应满足：

1）零序电流互感器与其他导磁体或带电部分应有一定间隙。

2）零序电流互感器的铁心与其他导磁体避免直接接触或构成部分磁回路。

3）穿过零序电流互感器的导线排列应均匀对称，电缆终端盒的接地线穿过电流互感器，电流互感器前的电缆金属包皮和接地线与地绝缘。

（三）互感器事故处理

1. 电压互感器故障

现象：

1）电压表，有功、无功负荷表指示异常。

2）"电压回路断线"、"低电压动作"光字牌亮，对接有开口三角形联结的电压互感器尚有"××母线接地"信号发出。

3)故障相电压降低或到零,正常相电压指示正常。

处理:

1)首先判断故障的电压互感器,并依靠电流表监视设备运行。

2)对带有电压元器件(如距离保护、失磁保护、低电压保护、强行励磁)的电压互感器,应立即切除保护出口压板或退出有关装置;对厂用6kV、400V母线电压互感器故障,应立即切除相应母线的备用电源自投开关和厂用电动机的低电压保护直流熔断器。

3)若系二次熔断器熔断,应重新更换;若系二次断路器跳闸,应重新送上;若重新投入后又熔断或断开,应查明原因,必要时应调整有关设备的运行方式。

4)若系电压互感器高压熔断器熔断,应停电测量其绝缘电阻;测量检查无问题后,方可将电压互感器重新投入运行。

5)若测量检查系电压互感器内部故障,应将该电压互感器停电检修。

2. 电流互感器二次回路开路

现象:

1)电流表指示减小到零,有功表、无功表指示异常。

2)若系励磁装置所用电流互感器开路,励磁装置输出电流表指示减小。

3)若系差动保护所用电流互感器开路,会引起差动保护误动作跳闸。

4)若系220kV电流互感器二次回路开路,"交流电流回路断线"、"振荡闭锁"光字牌亮。

5)严重时,开路点有火花、放电声和焦臭味。

处理:

1)停用故障电流互感器所带保护装置。

2)设法降低电流,将故障电流互感器二次侧进行短接,但应注意安全。

3)当短接后仍有嗡嗡声,则说明电流互感器内部开路,应停电处理。

3. 电压互感器、电流互感器着火事故

若电压互感器或电流互感器出现着火现象,则应立即切断其电源;用四氯化碳或二氧化碳灭火器进行灭火,不得用泡沫灭火器灭火。

做一做:文中提到了电容互感器和零序互感器,查一下资料,了解它们的结构特点及功能。

项目五 绝缘油的维护与处理

绝缘油通常由深度精制的润滑油基础油加入抗氧化剂调制而成。它主要用作变压器、油开关、电容器、互感器和电缆设备的电介质。

1. 绝缘油的性能指标

绝缘油的性能指标主要有三个,分别是低温性能、氧化安定性和介质损失。

(1)低温性能 低温性能是指在低温条件下,油在电气设备中能自动对流,导出热量和瞬间切断电弧电流所必需的流动性。一般均要求电器绝缘油倾点(指石油产品在标准管中冷却至失去流动性时的温度)低和低温时黏度较小。国际电工协会对变压器油按倾点分

模块六　风电场变电站电气设备运行与维护

为-30℃、-45℃、-60℃三个等级。电容器油和电缆油的倾点一般为-30~-50℃。

（2）氧化安定性　氧化安定性是指在电气设备中，油长时间地受到电场作用下的热和氧的作用而氧化。加入抗氧化剂和金属钝化剂的油品，其氧化安定性较好。

（3）介质损失　介质损失是反映油品在交流电场下其介质损耗的程度，一般以介质损耗角（δ）的正切值（$\tan\delta$）表示。一般情况下，变压器油在90℃时测得的介质损失应低于0.5%。$\tan\delta$是反映油品的精制程度、清净程度以及氧化变质程度的指标，油中含有胶质、多环芳烃，或混进水分、杂质、油品氧化生成物等，均会使$\tan\delta$值增大。

环烷基油因倾点低、低温流动性好、电气性能好、热安定性和导热性好，是制造绝缘油的良好材料。

2. 绝缘油的检修维护

运行设备中的绝缘油，每隔6个月应化验一次；当绝缘油化验不合格时，应将设备立即退出运行，根据化验结果决定对绝缘油的更换及处理。

3. 绝缘油的更换及处理

准备一个干净的空油罐、真空滤油机及相应管路，按要求连接；起动滤油机，打开设备排油阀，将设备中的绝缘油抽到空油罐内；待油全部抽完后，关闭排油阀；等待30min后打开排油阀，排尽设备内残油，再次关闭排油阀；将滤油机进油管与油罐连接，出油管连接设备，使绝缘油从油罐注入设备。如此循环，直到油质合格。

4. 绝缘油化验项目及质量标准

为保证用油电气设备的良好运行，绝缘油应定期化验，化验项目及标准见表6-3。

表6-3　绝缘油的化验项目及标准

项　目		标　准		
外观		透明，无沉淀及悬浮物（5℃时的透明度）		
苛性钠抽出		不应大于2级		
氧化安定性	氧化后酸值	不应大于0.2mg(KOH)/g油		
	氧化后沉淀物	不应大于0.05%		
凝点/℃		① DB-10，不高于-10℃ ② DB-25，不高于-25℃ ③ DB-45，不高于-45℃	（1）户外油断路器、油浸电容式套管、互感器用油 气温≥-5℃地区：凝点≤-10℃ 气温≥-20℃地区：凝点≤-25℃ 气温≤-20℃地区：凝点≤-45℃ （2）变压器用油 气温≥-10℃地区：凝点≤-10℃ 气温≥-25℃地区：凝点≤-25℃或-45℃	
界面张力		不应小于35mN/m（测试时温度25℃）		
酸值		不应大于0.03mg(KOH)/g油		
水溶性酸值（pH）		不应小于5.4		
机械杂质		无		
闪点		不低于（℃）	DB-10-140℃　　DB-25-140℃　　DB-45-135℃	
电气强度试验		用于15kV以下，不应低于25kV；20~35kV以下，不应低于35kV 用于60~220kV以下，不应低于40kV 用于330kV以下，不应低于50kV；500kV以下，不应低于60kV		
介质损耗角正切值$\tan\delta$（%）		90℃不应大于0.5		

实践训练

想一想：绝缘油的凝点与倾点有什么不同？

知识链接

接近开关

接近开关可以无损不接触地检测金属物体，它是通过一个高频的交流电磁场和目标体相互作用实现检测。接近开关的磁场是通过一个 LC 振荡电路产生的，其中的线圈为铁氧体磁心线圈。采用特殊的铁氧体磁心使得接近开关能够抗交流磁场和直流磁场的干扰。

接近开关如图 6-11 所示，其特点为：带螺纹的圆筒，镀铬黄铜；抗交流磁场和直流磁场干扰；3 线直流连接；常开 PNP 输出。图 6-12 所示是接近开关的接线图。

图 6-11　接近开关

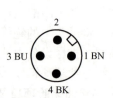

图 6-12　接近开关的接线图

电感式接近开关属于一种有开关量输出的位置传感器，如图 6-13 所示。它由 LC 高频振荡器和放大处理电路组成，利用金属物体在接近这个能产生电磁场的振荡感应头时，使物体内部产生涡流。这个涡流反作用于接近开关，使接近开关振荡能力衰减，内部电路的参数发生变化，由此识别出有无金属物体接近，进而控制开关的通或断。这种接近开关所能检测的物体必须是金属物体。

电感式接近开关工作流程图如图 6-14 所示。

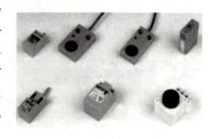

图 6-13　电感式接近开关

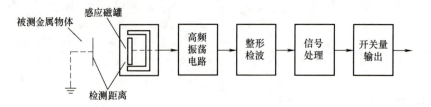

图 6-14　电感式接近开关工作流程图

思考练习

一、选择题

1. 变压器电压比 $k\left(k=\dfrac{U_1}{U_2}=\dfrac{N_1}{N_2}\right)$ _____ 时为降压变压器；k _____ 时，为升压变压器。

　　A. >2、<1　　　　　　B. >1、<2　　　　　　C. >1、<1　　　　　　D. >2、<2

模块六 风电场变电站电气设备运行与维护

2. 大型变压器在试运行时，要进行_____次冲击合闸试验，每次冲击间隔时间不少于5min。
   A. 3　　　　　　B. 4　　　　　　C. 5　　　　　　D. 6
3. 吸湿器内装的硅胶，其颗粒在干燥时是_____色的，当吸收水分接近饱和时，硅胶就转变成_____色。
   A. 红、蓝　　　　B. 蓝、黄　　　　C. 蓝、红　　　　D. 黄、蓝
4. 变压器中性点接地属于_____。
   A. 工作接地　　　B. 保护接地　　　C. 保护接零　　　D. 故障接地
5. 变压器温度升高时绝缘电阻值_____。
   A. 降低　　　　　B. 不变　　　　　C. 增大　　　　　D. 成比例增大
6. 变压器上层油温要比中下层油温_____。
   A. 低　　　　　　B. 高　　　　　　C. 不变　　　　　D. 不一定
7. 为防止电压互感器高压侧穿入低压侧，危害人员和仪表，应将二次侧_____。
   A. 接地　　　　　B. 屏蔽　　　　　C. 设围栏　　　　D. 加防护罩
8. 电流互感器在运行中必须使_____。
   A. 铁心及二次绕组牢固接地　　　B. 铁心两点接地
   C. 二次绕组不接地　　　　　　　D. 铁心多点接地
9. 电容器存储的能量是_____。
   A. 热能　　　　　B. 机械能　　　　C. 磁场能　　　　D. 电场能
10. 断路器均压电容的作用是_____。
    A. 电压分布均匀　　　　　　　　B. 提高恢复电压速度
    C. 提高断路器开断能力　　　　　D. 减小开断电流
11. SF_6气体是_____的。
    A. 无色无味　　　B. 有色　　　　　C. 有味　　　　　D. 有色有味
12. 断路器油用于_____。
    A. 绝缘　　　　　B. 灭弧　　　　　C. 绝缘和灭弧　　D. 冷却
13. 断路器套管裂纹，绝缘强度_____。
    A. 不变　　　　　B. 升高　　　　　C. 降低　　　　　D. 时升时降
14. 发生误操作隔离开关时，应采取_____处理。
    A. 立即拉开
    B. 立即合上
    C. 误合时不许再拉开，误拉时在弧光未断开前再合上
    D. 停止操作
15. 在运行中的电流互感器二次回路上工作时，_____是正确的。
    A. 用铅丝将二次短接　　　　　　B. 用导线缠绕短接二次
    C. 用短路片将二次短接　　　　　D. 将二次线拆下
16. 变压器瓦斯保护动作原因是由于变压器_____。
    A. 内部故障　　　B. 套管故障　　　C. 电压过高　　　D. 一、二次主TA故障
17. 电力系统在运行中发生短路故障时，通常伴随着电压_____。
    A. 大幅度上升　　B. 急剧下降　　　C. 越来越稳定　　D. 不受影响
18. 电力系统在运行中发生短路故障时，通常伴随着电流_____。
    A. 大幅度上升　　B. 急剧下降　　　C. 越来越稳定　　D. 不受影响
19. 电容器的电容允许值最大变动范围为_____。
    A. 10%　　　　　B. 5%　　　　　　C. 7.5%　　　　　D. 2.5%

· 153 ·

20. 电压互感器二次回路中，_____不应接有开断元器件（熔断器、断路器等）。
    A. 电压互感器的中性线　　　　　　　B. 电压互感器开口三角回路
    C. 电压互感器开口三角绕组引出试验线　D. 都不对

二、判断题
1. 变压器的作用就是实现电能在不同电压等级之间进行转换。（　）
2. 变压器铁心的作用是构成磁路，支撑绕组。（　）
3. 变压器铁心不可以多点接地。（　）
4. 绝缘油的主要性能指标是低温性能、氧化安定性和介质损失。（　）
5. 变压器的试运行分两步进行，即空载运行和负载运行。（　）
6. 变压器运行中出现油炭化属于事故状态。（　）
7. 变压器最热处是变压器的下层 1/3 处。（　）
8. 对于新安装变压器，在变压器充电前，应将差动保护停用。（　）
9. 电压互感器可以隔离高压，保证了测量人员和仪表及保护装置的安全。（　）
10. 在电流互感器二次回路上工作时，禁止采用导线缠绕方式短接二次回路。（　）
11. 电流互感器过负荷、二次侧开路以及内部绝缘损坏发生放电等，会使其产生异常声响。（　）
12. 带电的电压互感器和电流互感器均不允许开路。（　）
13. 减少电网无功负荷使用容性无功功率来补偿感性无功功率。（　）
14. 把电容器串联在电路上以补偿电路电抗，可以改善电压质量、提高系统稳定性和增加电力输出能力。（　）
15. 安装并联电容器的目的，一是改善系统的功率因数，二是调整网络电压。（　）
16. 当全站无电后，必须将电容器的断路器拉开。（　）
17. 变压器每隔 1～3 年做一次预防性试验。（　）

三、填空题
1. 变压器的主要部件是铁心和绕组，在变压器的绕组中，接电源的绕组称_____，接负载的绕组称_____。
2. 变压器的基本结构由_____、_____、_____、_____、油箱和变压器油、压力释放装置、分接开关、绝缘套管等组成。
3. 当变压器故障或短路所引起的电弧使油汽化时，会导致油箱压力迅速升高，_____用来释放该压力。
4. 干式变压器是指_____和_____不浸在任何绝缘液体中，直接敞开于空气中，以_____为冷却介质的变压器。
5. 不允许使用刀开关切、合_____变压器。
6. 当全站无电后，必须将电容器的_____拉开。
7. 变压器新投入运行或大修后投入运行每_____小时巡视一次。
8. 无功补偿设备能_____、改善电压调节、调节负载的平衡性。
9. 在直流电路中电容相当于_____。
10. 变压器油的作用是_____。

四、简答题
1. 高压断路器有什么作用？试对比断路器和隔离开关的区别。
2. 电流互感器有什么用途？简述互感器日常维护的内容。
3. 并联电容器的作用有哪些？
4. 直流系统在变电站中起什么作用？

模块七

风电场的监控保护系统

目标定位

能力要求	知 识 点
了　解	风电场继电保护的作用
熟　悉	风电场继电保护的内容
掌　握	风电场继电保护系统的维护
掌　握	风电场防雷装置的维护检修
理　解	风电场计算机监控系统的功能与维护

知识概述

本模块主要介绍风电场监控保护系统的相关知识，包括风电场的继电保护、风电场的防雷保护及风电场计算机监控系统概述及功能等内容。

项目一　风电场的继电保护

一、风电场继电保护系统

（一）继电保护

1. 继电保护的作用

继电保护回路用于实现对一次设备和电力系统的保护功能，它引入电流互感器 CT 和电压互感器 PT 采集电流和电压并进行分析，最终通过跳闸或合闸继电器的触头将相关的跳闸/合闸逻辑传递给对应的断路器控制电路。继电保护在当被保护的电力系统元件发生故障时，准确迅速切除故障；当被保护的电力系统元件出现不正常工作情况时，发出信号，以便处理；或由装置自动调整，或将继续运行会引起事故的电气设备予以切除。图 7-1 所示是风电场中的继电保护系统。

继电保护主要利用电力系统中元件发生短路或异常情况时的电气量（电流、电压、功率、频率等）的变化，构成继电保护动作的原理，也有的是利用其他物理量，如变压器油箱内故障时伴随产生的大量瓦斯和油流速度的增大或油压强度的增高等。

图 7-1　继电保护系统

2. 继电保护装置

实现继电保护功能的设备称为继电保护装置，成套式的保护装置将保护元件、控制元件等集中于单一装置中，装设于保护、测控屏柜中，当电力系统中出现异常或故障时，能及时发出告警信号，或者直接向所控制的断路器发出跳闸指令，它是一种自动化设备。图 7-2 所示为我国风电场普遍采用的继电保护装置，具体元件集成在单一的柜体内，由计算机控制自动化运行与监测，实现保护与测控功能。

图 7-2　继电保护装置

继电保护有多种类型，其配置也各不相同，但都包含着三个主要的环节：一是信号的采集，即测量环节；二是信号的分析、处理和判断环节，即逻辑环节；三是作用信号的输出环节，即执行环节。其中，执行环节根据逻辑环节送来的信号，按照预定任务，动作于断路器的跳闸或发出信号。继电保护装置一般是通过电压互感器、电流互感器接入被保护元件的。

继电器是组成继电保护装置的基本元件，是当输入量（激励量）的变化达到规定要求时，在电气输出电路中，使被控量发生预定阶跃变化的一种自动器材。继电器的种类很多，按照其结构原理可以分为电磁式、感应型、整流型、晶体管型（静态）等继电器；按照其反应的物理量可分为电流、电压、功率方向、阻抗、周波、气体等继电器；按照其用途可分为测量继电器和辅助继电器等。

3. 继电保护的原则

为达到保护电力系统安全运行的功能，继电保护技术或装置应满足可靠性、选择性、灵敏性和速动性的四项基本原则。

（1）可靠性　可靠性是指继电保护装置应在不该动作时可靠地不动作，即不应发生误动作现象；在该动作时可靠地动作，即不应发生拒动作现象。可靠性是对继电保护装置性能最根本的要求。

（2）选择性　选择性是指继电保护装置应在可能的最小区间将故障部分从系统中切除，以保证最大限度地向无故障部分继续供电。为保证对相邻设备和线路有配合要求的保护和同一保护内有配合要求的两元件（如起动与跳闸元件或闭锁与动作元件）的选择性，其灵敏系数及动作时间，在一般情况下应相互配合。

（3）灵敏性　灵敏性是指在设备或线路的被保护范围内发生金属性短路时，保护装置应具有必要的灵敏度，各类保护的最小灵敏度在继电保护规程中有具体规定。灵敏性表示继电保护装置反映故障的能力。选择性和灵敏性的要求，通过继电保护的整定实现。

（4）速动性　速动性是指继电保护装置应能以可能的最短时限将故障部分或异常工况从系统中切除或消除。一般从装设速动保护（如高频保护、差动保护）、充分发挥零序接地瞬时段保护及相间速断保护的作用、减少继电器固有动作时间和断路器跳闸时间等方面入手来提高速动性。

四项基本原则之间有的相辅相成，有的相互制约，需要针对不同的使用条件，分别进行协调。

4. 继电保护的类型

（1）按照继电保护装置所保护的对象所属系统分　可分为交、直流系统保护，即交流系统保护和直流系统保护。

（2）按照继电保护功能在系统异常、故障时所发挥的作用重要程度分 可分为主保护、后备保护、辅助保护和异常运行保护等四种类型保护。

1）主保护：主保护是满足系统稳定和设备安全要求，能以最快速度有选择地切除被保护设备和线路故障的保护。

2）后备保护：后备保护是当主保护断路器拒动时，用来切除故障的保护。后备保护分为远后备和近后备。

3）辅助保护：辅助保护是为了补充主保护和后备保护的性能或当主保护和后备保护退出运行而增设的简单保护。

4）异常运行保护：异常运行保护是反应被保护电力设备或线路异常运行状态的保护，包括过负荷保护、失磁保护、失步保护、低频保护、非全相运行保护等。

（3）按继电保护动作原理分 可分为电流保护、电压保护、限时速断保护、零序保护、距离保护、差动保护等。

1）电流保护：线路电流超过某一预先整定值时，电流继电器动作，就构成线路的电流保护。电流保护分为过电流保护、纵联电流差动保护、电流速断保护、三段式电流保护等方式。电流保护的接线方式是指电流保护中的电流继电器与电流互感器二次绕组相连接的方式。

2）电压保护：母线电压低于某一预先整定值时，低电压继电器动作，就构成线路的电压保护。

当母线电压下降到预想整定的数值时，低电压继电器的常闭触点（当母线电压正常时，该触点是打开的）闭合，作用于跳闸、瞬时切除故障的保护，即电压速断保护。为了在不增加保护动作时间的前提下，扩大保护范围，可采用电流电压联锁速断保护。

3）限时速断保护：由于有选择性的电流速断不能保护线路的全长，因此可考虑增加一段新的保护，用来切除本线路上速断范围以外的故障，同时也能作为速断的后备，这就是限时速断保护。

4）零序保护：在大短路电流接地系统中发生接地故障后，就有零序电流、零序电压和零序功率出现，利用这些电气量构成保护接地短路的继电保护装置统称为零序保护。三相星形联结的过电流保护虽然也能保护接地短路，但其灵敏度较低，保护时限较长，采用零序保护就可克服此不足。

零序电流方向保护是反应线路发生接地故障时零序电流分量大小和方向的多段式电流方向保护装置。大短路电流接地系统电力网线路中，都装设这种接地保护装置作为基本保护。

5）距离保护：距离保护主要用于输电线的保护，是以距离测量元件为基础构成的保护装置，其动作和选择性取决于本地测量参数（阻抗、电抗、方向）与设定的被保护区段参数的比较结果，而阻抗、电抗又与输电线的长度成正比，故名距离保护。

6）差动保护：差动保护是比较被保护设备各端口电流的大小和（或）相位的继电保护，是输入的两端 CT 电流矢量差，当达到设定的动作值时起动动作元件。保护范围在输入的两端 CT 之间的设备（可以是线路、发电机、变压器等电气设备）。

（二）风电场继电保护及自动装置的配置要求

风电场继电保护配置的基本原则是"强化主保护，简化后备保护"。220kV 及以上"双重化"配置，110kV 及以下单套配置；升压站主要一次设备保护功能配置包括线路保护（高压输电线路、场内集电线路）、母线保护（高压母线、低压母线）、升压变电器保护、无功补偿设备保护、站用变压器保护及箱式变压器保护等；风电场一次设备保护功能配置主要是风力发电机组辅助设备保护（电气量、非电气量）。

1. 风电场及风力发电机组的电力特点

综合考虑风电场各种发电出力水平和接入系统各种运行工况下的稳态、暂态、动态过程，应配置足够的动态无功补偿容量，且动态调节的响应时间不大于 30ms，以确保场内无功补偿装置的动态部分自动调节，确保电容器、电抗器支路在紧急情况下能被快速正确投切。

风电场汇集线系统单相故障应快速切除。汇集线系统应采用经电阻或消弧线圈接地方式，不应采用不接地或经消弧柜接地方式。经电阻接地的汇集线系统发生单相接地故障时，应能通过相应保护快速切除，同时应兼顾机组运行电压适应性要求。经消弧线圈接地的汇集线系统发生单相接地故障时，应能可靠选线，快速切除。风电场内涉网保护定值应与电网保护定值相配合。

风力发电机组要考虑电压及频率的适应性，即风电场并网点电压在 0.9~1.1 倍额定电压范围（含边界值）内，电力系统频率在 49.5~50.2Hz 范围（含边界值）内时，风力发电机组应能正常运行。电力系统频率在 48~49.5Hz 范围（含48Hz）内时，风力发电机组应能不脱网运行 30min，风力发电机组应具有必要的低电压穿越能力。

2. 风电场对继电保护双重化配置的基本要求

1) 两套保护装置的交流电流应分别取自电流互感器互相独立的绕组；交流电压宜分别取自电压互感器互相独立的绕组。保护范围应交叉重叠，避免死区。

2) 两套保护装置的直流电源应取自不同蓄电池组供电的直流母线段。

3) 两套保护装置的跳闸回路应与断路器的两个跳闸线圈分别一一对应。

4) 两套保护装置与其他保护、设备配合的回路应遵循相互独立的原则。

5) 每套完整、独立的保护装置应能处理可能发生的所有类型的故障。两套保护之间不应有任何电气联系，当一套保护退出时不应影响另一套保护的运行。

6) 线路纵联保护的通道（含光纤、微波、载波等通道及加工设备和供电电源等）、远方跳闸及就地判别装置应遵循相互独立的原则按双重化配置。

7) 330kV 及以上电压等级输变电设备的保护应按双重化配置。

8) 除终端负荷变电站外，220kV 及以上电压等级变电站的母线保护应按双重化配置。

9) 220kV 电压等级线路、变压器、高抗、串补、滤波器等设备微机保护应按双重化配置。每套保护均应含有完整的主、后备保护，能反应被保护设备的各种故障及异常状态，并能作用于跳闸或给出信号。

10) 汇集线系统中的母线应配置母差保护。

11) 风电场应具有低电压穿越能力，宜配置全线速动保护，有利于快速切除故障，帮助风力发电机组减少低电压穿越时间。

（三）风电场继电保护的配置

风电场风力发电机组的保护装置有温度保护、过负荷保护、电网故障保护、低电压保护、振动超限保护和传感器故障保护等。风电场升压变电站的主变压器、110kV 线路、

35kV 线路及箱式变压器的继电保护选用微机型继电保护装置，箱式变电站中的变压器配置高压熔断器作为短路保护。对于 220kV 及以上的电气设备，要求继电保护双重化配置，即装配两套独立工作的继电保护装置，同时一般加装可以保护线路全长的全线速动保护，即高频、电流差动保护。变电站 220kV 系统采用单母线接线，220kV 出线故障时，由一次变电站开关跳闸。避雷器用于防御过电压保护，负荷开关用于正常分合电路，不装设专用的继电保护装置。

1. 高压线路保护

为保证风电场联网线路内部故障可靠切除，区域变电站与风电场在高压区域变电站侧装设微机距离保护，风电场升压站侧不配置保护仅装设远方跳闸就地判别装置，线路故障时由区域变电站距离保护动作跳闸，同时向风电场侧传送远方跳闸信号，跳开风电场侧断路器。

2. 主变压器保护

主变压器保护主要配置二次谐波制动原理的微机型纵差保护，保护动作跳开变压器各侧断路器。差动保护是变压器的基本电气量主要保护方式，用于保护变压器本身故障。此外，一般还装设差动速断保护，用于快速动作于较为严重的故障，差动保护的跳闸逻辑为跳开变压器各侧断路器，实现变压器和带电系统的完全隔离。由于调压机构本身也为油绝缘，因此为了防御调压机构的故障，有载调压的变压器也会装设调压瓦斯保护，直接动作于跳开变压器各侧断路器。为了应对变压器本体的变化，还装设有油温、绕组温度、油位、冷却器故障等动作于信号的保护，其中冷却器故障和油温高也可以视情况整定带时限动作于跳闸。

除了装设主保护，变压器还装设有后备保护和过载保护。主变压器的后备保护包括防止相间短路的电流保护和用于防止接地短路的零序电流和零序电压保护。电流保护即是在低压侧装设复合电压起动的过电流保护、高压侧装设低电压闭锁过电流保护，保护经延时动作于跳开主变压器两侧断路器。过载保护带时限动作于发信、起动风扇、闭锁有载调压或跳开低压侧分段断路器。

（1）差动保护 保护动作跳开变压器各侧断路器。

（2）复合电压闭锁过电流保护 保护为二段式，第一段带方向，方向指向高压母线，第一时限备用，第二时限跳开变压器各侧断路器；第二段不带方向，保护动作跳开变压器各侧断路器。

（3）高压零序过流保护 保护为二段式，第一段带方向，方向指向高压母线，第一时限备用，第二时限跳本侧；第二段不带方向，保护动作跳开变压器各侧断路器。

（4）高压中性点间隙零序电流保护及零序电压保护 延时跳开变压器各侧断路器。

（5）过负荷保护 保护为单相式延时动作于发信号。

（6）断路器失灵保护 保护动作起动高压母线保护总出口继电器。

（7）非电量保护

1）瓦斯保护：主变压器本体和有载调压开关均设有该保护，轻瓦斯动作发信号，重瓦斯动作后瞬时跳开主变压器两侧断路器。

2）主变压器压力释放保护：保护瞬时跳闸，跳主变压器两侧断路器。

3）温度保护：温度过高时动作于主变压器两侧断路器跳闸，温度升高时动作于发信号。

上述可选择分别作用于主变压器两侧跳闸或发信号，本体轻瓦斯、调压轻瓦斯、过负荷、主变压器油温升高、油位异常等作为告警发信。

3. 线路及母线保护

1）电流速断保护：动作于线路断路器跳闸，带有手动合闸后加速。
2）电流限时速断保护（低电压闭锁过流）。
3）过电流保护：延时动作于线路断路器跳闸。
4）接地保护（零序过流保护）。
5）过负荷保护。

4. 风力发电机组进线开关保护

（1）电流速断保护　保护动作于断路器跳闸。
（2）过电流保护　保护延时动作于断路器跳闸。
（3）小电流接地选线　信号取自风力发电机组进线电缆零序CT，动作于跳开进线开关，发报警信号。

5. 场用变压器保护

（1）电流速断保护　保护动作于断路器跳闸。
（2）过电流保护　保护延时动作于断路器跳闸。
（3）低压侧零序电流保护　保护动作于低压侧断路器跳闸。
（4）手合、远程合闸加速保护　合闸保护延时可以整定。

6. 无功补偿设备保护配置

1）过电流保护。
2）限时电流速断保护。
3）电容器组开口三角电压保护。
4）过/欠电压保护。
5）接地保护（零序过电流保护）。
6）PT断线警告。

二、风电场继电保护系统运行与维护

（一）继电保护及自动装置运行规定

1. 继电保护投退原则

1）继电保护装置的状态分为投入、退出和信号三种。
2）投入状态指装置功能压板和出口压板均按要求正常投入，把手置于对应位置。
3）退出状态指装置功能压板、出口压板全部断开，把手置于对应位置。
4）信号状态指装置功能压板投入，出口压板全部断开，把手置于对应位置。
5）运行中的继电保护投退操作，应依照当值调度员的指令进行，未经许可不得改变继电保护装置的状态。
6）退出继电保护装置部分保护功能时，除断开该功能压板外，还应断开专用出口压板。
7）继电保护整屏退出时，应断开保护屏上所有保护压板，包括功能压板（把手）和跳闸压板。
8）正常情况下，一次设备在运行状态或热备用状态时，其保护装置为投入状态；一次

模块七　风电场的监控保护系统

设备在冷备用或检修状态时，其保护装置为退出状态；继电保护装置无需投入，但需对其运行工况进行观察监视，应投信号状态。

2. 继电保护操作注意事项

（1）线路光纤差动　线路光纤差动保护投入跳闸前，确认光纤通道正常后，方可投入。线路光纤差动保护执行两端同时投退原则。线路充电时，要求线路两侧光纤差动保护及开关控制电源投入；线路停运，防止光纤差动保护误动。

（2）线路远跳保护　远跳保护执行两侧同时投/退原则。不允许在运行的远跳保护通道上进行远跳信号试验；若需进行，必须在线路两端远跳保护退出的情况下进行。

（3）主变压器差动保护　变压器空载充电时必须投入；新投变压器带负荷时，差动保护根据调度要求投退。

（4）主变压器瓦斯保护　变压器瓦斯保护正常运行时必须投入。变压器运行中滤油、补油、换潜油泵或更换净油器的吸附剂时，应将其重瓦斯改接信号。用一台开关控制多台变压器时，如其中一台变压器转备用，则应将备用变压器重瓦斯改接信号。

（5）断路器保护　充电保护投退严格按照调度命令、现场操作规程执行。断路器充电保护仅在充电时临时投入。正常运行中，断路器充电保护应退出。

（6）双母线母差保护　双母线母差保护运行方式必须与一次系统运行方式保持一致。要注意双母线母差保护用电压二次方式必须正确。

3. 主变压器保护装置运行规定

（1）差动保护

1）主变压器运行时，差动保护与瓦斯保护不允许同时停用。

2）新投入或二次回路变动的差动保护，主变压器充电前，将差动保护投入，带负荷前，将差动保护退出，在测试相位正确、差压合格后方可投入跳闸。

3）所有差动保护在第一次投入运行时，必须进行不少于五次无负荷冲击合闸试验，以检查差动保护躲过励磁涌流的性能。

（2）中性点保护

1）中性点直接接地过电流保护Ⅰ段停用，只使用过电流Ⅱ段。

2）中性点过电流保护不论主变压器中性点接地方式如何（包括中性点接地方式切换操作过程中），两套中性点过电流保护均同时投入跳闸。

3）主变压器进行投、切操作时，中性点必须直接接地，两套中性点过电流保护全部投入跳闸，并将该母线其他中性点直接接地运行，变压器的"直接接地过电流保护"Ⅱ段停用，良好后恢复。

4）中性点零序过电压保护在变压器各种接地方式下及各种运行操作中始终投入运行。

4. 二次回路运行操作规定

1）运行中的保护装置，每班交接班时必须巡视检查一次。

2）运行中设备需投入保护及出口跳闸压板时（主变压器差动、母差、失灵等）应先测压板两端对地电压，电压正常后，方可投入。

3）系统电气一次设备不允许无保护运行（直流系统查找接地故障除外）。检修后的设备充电时应投入全部保护。运行中的设备被迫退出主保护时应保留后备保护或接入临时保护。

· 161 ·

4）继电保护和安全自动装置本身发生故障或异常，如有误动可能时，应退出该保护或自动装置；发生不正确动作后，应变更现状。

5）微机保护工作结束送电前，应检查保护屏后断路器确已合好，保护电压切换指示正确。

6）凡断路器机构进行调整或更换部件后，需经过保护带开关做传动试验合格后，继电保护装置方可投入运行。

7）当保护装置发"直流消失"信号时，如装置逻辑回路采用变电站直流电源直接供电方式，应退出保护装置，并查明原因进行处理；如装置逻辑回路采用逆变电源供电方式，应先将逆变电源再起动一次，若装置仍不能恢复直流电压，则应退出保护装置，并进行检修。

8）微机保护装置最大湿度不应超过75%，应防止灰尘和不良气体侵入。保护装置室内环境温度应在5~30℃内，超过此范围时应开启空调。

9）保护系统出现异常或故障时，要记录所有继电保护和安全自动装置动作信号及时间；所有跳闸的断路器、跳闸相别；系统电流、电压、功率、频率等的变化情况；故障信息系统的动作情况；分类收集微机保护装置打印报告及微机故障录波器的录波报告，并按打印报告分别记录保护动作情况。

（二）继电保护装置的巡视检查

1. 保护装置投运前的检查项目

1）投入直流电源，电源指示灯、信号指示灯指示是否正常。

2）新投运或运行中的微机保护装置直流电源恢复后，应校对时钟。

3）将打印机与保护装置连接好，合上打印机电源，检查打印机"Power"（电源）开关是否投至"ON"位置。

4）投入各保护压板。

5）检查装置电源、电压、控制断路器是否在合好位置。

2. 运行中的继电保护和自动装置的巡视检查

1）继电保护及自动装置各继电器外壳是否清洁完整，继电器铅封是否完好。

2）各保护装置运行是否正常，有无破损、异常噪声、冒烟、脱轴及振动现象，各端子有无过热、变色现象。

3）继电保护或自动装置压板及转换开关位置与运行要求是否一致，是否在应投位置。

4）各类运行监视灯、液晶显示内容是否正常，有无告警灯亮，有无告警信息发生。

5）各保护装置电源是否工作正常；直流系统双电源供电是否正常，蓄电池是否处于浮充状态。

6）控制、信号、电源断路器位置是否符合运行要求。

7）检查保护装置、故障录波器显示时间是否与GPS时间相一致。

8）电压切换灯与实际隔离开关位置是否相符。

9）打印机工作是否正常，打印纸是否足够，打印机的打印色带应及时更换。

3. 事故情况下的检查项目

1）检查负荷分配情况，是否过负荷。

2）检查电流、电压情况。

3）检查光字、信号灯、保护装置动作情况。

4）检查信号动作和开关跳闸情况。

5）检查继电器、保护装置有无异常情况。

4. 继电保护工作结束时验收检查项目

1）检查微机保护的装置面板是否完整无缺，各监视灯、光耦插件、拨轮开关切换开关等是否在正常位置。

2）继电器外壳是否完整，定值是否符合整定单要求。与实际位置核对正确，可以铅封的继电器应铅封完整。

3）工作时拆动过的接线是否恢复原状，试验中临时线是否全部拆除。

4）电压、电流试验端子是否拧紧，各二次熔丝切换开关、压板或插销等是否放在原来位置。

5）整组模拟试验、信号指示是否正确动作。

6）如改动二次接线，要求试验人员临时修改图样和符号框。

7）簿册记录是否完整，对继电器刻度实际位置与定值不对应或有两个以上的定值，工作记录时应注明。

（三）继电保护装置故障与处理

1. 二次回路常见故障处理

1）指示仪表正常与否，应参考进线或有关表计进行综合判断。如怀疑表计卡住，可用手轻轻敲击表计，若确无指示，则应检查仪表连接端子是否松动、脱出、短路、开路，最后判别故障为表计本身损坏引起时，应检修处理。

2）对于继电器的异常情况，首先应判断其危害程度，不得任意用手指敲打，也不应随意停电，必要时可将保护按程序停用，然后再进行处理。

2. 电流互感器二次回路故障

1）对于仪表和保护回路的电流回路开路时，应将相应电流互感器二次回路进行可靠短路后，再进行处理。

2）对于差动电流回路，电流负序分量、零序分量的回路发生开路时，应立即停用该保护装置，然后将电流互感器的二次回路短接后进行处理。

3. 电压互感器二次回路故障

1）用电压切换开关，测量三相电压是否平衡，分析电压表计指示情况，判断故障相别，进行检修处理。

2）利用万用表检查电压互感器二次回路的接线，迅速查出断线地点和分析断线原因，并尽可能将其消除。

3）发现电压互感器二次熔丝熔断，应立即更换熔丝。若更换新的合格熔丝后又熔断，则应找出短路故障地点，待消除故障后方可再次换上新的熔丝。

4）若35kV电压互感器回路故障，而二次回路又找不到故障点，此时应设法检查电压互感器高压熔丝是否熔断，如确已熔断，则停用该电压互感器更换熔丝。

5）若检查电压互感器二次回路和一次回路均正常，但仍无电压时，则检查电压切换继电器的直流回路是否正常。

6）直流接地时，应根据直流系统现场运行规程寻找直流接地点，在寻找过程中应谨慎遵守有关注意事项，防止发生二点接地造成开关误跳或拒跳，同时严禁任何工作人员在继电保护回路和直流二次回路上工作。

> **实践训练**
>
> **想一想**：风电场主要设置了哪些类型的继电保护，分别针对哪些异常与故障？

项目二　风电场的防雷保护

一、雷电的防护

（一）雷电及其防护

1. 雷电的产生

雷电是自然界中一种常见的放电现象。关于雷电的产生有多种解释理论，通常我们认为由于大气中热空气上升，与高空冷空气产生摩擦，从而形成了带有正负电荷的小水滴。当正负电荷累积达到一定的电荷量时，会在带有不同极性的云团之间以及云团对地之间形成强大的电场，从而产生云团对云团和云团对地的放电过程，这就是通常所说的闪电。在闪电通道中，电流极强，温度可骤升至 20000℃，气压突增，空气剧烈膨胀，爆炸似的声波振荡就是雷声。而对我们生活产生影响的，主要是近地云团对地的放电。经统计，近地云团大多是负电荷，其场强最大可达 20kV/m。雷电的形成如图 7-3 所示。

雷电对风电场的危害是非常严重的。雷电袭击时的冲击电流可以高达几十万安、过电压冲击波幅值高达几十万伏，如此高的冲击电流和过电压会对风电场中的电气设备造成极其严重的破坏。因此，雷电防护是风电场建设所应重视的。

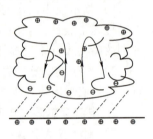

图 7-3　雷电的形成

2. 雷电的类型

自然界的雷电类型有直击雷、雷电波侵入、感应雷和球形雷等四种形式。

（1）直击雷　直击雷是雷云直接对地面物体的放电现象。它的破坏力十分巨大，若不能迅速将其泄放入大地，将导致放电通道内的物体、建筑物、设施、人畜遭受严重的破坏或损害——火灾、建筑物损坏、电子电气系统摧毁，甚至危及人畜的生命安全。

（2）雷电波侵入　雷电波侵入是指雷电不直接放电在建筑和设备本身，而是对布放在建筑物外部的线缆放电，即产生高电位、大电流的雷电冲击波。线缆上的雷电波或过电压几乎以光速沿着电缆线路扩散，侵入并危及室内电子设备和自动化控制等各个系统。因此，往往在听到雷声之前，电子设备、控制系统等可能已经损坏。

（3）感应雷　感应雷也称为感应过电压，包括静电感应雷和电磁感应雷，其中静电感应雷是由于雷云接近地面时，在地面凸出物顶部感应出大量异性电荷所致。电磁感应雷是由于雷击后，巨大雷电流在周围空间产生迅速变化的强大磁场所致。这种磁场能在附近的金属导体上感应出很高的电压，造成对物体的二次放电，从而损坏电气设备。

（4）球形雷　球形雷是一种球形的火球，能从门、窗等通道侵入室内，危害极大。

3. 雷电的防护形式

雷电的防护一般有五种形式：避雷针、避雷线、避雷带和避雷网、避雷器、接地装置等。

（1）避雷针　避雷针是由接闪器、支持构架、引下线和接地体构成，是防止直接雷击的有效装置，其作用是将雷电吸引到自身并泄放入地中，从而使其附近建筑及设施免遭雷击。

（2）避雷线　避雷线原理与避雷针相同，由悬挂在被保护物上空的镀锌钢绞线（接闪器）、接地引下线和接地体组成，主要用于输电线路的保护。

（3）避雷带和避雷网　避雷带和避雷网原理同避雷针，将镀锌钢绞线排列成带或纵横连接构成网，适用于被保护面积较大的物体。

（4）避雷器　避雷器原理与避雷针不同，它实质上是一种放电器，是用来限制沿线路侵入的感应过电压的一种保护设备；是能释放雷电和过电压能量，保护电气设备免受瞬时过电压危害，又能截断续流，不致引起系统接地短路的电气装置。

（5）接地装置　接地装置就是在地表层埋设金属电极（接地体），把设备与电位参照点的地球做电气上的连接，使其对地保持一个低的电位差。

4. 雷电的防护系统

雷电防护系统由外部防护、过渡防护和内部防护三部分组成，各部分都有其重要作用，不存在替代性。

（1）外部防护　外部防护系统由接闪器（避雷针、避雷带、避雷网等金属接闪器）、引下线、接地体组成，可将绝大部分雷电能量直接导入地下泄放。

（2）过渡防护　过渡防护系统由合理的屏蔽、接地、布线组成，可减少或阻塞通过各入侵通道引入的感应。

（3）内部防护　内部防护系统主要是对建筑物内易受过电压破坏的电子设备（或室外独立电子设备）加装过压保护装置，在设备受到过电压侵袭时，防雷保护装置能快速动作泄放能量，从而保护设备免受损坏。内部防雷系统由均压等电位联结、过电压保护组成，可快速泄放沿着电源或信号线路侵入的雷电波或各种危险过电压，还可均衡系统电位，限制过电压幅值。内部防雷又可分为电源线路防雷和信号线路防雷两种形式。

1）电源线路防雷：电源线路防雷系统主要是防止雷电波通过电源线路对计算机及相关设备造成危害。为避免高电压经过避雷器对地泄放后的残压过大或因更大的雷电流在击毁避雷器后继续毁坏后续设备，以及防止线缆遭受二次感应，应采取分级保护、逐级泄流的原则。一是在电源的总进线处安装放电电流较大的首级电源避雷器，二是在重要设备电源的进线处加装次级或末级电源避雷器。

2）信号线路防雷：由于雷电波在线路上能感应出较高的瞬时冲击能量，因此要求信号设备能够承受较高能量的瞬时冲击，而目前大部分信号设备由于电子元器件的高度集成化而致耐过电压、耐过电流水平下降，信号设备在雷电波冲击下遭受过电压而损坏的现象越来越多。

（二）风电场的防雷保护

1. 风力发电机组的防雷保护

风力发电机组都是安装在野外广阔的平原地区、半山地丘陵地带或沿海地区。风力发电设备高达几十米甚至上百米，导致其极易被雷击并直接成为雷电的接闪物。由于风力发电机组内部结构非常紧凑，无论叶片、机舱还是塔架受到雷击，机舱内的电控系统等设备都有可能受到机舱的高电位反击。在电源和控制电路沿塔架引下的途中,也可能受到高电位反击。实际上,对于处于旷野之中的高耸物体,无论采用哪种防护措施,都不可能完全避免雷击。因此,对于风力发电机组的防雷来说,应该把重点放在遭受雷击时如何迅速将雷电流引入大地,尽可能地减少由雷电导入设备的电流,最大限度地保障设备和人员的安全,使损失降低到最小程度。

对于风力发电机组,直接雷击保护主要针对叶片、机舱和塔架,而间接雷击保护主要是过电压保护和等电位联结。电气系统防雷保护则主要针对间接雷击。

叶片是风力发电机组中位置最高的部件,常常遭受雷电袭击,雷电释放巨大能量,使叶片结构温度急剧升高,分解气体高温膨胀,压力上升造成爆裂破坏。叶片防雷系统的主要目标是避免雷电直击叶片本体而导致叶片损害。

雷电接闪器是一个特殊设计的不锈钢螺杆,相当于一个避雷针,装置在叶尖根部,即叶片最可能被袭击的部位,起引雷的作用。因叶尖是重点雷击部位,就由叶尖接闪器捕捉雷电,再通过叶尖内部引下线将雷电导入大地,约束雷电,从而保护叶片。叶尖防雷装置如图7-4所示。

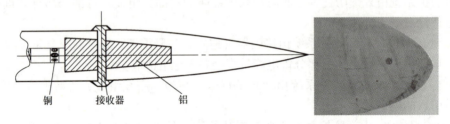

图7-4　叶尖防雷装置

雷电由在叶片表面接闪电极引导,由引下线传到叶片根部,通过叶片根部传给叶片法兰,通过叶片法兰和变桨距轴承传到轮毂,通过轮毂法兰和主轴承传到主轴,通过主轴和基座传到偏航轴承,通过偏航轴承和塔架最终导入机组基础接地网。

在机舱顶部装有一个避雷针,避雷针用于保护风速计和风标免受雷击,在遭受雷击的情况下将雷电流通过接地电缆传到机舱上层平台,避免雷电流沿传动系统的传导。图7-5所示为风力发电机组机舱顶部测风装置上装设的避雷设备。

大型风力发电机组的机舱罩是用金属板制成的,相当于一个法拉第笼,对机舱中的部件起到了防雷保护作用。机舱主机架除了与叶片相连,还在机舱罩上后部设置了接闪杆,用来保护风速计和风向仪免受雷击。机舱罩及机舱内各部件均通过铜导体与

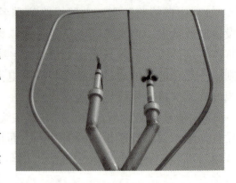

图7-5　风力发电机组机舱顶部的避雷设备

机舱底板连接,旋转部分轮毂通过电刷经铜导体与机舱底板连接,偏航制动盘与机舱通过接地线连接,专设的引下线连接机舱和塔架。雷击时,引下线将雷电顺利导入塔架,而不会损坏机舱。

机组基础的接地设计采用环形接地体,包围面积的平均半径≥10m,单台机组的接地电

阻≤4Ω，使雷电流迅速流散入大地而不产生危险的过电压。

为了预防雷电效应，对处在机舱内的金属设备如金属构架、金属装置、电气装置、通信装置和外来的导体做了等电位联结，连接母线与接地装置连接。汇集到机舱底座的雷电流，传送到塔架，由塔架本体将雷电流传输到底部，并通过3个接入点传输到接地网。

风电机组的防雷保护区域（LPZ）划分为雷电防护LPZ0、LPZ1、LPZ2三个区域。

零区域LPZ0：风速和风向仪、航空障碍灯。

顶部1区域LPZ1：发电机，电动机，液压站系统，温度传感器，转速传感器。

顶部2区域LPZ2：PLC自动控制子站（机舱控制柜），温度变送器，振动变送器。

底部1区域LPZ1：（户外）变压器与塔底柜的主开关之间的电源线路690V。

底部2区域LPZ2：PLC自动控制主站，690V电网回路，电源模块，功能模块。

在LPZ0与LPZ1、LPZ1与LPZ2区的界面处应做等电位联结。风力发电机组及输变电设备的防雷区域划分及雷电防护设计如图7-6所示（图来源于网络）。

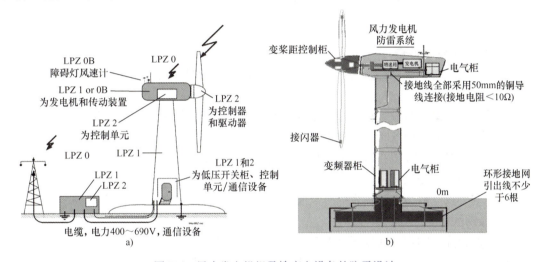

图7-6　风力发电机组及输变电设备的防雷设计

为避免雷击产生的过电压对电气系统的破坏，风力发电机组电气系统在主电路上加设过电压保护器，即在发电机、开关盘、控制系统电子组件、信号电缆终端等采用避雷器或压敏块电阻的过电压保护；塔内较长的信号线缆，在两端分别加装保护，以阻止感应浪涌对两端设备的冲击，确保信号的传输。风力发电机组在塔底的620V或690V电网进线侧和变压器输出400V侧安装B级和C级SPD（即防雷器），以防护直接雷击，将残压降低到2.5kV水平；在风向标风速仪信号输出端加装信号防雷模块防护，残余浪涌电流为20kA（8/20μs），响应时间不超过500ns。

2. 集电线路的防雷保护

集电线路上出现的大气过电压主要有直击雷过电压和感应雷过电压，而直击雷过电压危害要更严重。

集电线路的防雷保护措施有多种方式，最基本的是架设避雷线，以防止雷直击于导线。此外，架设避雷线对雷电流还具有分流作用，可以减少流入杆塔的雷电流，以降低塔顶电位；对导线具有耦合作用，降低雷击塔杆作用时作用于线路绝缘子串上的电压；对导线具有屏蔽作用，可以降低导线上的感应过电压。

为了减少输电线路的雷害事故，在雷电活动强烈或土壤电阻率很高的线段及线路绝缘薄弱处装设排气式避雷器，以提高输送电的可靠性。

3. 升压变电站的防雷保护

风电场升压变电站是风电场的枢纽，担负着向外输送电能的重任，一旦遭受雷击，引起变压器等重要电气设备损坏，损失将非常严重。因此，升压变电站的雷电防护十分重要。

对直接雷击变电站一般采用安装避雷针或避雷线保护。对于沿线路侵入变电站的雷电侵入波的防护，主要靠在变电站内合理地配置避雷器，并在距变电站 1~2km 的进线段加装辅助的防护措施，以限制通过避雷器的雷电流幅值和降低雷电压的陡度。

4. 过电压保护与接地装置

过电压是指工频下交流电压方均根值升高，超过额定值 10% 并且持续时间长的电压变动现象。风电场的过电压保护与接地装置的正常运行与检查非常重要。

二、防雷装置的维护与检修

1. 避雷针的维护检查

1）正常巡视时，应检查避雷针是否倾斜、锈蚀、接地是否可靠，针头与接地连接是否可靠。

2）在每年雷雨季节应进行避雷针锈蚀情况检查，并应定期进行防腐处理。

3）雷雨天气巡视设备时不宜靠近避雷器和避雷针。

4）严禁在避雷针或装有避雷针的构架上架设低压照明线。

2. 避雷器的巡视检修

1）瓷套、法兰清洁完整，主瓷套及底座瓷套釉面完好，无裂纹、破损及放电痕迹。对金属外表视锈蚀情况进行油漆处理。

2）内部无异常响声；动作记录器完好；放电计数器无进水受潮现象，外壳无裂纹。

3）接地引线连接可靠、无锈蚀；高压引线无断股、烧伤现象，接头牢固。

4）多元件组合的避雷器无倾斜。

5）泄漏电流值应小于 0.7mA，但不能为零（指针为零，表明已坏）。

6）按规定要求进行测量和试验。

3. 避雷器及避雷针的特殊巡视检查项目

1）检查避雷器及避雷针的摆动情况，是否倾斜。

2）检查放电记录器的动作情况，并做好记录。

3）检查避雷器瓷套是否有裂纹和放电闪络现象。

4）检查引线及接地牢固无损伤。

4. 避雷器的异常运行与事故处理

1）避雷器发生下列情况时，应停止运行，进行检修，并做好相关记录。

① 有明显裂纹。

② 内部发生异常声。

③ 引线或接地线断线。

2）避雷器发生故障时的处理原则：

模块七　风电场的监控保护系统

① 当避雷器发生故障时，禁止在故障设备附近停留并保持安全距离。
② 配电装置发生接地故障时，若是由母线避雷器接地引起，应及时检修处理。
③ 避雷器爆炸未造成引线接地时，应用相应电压等级的绝缘工具将引线解开，或使用断路器断开故障避雷器。

3）运行中发现避雷器瓷套有裂纹时，如天气晴好，应退出避雷器进行更换；如遇雷雨时，尽量不要使避雷器退出运行，待雷雨后再处理；如瓷套裂纹已造成闪络，但未接地，在可能条件下将故障避雷器退出运行。

4）当运行中避雷器遭雷击损坏未造成接地时，待雷雨过后，拉开相应的开关、刀开关，将避雷器更换；当避雷器遭雷击损坏已造成接地时，需停电更换。严禁用隔离开关停用故障的避雷器，且雷雨时严禁操作。

5. 避雷器运行维护规定

1）避雷器在投入运行前或更换动作记录后应及时记下记录器底数（应调整为零）。
2）每次雷雨后应对避雷器进行检查并记录动作次数，每季度记录一次放电次数。
3）每年雷雨季节前应对避雷器进行一次检查，清除缺陷。非雷雨季节，也应按设备周期维护表做核对性检查，并做好记录。
4）每年雷雨季节前应对避雷器进行一次预防性试验，不合格的应立即更换。

6. 接地装置的检测

1）接地电阻测试后，检查主接地网及独立避雷针接地电阻等试验结果是否符合规定或设计要求。
2）变电站大修后，检查接地线着色和标记是否符合要求。
3）每 3 年对接地网进行抽样开挖 1 次，检查各焊接点的焊接质量及接地扁铁有无锈蚀情况。
4）主变压器每次大修时，应对其中性点接地进行导线通道检查。

实践训练

想一想：风力发电机组的防雷系统是怎样设置的？

项目三　风电场计算机监控系统

一、监控系统概述

为保护风电场正常运行，确保供电质量，风力发电机组及变压器配备各种检测和保护装置。微机自动控制系统能连续对各机组进行监测，控制室的计算机屏幕上应反映风力发电机组实时状态，如风轮或发电机转速、各部件温度、当前功率、总发电量等。

风电场的控制系统分为单机控制、中控室控制和远程控制三种方式。其中，单机控制包括内容系统控制、保护、测量和信号；中控室控制是对风电场全部风力发电机组的集中控制；远程控制主要是针对调度机构。

风力发电机组的控制包括两个单元，即微机单元和电源单元。微机单元主要是控制风力发电机组运行，电源单元是使风力发电机组与电网同期。风力发电机组的单机控制系统是一

· 169 ·

个基于微处理器的控制单元,能够独立调整和控制机组运行。运行人员可通过控制柜上的操作键盘对机组进行现场监视和控制,如手动开机、停机、电动机起动等。在风力发电机组塔架机舱里也设有手动操作控制柜,柜上配有开关和按钮,如自动操作/锁定的切换开关、偏航切换开关、起动按钮、制动器卡盘钮和复位按钮等。

风力发电机组监控系统一般分为中央监控系统和远程监控系统。中央监控系统由就地通信网络、监控计算机、保护装置、中央监控软件等组成,其功能主要是为了利于风电场人员集中管理和控制风力发电机组。远程监控系统由中央监控计算机、网络设备(路由器、交换机、ADSL设备、CDMA模块)、数据传输介质(电话线、无线网络、Internet)、远程监控计算机、保护系统、远程监控软件等组成,其功能主要是为了让远程用户实时查看风力发电机组的运行状况、历史资料等。

(一)中央监控系统

风电场中央监控系统是就地控制系统,是一个相对独立的自动化监控系统。该系统通过与风力发电机组适配器的结合获得风力发电机组的各实时数据并选择存入数据库中,通过分析处理、显示、统计等一系列的过程来完成对风电场各个风力发电机组的自动化监控。该系统的具体控制方式是使用数据库实现数据存储,通过实现各个风力发电机组轮询方式获得风力发电机组数据的实时显示;通过实现各个风力发电机组单独查询方式获得选定风力发电机组的实时详细状态显示;通过实现命令下达方式实施对选定风力发电机组的就地控制。

1. 计算机网络拓扑结构

计算机网络的拓扑结构是指计算机网络的硬件系统的连接形式,即网络的硬件布局,通常用不同的拓扑来描述对物理设备进行布线的不同方案。最常用的网络拓扑有总线型、环形、星形、网状和混合型。大型风场一般都采用组合拓扑结构,如图7-7所示。

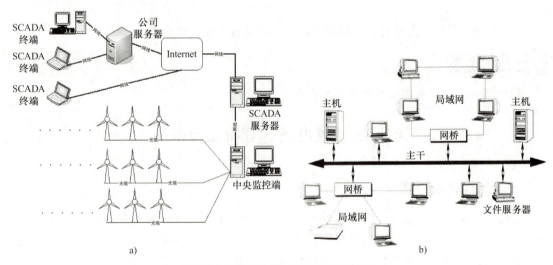

图7-7 计算机数据通信网络拓扑结构

(1)网络设备 计算机网络设备主要包括网卡、集线器、交换机和路由器等。

1)网卡:网卡(Network Interface Card,NIC)也称网络适配器,是计算机连接局域网的基本部件。在构建局域网时,每台计算机上必须安装网卡。网卡的功能主要有两个:一是将电脑的数据进行封装,并通过网线将数据发送到网络上;二是接收网络上传过来的数据,

模块七 风电场的监控保护系统

并发送到电脑中。

2）集线器：集线器的英文名称就是我们通常见到的"HUB"，英文"HUB"是"中心"的意思，集线器的主要功能是对接收到的信号进行再生整形放大，以扩大网络的传输距离，同时把所有节点集中在以它为中心的节点上。它工作于OSI参考模型第二层，即"数据链路层"。

3）交换机：交换机的英文名为"Switch"，它是集线器的升级换代产品，从外观上来看的话，它与集线器基本上没有多大区别，都是带有多个端口的长方形盒状体。交换机是按照通信两端传输信息的需要，用人工或设备自动完成的方法把要传输的信息送到符合要求的相应路由上的技术统称。广义的交换机就是一种在通信系统中完成信息交换功能的设备。

4）路由器：路由器具有网络连接、数据处理和网络管理功能。路由器支持各种局域网和广域网接口，主要用于互联局域网和广域网，实现不同网络互相通信；数据处理提供包括分组过滤、分组转发、优先级、复用、加密、压缩和防火墙等功能；路由器提供包括路由器配置管理、性能管理、容错管理和流量控制等网络管理功能。

（2）工业以太网　随着风力发电机组大型化的发展趋势，风机通信的即时性、可靠性、稳定性显得更为重要，为此，大型风力发电机组通常都采用工业以太网的组网模式。以太网是一种计算机局域网组网技术，IEEE 802.3标准规定了包括物理层的连线、电信号和介质访问层协议的内容。以太网是当前应用最普遍的局域网技术，它很大程度上取代了其他局域网标准，如令牌环、FDDI和ARCNET。

工业以太网是指应用到工业控制系统的以太网，其优点是具有设备互联性和操作性；可以用不同的传输介质灵活组合，如同轴电缆、双绞线、光纤等，实现远程访问、远程诊断；支持冗余连接配置，数据可达性强，数据有多条通路可达目的地，网络速度快，可达千兆甚至更高；容量几乎无限制，不会因系统增大而出现不可预料的故障，具有成熟可靠的系统安全体系；可降低投资成本。

（3）自愈环网结构　风力发电机组监控系统的主要功能是获取统计风力发电机组运行数据，即时获取风力发电机组运行状态，并进行简单控制。由于风力发电机组控制主要是通过就地PLC完成，中央监控系统对就地信息获取的即时性要求并不高，但需要获取准确的风力发电机组运行状态与数据。另考虑风力发电机组中控与各风力发电机组间实际地理位置情况、风力发电机组通信成本，及现场对通信端口需求情况（一般只需要3个网口），大型风电场通常采用自愈环网结构。

自愈环网结构包括单环路结构、中心交换机（集线器）连接各环网结构和多环相切结构三种类型。

单环路结构应用在风力发电机组较少项目（10台以下）上，优点是此环路上的某一个节点发生故障时，不会影响其他节点的正常通信。

中心交换机（集线器）连接各环网结构中，交换机通过中央交换机连接多环网结构使服务器端增强了可扩展性，将其他外围集线服务器或终端接入风力发电机组通信网，利于后期新增风力发电机组功能，其网络结构如图7-8a所示。

多环相切结构是指集线服务器已接入一风力发电机组环网，其他风力发电机组环网通过交换机切入此风力发电机组环网。这种网络中各风力发电机组环网接入同一环网，对此环的带宽占用较多，对风力发电机组通信速度有影响，但适合现场风力发电机组线路极为复杂的情况。多环相切网络结构如图 7-8b 所示。

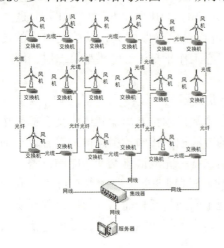

a) 中心交换机(集线器)连接各环网结构

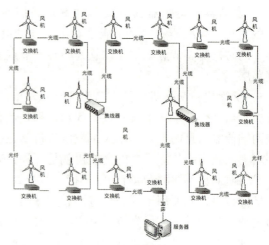

b) 多环相切结构

图 7-8　中央监控系统自愈环网结构

（4）风力发电机组内部通信连线　风力发电机组内的通信连线如图 7-9 所示。

2. 计算机中央监控系统主界面

在计算机中央监控系统主界面的上方是系统菜单项和快捷图标按钮；中间部分是风力发电机组图标排布区和风力发电机组主要信息显示区；最下方从左到右依次为风电场名称、当前日期时间、当前使用系统用户。

风力发电机组图标：红色表示风力发电机组有故障（初始状态，当风力发电机组通信连接未收到有效数据时）。

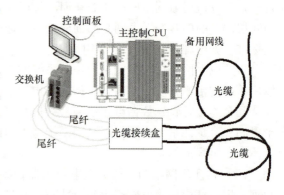

图 7-9　风力发电机组内的通信连线图

带×符号：表示此风力发电机组未收到有效数据（风力发电机组通信中断）。

文字：显示的信息包括风力发电机组编号、风力发电机组状态、风速、功率。

主界面的菜单项一般包括系统菜单、监控菜单、视图菜单、统计查询菜单、图标菜单、设置菜单、报表菜单和帮助菜单八项内容。

系统菜单下包含本地用户和组、更改密码、注销、退出下拉选项。其中，本地用户和组的功能是定义、管理系统本地用户。

监控菜单下包含风力发电机组时差查询、校时、风力发电机组监控。其中，风力发电机组监控可以对同种协议的多台风力发电机组发送控制命令。当自然环境出现大的变化时，可以使用此功能针对同种多台风力发电机组进行统一命令的发送。

视图菜单下包含图形、列表界面、风力发电机组排布、工具栏、注释栏，其主要功能是切换图形、列表界面，显示风力发电机组主要信息。

统计查询菜单下包含历史状态日志查询、历史故障日志查询、历史故障统计。

图表菜单下包含功率曲线图、趋势图、关系对比图。功率曲线图显示风力发电机组运行过程中功率与风速的对应关系，主要反映风力发电机组的运行效率，是考察风力发电机组在不同风速情形下的主要指标；趋势图显示风力发电机组的不同状态量在不同时间的变化趋势，反映风力发电机组在不同时间内的平均风速、平均功率等不同量的时间、值的对比统计；关系对比图显示风力发电机组任意 2 个状态量在不同时段的关系，反映了风力发电机组不同状态量之间的关系。

设置菜单下包含风电场设置、风力发电机组设置、前置机设置、报警参数设置、系统连接参数设置。其中，风力发电机组设置显示风力发电机组的编号、屏幕位置、协议类型、风力发电机组控制等保证系统正常运行的风力发电机组基本配置信息。

报表菜单下包含单台风力发电机组日报表、分组风力发电机组时段报表、分组风力发电机组统计报表、报表模板设计。

其中，菜单下每一子菜单还有具体的相关信息，单击，界面就会展开，便可查阅。

3. 计算机中央监控系统的控制

计算机中央监控系统作为风电场监视、测量、控制、运行管理的主要手段，其监控范围包括控制、信号、测量、同期和电量等。

（1）控制

1）220kV、35kV、所用变压器低压侧进线及 35kV 母线分段断路器的分合闸。

2）220kV 电动隔离开关、主变压器中性点刀开关。

3）无功补偿设备自动投切。

4）主变压器有载调压开关的控制。

5）测控屏上对断路器设有控制开关、就地/远方选择开关并有电编码锁。分合闸出口回路设有投退压板。

（2）信号

1）微机保护装置与计算机监控系统之间采用数字通信方式，要求微机保护装置提供除 RS-485 接口外还应提供双网口，采用 IEC850 继电保护设备信息接口配套标准。

2）经确认较为重要的保护信号及无法由串行通信输出的保护信号，采用点对点采集。

3）220kV 配电装置的断路器采用点对点采集；35kV 配电装置的断路器位置信号采用串行通信采集。

4）主变压器有载调压分接开关位置信号采用点对点采集。

5）各断路器、操作机构信号及其他公共信号采用点对点采集。

（3）测量 交流模拟量为电流互感器、电压互感器二次侧直接接入监控系统，交流采样后经计算获得。变压器温度量测量采用温度变送器输出直流信号采样方式，监控系统提供变压器温度量采集单元。

（4）同期 同期点一般为 220kV 线路断路器。由相应的测控单元完成同期点的同期功能。并在测控屏上设有同期投退压板。

（5）电量 非关口电量计量由独立的智能型电子式电能表完成，以 RS-485 接口向计算机监控系统传送电量值。

（二）远程监控系统

风电场常用的远程通信方式有电话网、因特网和 GPRS、CDMA 无线网络三种形式，后两种应用较多，如图 7-10 所示。

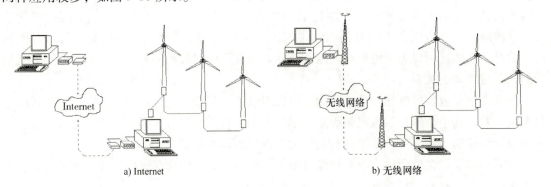

图 7-10　风电场远程通信

风电场远程监控系统一般采用 WPM 软件对风电场的风力发电机组进行总体监控。通过 WPM 软件可直接观看一些重要的数据，如风速、发电量、复位次数、环境温度等。这里就简单介绍一下 WPM 的 WecList-cfg 文件设置。

1. 显示屏界面

Start：开起风力发电机组。

Stop：停止风力发电机组。

Reset：风力发电机组复位。

Service：风力发电机组进入服务模式。

PLCState：PLC 所处的状态。例如：S4—Rea。

AutQuiLev：风力发电机组可以复位的次数，一般满次数是 20 次，可以通过旁边的 +、- 号来增加和减少风力发电机组的复位次数。

LogSta：显示的是登录状态，别处是否有登录，如果没有登录显示 99。

WinSpe：瞬时风速。

SpeCon：发电机速度。

Pow：瞬时发电功率。

SysTimUtc：系统的具体时间。

2. 界面显示

WPM 软件通过计算机界面可以显示实时的检测数据，如风速、轮毂、温度、振动、电池、偏航等，可以观测变频器内的发电机电流、定子电流、发电功率等参数的波形；还可以对服务模式下一些设置进行修改，如功率的限制，水泵、油泵的控制等。

3. 数据查看

1）单击 Past 可以查找以前的风速和功率。前面的两个控制前进或后退 1 天，后面的两个控制前进或后退 1h。

2）单击 Recorded Data 可以观看记录的数据。

3）选中 Recording State，单击 Updata，把风力发电机组以前的运行记录下载下来，就可以通过这部分来观看风力发电机组以前的各种数据。

4）Error 可以查找从现在开始以前的 25 个错误，通过上面的按键选择第 1~25 号错误。Photo 里有发生错误的具体信息，可以查找。

模块七　风电场的监控保护系统

5）Trace 内可以观看报错时各个参数的波形，右边所需要的参数打√，即可观测其波形。

4. 数据记录

1）记录各主要元器件的使用时间，包括每天使用时间及总使用时间。

2）记录每天 PLC 在各种状态所处的时间，可以记录一个月。通过前面的年、月的设定，单击 Show 查找每个月 PLC 所处的状态，单击 Save 保存。

3）各主要参数在 10min 中内的状态，如网侧变频器温度、发电机侧变频器等。通过这些数据，可以分析、对比风力发电机组的各种参数。

4）记录风力发电机组的功率参数。在计算机显示屏上，一般红线为风力发电机组在各种风速下所能发的电量，绿色为出现此风速几率的百分比。通过这些数据可以分析、对比出风力发电机组的利用率。

二、监控系统功能

计算机监控系统具有如下功能：实时数据采集与处理；数据库的建立与维护；控制操作；同步检测；电压-无功自动调节；报警处理；事件顺序记录和事故追忆 PDR（断电 30min 的数据记录，故障前后时间可调）；画面生成及显示；在线计算及制表；电能量处理及积分电量；远动功能；时钟同步；人机联系；系统自诊断与自恢复；远程诊断；与其他设备接口；运行管理功能等。

1. 实时数据采集、统计及处理

（1）监控系统采集遥测量、遥信量　遥测量是指变电所运行的各种实时数据，如母线电压、频率、线路电流、功率、变压器温度等。遥信量是指开关、刀开关、接地刀开关位置，各种设备状态，油压、气压等信号。

（2）限值监视及报警处理　多种限值、多种报警级别、多种告警方式、告警闭锁和解除。

（3）遥信信号监视和处理　遥信变位次数统计、变位告警。

（4）运行数据计算和统计　电量累加、分时统计、运行日报、月报、最大值、最小值、负荷率、电压合格率。

2. 控制操作和同步检测

（1）监控系统控制对象　220kV、35kV 断路器及 380V 所用电源断路器；220kV 电动隔离开关、主变压器中性点刀开关；主变压器分接头调节；成组无功设备的顺序控制，如倒母线、V-Q 调节等。

（2）控制方式　控制方式为三级控制：就地控制、站控层控制、远程遥控。操作命令的优先级为：就地控制→站控层控制→远程遥控。同一时间只允许一种控制方式有效。对任何操作方式，应保证只有在上一次操作步骤完成后，才能进行下一步操作。

在测控柜上设"就地/远程"转换开关，可通过人工把手实现对断路器的一对一操作，任何时候只允许一种操作模式有效。"远程"位置操作既可在操作员站上操作，又可由远程调度中心遥控。

站控层控制即为操作员站上操作，操作按"选择—返校—执行"的过程进行，具有防误闭锁功能。

远程遥控即在远程调度中心下达操作命令，由远动主站机判断、选择执行。遵守调度自动化系统对遥控的各项要求。该功能联调成功后退出。

一个任务要对多个设备进行操作，计算机监控系统在保证操作的安全性、可靠性的前提下，可按规定的程序进行顺序控制操作。

操作员站应设置双机：一机为操作，另一机为监护。

计算机监控系统控制输出时，应提供的合闸或分闸接点数量一般是对断路器提供1副合闸接点，1副分闸接点。控制输出的接点为无源接点，接点的容量对直流为220V、5A。

(3) 操作控制　开关及刀开关的分、合操作，变压器分接头的调整，电压无功的控制。开关及刀开关的分、合操作实现站控层和测控层双重逻辑闭锁，并与五防系统相互配合，设置操作权限，确保操作的正确、可靠、安全，防止误操作事故的发生。监控系统故障时，可以在测控装置就地进行操作，也可经逻辑闭锁判断。

3. 电压—无功自动调节

根据风电场的运行方式和运行工况，按照设定的电压曲线和无功补偿原则，自动投切无功补偿设备及调节变压器分接头，设"自动/手动"选择开关，选择操作方式。

4. 报警处理

设备状态异常、故障、测量值越限及传输通道故障等，计算机监控系统应输出报警信息，且具有语音报警功能。

报警发生时，立即推出报警条文，伴以声、光提示。对事故信号和预告信号其报警的声音应不同，且音量可调。报警发生、消除、确认应用不同颜色表示。报警点可人工退出/恢复，报警信息可分时、分类、分组管理。报警状态及限值可人工设置，报警条文可人工屏蔽，可消除处理，避免误报、多报，可按设备、事件类型、事件级别、发生时间等条件进行综合查询。提供按对象、逐条、全部三种报警事件确认方法，可自动或手动确认。

报警登录窗的信息与记入历史数据库的功能区分开，以方便事故情况下分析设备动作过程。历史库应具有按时间段、内容、动作或复归及信号性质的查询和模糊查询功能。

发生事故后，检索只与发生事故相关的一次设备的信息功能，避免无关的信息干扰。

5. 事件顺序记录和事故追忆

当风电场一次设备出现故障发生短路时，将引起继电保护动作、开关跳闸，事件顺序记录功能应将事件过程中各设备动作顺序，带时标记录、存储、显示、打印，生成事件记录报告，以供查询。系统保存1年的事件顺序记录条文，可追忆再现事故。

6. 画面生成及显示

(1) 画面显示　风电场电气主接线图（若幅面太大可用漫游和缩放方式）；场内分区及单元接线图；实时及历史曲线显示；棒图（电压和负荷监视）；间隔单元及风电场报警显示图；监控系统配置及运行工况图；保护配置图；直流系统图；场用电系统图；报告显示（包括报警、事故和常规运行数据）；表格显示（如设备运行参数表、各种报表等）；操作票显示；日历、时间和安全运行天数显示。

(2) 输出方式及要求

1) 电气主接线图中应包括电气量实时值，设备运行状态、潮流方向，开关、刀开关、地刀位置，"就地/远程"转换开关位置等。

2) 用户可生成、制作、修改图形，在一个工作站上制作的图形可送往其他工作站，图形和曲线可存储及硬复制，图形中所缺数据可人工置入。每幅图形均标注有日期时间。

3) 电压棒图及曲线的时标刻度、采样周期可由用户选择。

7. 在线计算及制表

(1) 在线计算

1) 交流采样后计算出电气量一次值 I、U、P、Q、f、$\cos\phi$ 以及 $W\cdot h$、$Var\cdot h$，并算出日、月、年最大、最小值及出现的时间。

2) 电能累计值和分时段值（时段可任意设定）；积分电量的统计及计算。

3) 日、月、年电压合格率；功率总加；电能总加；场用电率计算；电压——无功最优调节计算。

4) 变电所送入、送出负荷及电量平衡率；主变压器的负荷率及损耗；变压器的停用时间及次数。

5) 断路器的正常及事故跳闸次数、停用时间、月及年运行率等；安全运行天数累计。

(2) 报表　报表主要包括实时值表；正点值表；变电所负荷运行日志表（值班表）；电能量表；汇报表；交接班记录；事件顺序记录一览表；报警记录一览表；主要设备参数表；自诊断报告。

(3) 输出方式及要求　实时及定时显示，召唤及定时打印；可在操作员站上定义、修改、制作报表；报表应按时间顺序存储，存储数量及时间应满足用户要求。正点值报表为 1 天，日报表为 1 天，月报表为 1 个月。

8. 远动功能

计算机监控系统应具有远动的全部功能，远动信息、主要技术要求、信息传输方式和通道应符合调度自动化设计技术规程（DL/T 5003—2005、DL/T 5002—2005），满足电网调度实时性、安全性、可靠性及实用化要求。

支持多种远动通信规约，可与多调度中心通信。远动工作站接收信息应采用直采直送方式，当站控层远动工作站以外的计算机故障时，调度端也能收到变电站的实时数据。远动通信规约应满足调度主站的不同要求，任一台远动工作站正常情况下主、备通道都能正确上传报文。远动接口设备可通过 GPS 进行时钟校时，也可实现与调度的时钟同步。远动接口设备应具有运行维护接口，具有在线自诊断、远程诊断、远程组态及通信监视功能，应能对各级母线进行电力（有功功率、无功功率）平衡计算，并将结果上传至调度主站。

9. 人机联系

人机联系是人与计算机对话的窗口，可借助鼠标或键盘方便地在 CRT 屏幕上与计算机对话。人机联系包括：

1) 调用、显示和复制各种图形、曲线、报表；查看历史数值以及各项定值。

2) 发出操作控制命令。

3) 数据库定义和修改；各种应用程序的参数定义和修改；图形及报表的生成、修改。

4) 报警确认，报警点的退出/恢复。

5) 日期和时钟的设置；操作票的显示、在线编辑和打印；运行文件的编辑、制作。

10. 系统自诊断与自恢复

计算机监控系统能在线诊断各软件和硬件的运行工况，当发现异常及故障时能及时显示和打印报警信息，并在运行工况图上用不同颜色区分显示。

(1) 自诊断内容　测控单元、I/O 采集模块等的故障；外部设备故障；电源故障；系统时钟同步故障；网络通信及接口设备故障；软件运行异常和故障；与远程调度中心数据通信故障；远动通道故障；网控状态监视。

（2）设备自恢复内容　当软件运行异常时，自动恢复正常运行；当软件发生死锁时，自启动并恢复正常运行。

设备有冗余配置，在线设备发生软、硬件故障时，能自动切换到备用设备上运行。此外，系统应具有便于试验和隔离故障的断开点。可通过网络对系统进行远程维护。对于间隔层的测控单元，可通过便携式计算机对其进行维护。

11. 与其他设备接口

（1）与保护的接口　对于非微机保护装置，保护信号接点以硬接线方式接入监控系统的测控单元。对于反映事故性质的保护出口总信号、保护装置自身故障以及故障录波系统故障等信号应以接点方式接入测控单元。监控系统设通信接口。每套保护除提供 RS-485 接口外还应提供双网口，分别用于接监控系统通信接口和保护与故障信息远传系统公用接口。监控系统通信接口单独组屏。

（2）与通信接口装置的接口　计算机监控系统应具有与各职能设备接口的能力。如与电能计量系统的接口、与直流系统的接口、与 UPS 系统的接口、与微机防误闭锁装置的接口等。

12. 运行管理功能

计算机监控系统根据运行要求，可实现如下各种管理功能：

（1）运行操作指导　对典型的设备异常/事故提出指导性的处理意见，编制设备运行技术统计表，并推出相应的操作指导画面。

（2）事故分析检索　对突发事件所产生的大量报警信号进行分类检索和相关分析，对典型事故宜直接推出事故指导画面。

（3）在线设备分析　对主要设备运行记录和历史记录数据进行分析，提出设备安全运行报告和检修计划。

（4）操作票　根据运行要求开列操作票。

（5）模拟操作　提供电气一次系统及二次系统有关布置、接线、运行、维护及电气操作前的实际预演，通过相应的操作画面对运行人员进行操作培训。

（6）变电所其他日常管理　如操作票、工作票管理，运行记录及交接班记录管理，设备运行状态、缺陷、维修记录管理、规章制度等。

管理功能应满足用户要求，适用、方便、资源共享。各种文档能存储、检索、编辑、显示、打印。

三、监控系统巡检与维护

（一）监控系统的巡视检查

1. 监控设备的日常巡检

要求当值人员每小时对监控系统画面巡视检查一次，浏览内容如下：

1）检查监控系统运行正常，遥测、遥信、遥调、遥控功能正常，通信正常；打印机工作正常。

2）检查一次系统画面各运行参数正常，有无过负荷现象；母线电压三相是否平衡、是否符合调度下发的无功、电压曲线；系统频率是否在规定范围内；是否定期刷新，有无越限报警。

模块七　风电场的监控保护系统

3）检查开关、刀开关、接地刀开关位置是否正确，有载调压变压器分接头位置是否正确，与实际状态是否相符，有无异常变位。

4）检查光字信号有无异常信号，检查告警音响和事故音响是否正常。

5）检查有关报表数据是否正常，检查遥测一览表的实时数据能否刷新。

6）检查接地刀开关统计列表是否与实际相符。

7）检查监控系统与五防主机之间的闭锁关系是否正确。

8）监控系统异常报警时，运行人员要及时查看相关信息，做好详细记录，并根据信息内容进行核对和处理。

2. 保护、测控装置的检查

对保护、测控装置每天至少检查两次，内容如下：

1）检查保护、测控装置运行是否正常，有无异常报警。

2）检查保护、测控装置有关的交、直流电源是否正常，压板、切换开关、CT 二次切换端子位置是否正确。

3）检查测控装置"运行"指示灯是否亮，显示的参数、设备状态是否正常，操作把手是否在"远控"位置。

（二）监控系统故障及异常处理

1. 监控系统发生下列情况应及时检修处理

1）SCADA 系统服务器主机故障，备机应自动切换；若备机未自动切换，则监控系统故障。

2）操作员工作站故障，数据显示异常或不刷新，遥控操作失效。

3）监控系统通信异常，数据不刷新。

4）遥测量越限或遥信量位置不正确。

5）某一测控装置故障，相关数据显示错误。

2. 设备参数越限报警

设备参数越限报警时，应立即调整处理，同时检查一次设备有无异常现象。

3. 遥信量位置不正确

遥信量位置不正确，应检查相关的一次设备有无异常。

4. 监控系统故障及原因

监控系统常见故障及可能的原因见表 7-1。

表 7-1　监控系统常见故障及可能的原因

故　　障	原　　因
遥测数据不更新	测控装置电源故障失电；测控装置故障；PT 回路失电压；A-D 转换插件故障；CT 回路短路；通信中断；人工禁止更新；前景与数据库不对应
遥测数据错误	测控装置故障；PT 回路失压；A-D 转换插件故障；CT 回路短路；电流、电压回路输入错误；测控装置地址错误；前景与数据库不对应
多组遥测、遥信数据不更新	测控装置与系统服务器通信中断；SCADA 系统服务器程序异常；系统服务器与操作员工作站通信中断；地址冲突
个别遥信数据不更新	信号输入回路断线；对应光隔离器件损坏；信号触点卡死；转发点号未定义或定义错误；画面前景错误；数据库定义错误；人为设置禁止更新；前景与数据库不对应

· 179 ·

(续)

故　障	原　因
个别遥信频繁变位	信号线接触不良；辅助触点松动；断路器机构故障；信号受到干扰
一批遥信数据不更新	遥信公共端断线；对应遥信接口板故障；遥信电源失电或故障；测控装置地址冲突；测控装置故障；系统服务器与操作员工作站通信中断；测控装置与系统服务器通信中断；人为设置禁止更新；前景与数据库不对应；画面刷新停止；SCADA 服务器程序异常
遥控命令发出，遥控拒动	测控装置上选择开关不在"远控"位置；测控装置出口压板未投入；控制电路断线；控制电源消失；遥控出口继电器故障；遥控闭锁回路故障；遥控操作违反逻辑，被强制闭锁
遥控反校错误或遥控超时	通信受到干扰；测控装置故障；测控装置与系统服务器通信中断；系统服务器与操作员工作站通信中断；控制电路断线；控制电源消失；同时进行多个遥控操作；遥控出口继电器故障；遥控闭锁回路故障
遥控命令被拒绝	输入的断路器编号或操作对象编号错误；该遥控操作被闭锁；受控断路器设置为检修状态；断路器前景定义错误；操作者无相应操作权限；操作口令多次输入错误
测控装置遥控拒动	控制电路断线或断路器拒动；遥控出口压板未投入；无控制电源；遥控出口回路异常；CPU 插件异常；测控装置软件异常

实践训练

想一想：监控系统日常巡视内容有哪些？中央监控和远程监控的功能有哪些异同？

知识链接

光纤通信及相关知识

人类社会现在已发展到了信息社会，声音、图像和数据等信息的交流量非常大。以前的通信手段已经不能满足现在的要求，而光纤通信以其信息容量大、保密性好、重量轻、体积小、无中继段、距离长等优点得到广泛应用，其应用领域遍及通信、交通、工业、医疗、教育、航空航天和计算机等行业，并正在向更广更深的层次发展。

1. 光纤及其结构

光纤是光导纤维的简称，是一种利用光在玻璃或塑料制成的纤维中的全反射原理而达成的光传导工具。微细的光纤封装在塑料护套中，使得它能够弯曲而不至于断裂。通常，光纤一端的发射装置使用发光二极管（Light Emitting Diode，LED）或一束激光将光脉冲传送至光纤，光纤另一端的接收装置使用光敏元件检测脉冲。

光纤实际是指由透明材料做成的纤芯和在它周围采用比纤芯的折射率稍低的材料做成的包层，并将射入纤芯的光信号，经包层界面反射，使光信号在纤芯中传播前进的媒体。光纤一般是由纤芯、包层和涂敷层构成的多层介质结构的对称圆柱体。光纤内部结构如图 7-11 所示。

光纤有两项主要特性：损耗和

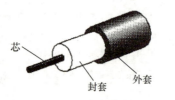
a) 1 根光纤的侧面图

b) 1 根光缆(含3根光纤)的剖面图

图 7-11　光纤内部结构

色散。光纤每单位长度的损耗或者衰减（dB/km）关系到光纤通信系统传输距离的长短和中继站间隔距离的选择。光纤的色散反应时延畸变或脉冲展宽，对于数字信号传输尤为重要。每单位长度的脉冲展宽（ns/km），影响到一定传输距离和信息传输容量。

纤芯材料的主体是二氧化硅，里面掺极微量的其他材料，例如二氧化锗、五氧化二磷等。掺杂的作用是提高材料的光折射率。纤芯直径为5～75μm。光纤外面有包层，包层有一层、二层（内包层、外包层）或多层（称为多层结构），但是总直径在100～200μm上下。包层的材料一般用纯二氧化硅，也有的掺极微量的三氧化二硼，最新的方法是掺微量的氟，就是在纯二氧化硅里掺极少量的四氟化硅。掺杂的作用是降低材料的光折射率。

2. 光纤的类型

（1）单模光纤　单模光纤纤芯直径仅几微米，加包层和涂敷层后也仅几十微米到125μs。纤芯直径接近波长。

（2）多模光纤　多模光纤纤芯直径为50μs，加包层和涂敷层也约有50μs。纤芯直径远远大于波长。根据光纤的折射率沿径向分布函数不同又进一步分为多模阶跃光纤、单模阶跃光纤和多模梯度光纤。

3. 光纤通信

光纤通信技术是通过光学纤维传输信息的通信技术。在发信端，信息被转换和处理成便于传输的电信号，电信号控制光源，使发出的光信号具有所要传输的信号的特点，从而实现信号的电光转换。

在发送端首先要把传送的信息（如话音）变成电信号，然后调制到激光器发出的激光束上，使光的强度随电信号的幅度（频率）变化而变化，并通过光纤发送出去；在接收端，检测器收到光信号后把它变换成电信号，经解调后恢复原信息，从而实现信号的光电转换。各种电信号对光波进行调制后，通过光纤进行传输的通信方式，称为光纤通信。

光纤通信不同于有线电通信，后者是利用金属媒体传输信号，光纤通信则是利用透明的光纤传输光波。虽然光和电都是电磁波，但频率范围相差很大。一般通信电缆最高使用频率为9～24MHz，光纤工作频率在10^{14}～10^{15}Hz之间。

4. 常见的光纤故障

任何做过网络排障的专业人士都清楚这是一个复杂的过程。因此，知道从什么地方入手寻找故障非常重要。这里给出了一些最常见的光纤故障以及产生这些故障的可能因素，这些信息将有助于用户对网络故障进行有根据的猜测。

1）光纤断裂。光纤断裂通常是由于外力物理挤压或过度弯折。

2）传输功率不足。光纤受自然条件和人为因素的影响，也经常发生接头故障，其故障点多位于光纤接续盒内，故障表现为损耗增大、光接收机端光功率不足、输出电平明显降低、画面质量差。

3）信号丢失故障。造成信号丢失的原因可能有：光纤敷设距离过长、连接器受损、光纤接头和连接器（connectors）故障、使用过多的光纤接头和连接器等。

4）光纤配线盘（patchpanel）或熔接盘（splicetra）连接处故障。

5）如果连接完全不通，很可能是光纤断裂。但如果连接时断时续，可能有以下原因：结合处制作水平低劣或结合次数过多造成光纤衰减严重；由于灰尘、指纹、擦伤、湿度等因素损伤了连接器；传输功率过低；在配线间连接器错误等。

5. 有效的排障方法

（1）光照　光照是一种不太科学但非常有效的排障方法。首先将光纤两端断开，然后把一只激光指点器对准光纤一段，看另一端是否有光线出来。如果没有激光指点器，一个明亮的手电筒也可以。光纤本来就是设计用来传导光的，所以不必担心需要把光源非常精确地对准线缆。如果没有光线通过线缆，那么这条光纤就的确被损坏了，需要把它换掉。如果光线的确可以通过线缆，也并不一定能够说明线缆可以正常工作。这只能表明线缆内部的光纤并没有完全断裂。然而，如果光可以通过线缆并且线缆长度在 100m 以内，那么线缆通常还可以被很好地使用。

（2）酒精清洗　使用酒精对光纤接头和法兰连接处进行擦洗。当出现线路通信时通时断时，就可以采用这种方式进行处理。需要注意：对中断处的每个环节都要进行仔细擦洗，如光纤跳线接头、法兰接头及上一台风力发电机相对应的光纤跳线接头、法兰接头。

思考练习

一、选择题

1. 欠电压保护的方法是采用_____控制，短路保护的方法是加_____，过负荷保护的方法是加_____。
   A. 继电器、接触器　　B. 热继电器　　C. 熔断器　　D. 断路器
2. 在正常或事故情况下，为了保证电气设备可靠运行而必须在电力系统中某一点进行接地，称为_____，这种接地可直接接地或经特殊装置接地。
   A. 工作接地　　B. 保护接地　　C. 重复接地　　D. 接零
3. 零序保护的最大特点_____。
   A. 只反映接地故障　　　　　　　　B. 反映相间故障
   C. 反映变压器的内部故障　　　　　D. 反映线路故障
4. 快速切除线路任意一点故障的主保护是_____。
   A. 距离保护　　B. 零序电流保护　　C. 纵联保护　　D. 电流速断保护
5. 主保护或断路器拒动时，用来切除故障的保护是_____。
   A. 辅助保护　　B. 异常运行保护　　C. 后备保护　　D. 距离保护
6. 对于仅反应于电流增大而瞬时动作的电流保护，称为_____。
   A. 零序电流保护　　B. 距离保护　　C. 电流速断保护　　D. 纵联保护

二、判断题

1. 避雷线能防止雷直击导线。　　　　　　　　　　　　　　　　　　　　　　　　（　）
2. 避雷针是引雷，把雷电波引入大地，有效地防止直击雷。　　　　　　　　　　（　）
3. 高频保护的优点是无时限地从被保护线路两侧切除各种故障。　　　　　　　　（　）
4. 零序保护无时限。　　　　　　　　　　　　　　　　　　　　　　　　　　　　（　）
5. 三相星形联结的电流保护能反映各种类型故障。　　　　　　　　　　　　　　（　）
6. 瓦斯保护的范围是变压器的外部。　　　　　　　　　　　　　　　　　　　　（　）
7. 零序保护反映的是单相接地故障。　　　　　　　　　　　　　　　　　　　　（　）
8. 母差保护范围是从母线至线路电流互感器之间的设备。　　　　　　　　　　　（　）
9. 速断保护是按躲过线路末端短路电流整定的。　　　　　　　　　　　　　　　（　）
10. 可以直接用隔离开关拉已接地的避雷器。　　　　　　　　　　　　　　　　　（　）
11. 装设接地线要先装接地端、后装导体端，拆除顺序相反。　　　　　　　　　（　）
12. 变压器差动保护反映该保护范围内的变压器内部及外部故障。　　　　　　　（　）

模块七　风电场的监控保护系统

13. 变压器零序保护是线路的后备保护。　　　　　　　　　　　　　　　　（　）
14. 高频保护是 220kV 及以上超高压线路的主保护。　　　　　　　　　　（　）
15. 主变压器差动保护用电流互感器装在主变压器高、低压侧少油断路器的靠变压器侧。（　）
16. 差动保护范围是变压器各侧电流互感器之间的设备。　　　　　　　　　（　）
17. 距离保护失电压时易误动，但只要闭锁回路动作正常，它就不会产生误动。（　）
18. 继电保护在系统发生振荡时，保护范围内有故障，保护装置均应可靠动作。（　）
19. 母差保护电压断线信号动作时，该保护可继续运行，但此期间不准在该保护回路上作业。（　）
20. 220kV 线路保护配有两套重合闸时，两套把手必须一致，且投入两套重合闸的合闸连片。（　）

三、填空题

1. 当避雷器有严重放电或内部有劈啪声时，不应用_____进行操作，应用_____来切断。
2. 中性点过电流保护不论主变压器中性点接地方式如何（包括中性点接地方式切换操作过程中），两套中性点过电流保护均同时_____。
3. 中性点零序过电压保护在变压器各种接地方式下及各种运行操作中始终_____。
4. 变压器本体配置非电气量保护包括_____、轻瓦斯、有载瓦斯、_____、_____。
5. 对 1 100kV 以上中性点直接接地系统中的电力变压器，一般应装设_____保护，作为变压器主保护的后备保护和相邻元件短路的后备保护。
6. 变电所微机监控系统一般采用典型的分散分布式网络结构，双网冗余配置，从整体结构上可分为三层，即_____、_____和间隔层。
7. 变压器若_____动作，未查明原因消除故障前不得送电，应断开电源，进行内部、外部检查。
8. 对于反应短路故障的继电保护，在技术上一般满足_____等四个基本要求。
9. 继电保护装置一般是由_____、_____和_____组成，执行部分根据逻辑部分送来的信号，按照预定任务，动作于_____。
10. 避雷器是指能释放_____或兼能释放电力系统_____能量，保护电工设备免受瞬时过电压危害，又能截断续流，不致引起系统接地短路的电气装置；通常接于带电导线与地之间，与被保护设备_____。
11. 由无时限电流速断、带时限电流速断与定时限过电流保护相配合构成的一整套输电线路阶段式电流保护，叫做_____。
12. 电流保护的接线方式是指电流保护中的_____与电流互感器_____的连接方式。
13. _____反应于油箱内部所产生的气体或油流而动作，_____动作于信号，_____动作于跳开变压器各电源侧的断路器。
14. 对变压器绕组、套管及引出线上的故障，应根据容量的不同，装设_____保护或_____保护。
15. 变压器的_____保护主要用来保护双绕组变压器绕组内部及其引出线上发生的各种相间短路故障，同时也可以用来保护变压器单相匝间短路故障。
16. 为反映变压器外部故障而引起的变压器绕组过电流，以及在变压器内部故障时，作为差动保护和瓦斯保护的后备，变压器应装设_____保护。

四、简答题

1. 什么是保护接地？其作用是什么？
2. 主变压器中性点有哪三种运行方式？
3. 瓦斯保护的范围是哪些？
4. 根据故障类型和不正常运行状态，对变压器应装设哪些保护？

模块八 风电场的管理

目标定位

能力要求	知识点
熟 悉	风电场的安全管理
了 解	风电场的员工培训管理
熟 悉	风电场的生产运行管理
掌 握	风电场安全工器具的使用

知识概述

本模块主要介绍风电场管理的相关知识,包括风电场的安全管理、员工培训管理、生产运行管理及风电场安全工器具的使用等内容。

风电场管理工作的主要任务就是提高设备可利用率和供电可靠性,保证风电场经济运行和工作人员的人身安全,保持输出电能符合电网质量标准,降低各种损耗。工作中应以安全生产为基础,科技进步为先导,以整治设备为重点,以提高员工素质为保证,以经济效益为中心,全面扎实地做好各项工作。

风电场的管理工作主要包括组织机构、安全生产、人员培训、生产运行、备品配件及安全工器具等管理内容。其中组织机构是风电场运行管理的重要环节,是实现风电场生产稳定、安全,提高设备可利用率的前提条件和重要手段,也是严格贯彻落实各项规章制度的有力保证。它的正常运转能有力地保证风电场运行工作指挥有序,有章可循,人尽其责。在此基础上做好安全生产管理、人员培训管理、生产运行管理、备品配件及安全工器具管理工作,以获取最大的经济效益。

项目一 风电场安全生产管理

风电场因其行业特点,安全管理涉及生产全过程,应坚持"安全第一、预防为主"的方针,这是由电力企业生产性质所决定的。安全生产是一项综合而系统的工作,与企业的经济效益密切相关,应实行全员、全岗位、全过程的安全生产管理。要积极开展各项预防性的工作,以防止安全事故发生。所有工作均应按照风电场安全运行标准和规程执行。

模块八　风电场的管理

一、风电场安全管理工作

(一) 风电场安全管理工作的主要内容

1) 根据现场实际,建立健全安全监督机构和安全管理网络。风电场应设置专职的安全监察机构和专兼职安全员,负责各项安全工作的监督执行。

2) 安全教育要常抓不懈,做到"安全教育,全面教育,全过程教育",应掌握好教育的时间和方法,确保教育效果显著。

3) 认真贯彻执行各项规章制度。工作中应严格执行《风电场安全规程》,结合风力发电生产的特点,建立符合生产需要、切实可行的工作票制度、操作票制度、交接班制度、巡回检查制度、操作监护制度、维护检修制度等,并认真执行。

4) 建立和完善安全生产责任制。明确各岗位安全职责,做到奖优、罚劣,提高安全管理水平。

5) 调查分析事故应按照《电业生产事故调查规程》的要求,实事求是,严肃认真。

6) 认真编制并完成好安全技术劳动保护措施计划和反事故措施计划。安全技术劳动保护措施计划和反事故措施计划应包括事故对策、安全培训、安全检查等内容,应结合风电场生产实际做到针对性强、内容具体。

(二) 风电场岗位人员安全职责

1. 场长或总经理安全职责

场长或总经理是风电场安全生产第一责任人,对风电场安全生产负全面领导责任。承担着规划风电场的安全工作、组织制定战略管理方案和实施计划的任务。

1) 掌握有关的安全规程、制度、标准,并结合企业的实际情况,健全和完善各项安全生产管理规章制度,抓好规程、制度、标准的贯彻。

2) 主管并建立独立有效的安全监察专职机构。

3) 保证安全生产投入的有效实施,坚持"重奖重罚、以责论处、奖罚分明"原则,使安全奖惩真正起到正面激励和反面约束的作用。

4) 定期主持召开安全分析例会,及时研究解决安全生产中存在的问题,组织消除重大事故隐患。

5) 监督检查风电场安全生产工作,及时消除安全生产事故隐患,定期进行全面的生产、施工现场巡视检查。应经常深入现场、班组检查生产,参加班组安全活动,掌握实际情况,听取职工对安全生产的意见和建议,并认真研究解决,不断提高和改善安全生产的环境和条件。

6) 熟悉主要设备状况,对重大设备缺陷和薄弱环节要亲自组织落实消除,提高设备完好水平。

7) 按照《发电生产事故调查规程(试行)》的规定,参加或主持有关事故的调查处理;对性质严重或典型的事故,应及时掌握事故情况,必要时召开事故现场会,提出防止事故重复发生的措施。

2. 电气、机械专工安全职责

风电场电气、机械专工对本专业安全技术工作负有全面管理责任。

1）根据本专业生产、施工的需要，及时编制或修订安全生产的各项规程、制度和措施，保证各项生产、施工有章可循，建立良好的生产、施工秩序。

2）根据各个时期工作任务的不同及新出现的安全技术问题，及时做出安全措施交底及对图样资料、设备系统维修（施工）工艺的补充或修改意见，经审批后，监督实施。

3）经常深入工作现场，监督检查安全技术措施及规章制度的贯彻情况，掌握安全生产情况，组织技术业务培训，指导安全技术管理，解决安全生产中的难题。

4）编制新技术、新工艺实施措施与重要施工项目的安全技术组织措施，对工作班组进行技术交底和安全措施交底，布置、指导施工队伍编制施工项目安全措施和交底工作。

5）组织或参加定期的安全分析会、安全大检查、安全性评价、危害辨识与危险评价和专业性检查，审阅班组的安全技术资料，做好本专业的安全技术资料、台账、图样的管理工作。

6）参与本专业的事故或经济损失的调查分析，提出防范措施，并组织落实。

7）对工作场所进行安全检查，及时发现安全隐患，采取有效措施消除不安全因素，确保施工安全。

3. 值班长安全职责

值班长是本班安全第一责任人，对本班的安全生产负直接领导责任。

1）了解主要设备运行情况、计划检修进展情况、重大缺陷和薄弱环节处理情况。

2）掌握重大安全活动进度情况，督促班组成员适时做好预防季节性事故的检修和试验工作。

3）配合搞好事故抢修的组织协调工作，及时了解事故经过、主要原因、处理结果和采取的防范措施。

4）正确调度，合理安排运行方式，参加定期的反事故演习，保证安全生产。

5）参加事故或经济损失的调查分析，提出防范措施，并监督落实。

6）对重要检修（施工、操作）项目，组织制订安全技术措施，并对措施的正确性、完备性承担相应的责任。

7）领导本班的定期安全大检查活动、安全性评价、危害辨识与评价活动，尽快消除设备缺陷和薄弱环节，建立稳固的安全基础。

8）掌握现场设备停电及检修的原因、检修工作人员条件；检查设备检修进度以及保证安全的组织措施、技术措施是否完善，发现不符合安全规程规定或威胁安全生产的问题要立即制止，采取措施后才能继续进行生产作业。

9）按照《发电生产事故调查规程（试行）》的规定，参加有关事故的调查分析处理工作。对风电场的事故统计、报告的及时性、准确性、完备性负责。

4. 巡检员安全职责

巡检员在巡视检查过程中对设备和人身安全负责。

1）管辖设备及区域的安全文明生产水平达到风电场安全文明生产管理标准。

2）管辖设备实现零缺陷运行，杜绝设备装置性违章。

3）做好有关调整工作和操作，正确进行系统隔离和调整；做好安全措施，对设备的安全稳定运行负责。

4）负责对设备进行经常性检查，发现危及安全生产的现象及时汇报处理，发生事故及

模块八 风电场的管理

时抢救，保护现场，如实向上级汇报情况。

5. 检修（维护）班长安全职责

检修（维护）班长是风电场检修（维护）班安全生产第一责任人，应严格执行"安全第一、预防为主"的方针，按照国家有关法规、法令、企业安全生产规章制度和安全技术措施，对检修（维护）班成员在生产劳动过程中的人身和设备安全具体负责。

1) 组织班组成员每天对所辖设备进行巡回检查，发现重大事故隐患和缺陷应及时消除。

2) 负责组织检修（维护）班的安全大检查、安全培训等活动。

3) 对发生的异常、障碍、未遂及事故等不安全事件，要认真记录，及时上报，保护好现场。召开调查分析会，组织分析原因，总结教训，落实改进措施。

4) 组织保管、使用、管理好本班的安全工器具，做到专人负责；做好工器具的定期试验和检查，不合格的应及时更换，并做好记录；督促工人正确使用劳动保护用品。

二、风电场安全生产工作

（一）安全工作规定

为保证风电场安全生产，风电场工作人员应严格遵守安全工作规定。

1. 对员工的基本要求

1) 经检查鉴定，无妨碍工作的病症。

2) 具备必要的机械、电气安装知识，掌握《风电场安全规程》的要求。

3) 熟悉风力发电机组的工作原理及基本结构，掌握判断一般故障的产生原因及处理方法；掌握计算机监控系统的使用方法。

4) 生产人员应掌握触电急救方法，能正确使用消防器材。

5) 工作时应穿合适的工作服，衣服和袖口应扣好。

6) 进入生产现场（办公室、控制室、值班室除外），应戴安全帽。

2. 设备维护安全注意事项

1) 机器的转动部分应装有防护罩或其他防护设备（如栅栏），露出的轴端应设有护盖，以防止绞卷衣服；在机器转动时，禁止从靠背轮或齿轮上取下防护罩或其他防护设备。

2) 在机组完全停止以前，禁止进行维护工作。维护中的机组应做好防止转动的安全措施：机械制动器断电、转子锁锁定，并悬挂警示牌。工作负责人在工作之前，应对上述的安全措施进行检查，确认无误后，方可开始工作。

3) 禁止在运行中清扫、擦拭和润滑机组的旋转和移动的部件，清拭运行中机组的固定部件时，禁止戴手套或把抹布缠在手上使用。

4) 禁止在栏杆上、靠背轮上、安全罩上或运行中设备的轴承上行走和坐立。

5) 设备异常运行可能危及人身安全时，应停止设备运行。在设备停止运行前除必需的维护人员外，其他任何人员不准接近该设备或在该设备附近逗留。

3. 一般电气安全注意事项

1) 电气设备分为高压和低压两种：设备对地电压在250V以上的为高压设备；设备对地电压在250V及以下的为低压设备。

2) 运用中的电气设备，指全部带有电压或一部分带有电压及一经操作即带有电压的电气设备。

3）所有电气设备的金属外壳均应有良好的接地装置。禁止将使用中的接地装置拆除或对其进行任何工作。

4）禁止无关人员移动电气设备上的临时标示牌。

5）禁止靠近或接触任何有电设备的带电部分。特殊许可的工作，应遵守《电业安全工作规程》（电气部分）和《电业安全工作规程》（电力线路部分）中的有关规定。

6）严禁湿手触摸开关及其他电气设备（安全电压的电气设备除外）。

7）电源开关外壳和电线绝缘有破损或带电部分外露时，应立即修好，否则不准使用。

8）发现有人触电，首先要使触电者迅速脱离电源，越快越好，然后进行急救。救护人员既要救人，也要注意保护自己。如触电者处于高处，要采取预防措施，避免受害人解脱电源后自高处坠落。

9）若电气设备着火，应立即切断相关设备电源，然后进行救火。对带电设备应使用干式灭火器、二氧化碳灭火器等灭火，不得使用泡沫灭火器灭火。对注油设备应使用泡沫灭火器或干燥的沙子等灭火。

10）风电场应备有防毒面具，防毒面具要按规定使用并定期进行试验，使其处于良好状态。

4. 电气工器具的使用

1）电气工器具应有专人保管，每六个月应进行定期检查；使用前应检查电线是否完好，有无接地线；损坏的或绝缘不良的电气工器具不应使用；使用时应按有关规定接好剩余电流保护器和接地线；使用中发生故障，须立即修理。

2）不熟悉电气工器具使用方法的工作人员不准擅自使用。

3）使用电钻等电气工器具时须戴绝缘手套。

4）使用电气工器具时，禁止提着电气工器具的导线或转动部分。在梯子上使用电气工器具，应做好防止工器具坠落的安全措施。在使用电气工器具工作中，因故离开工作场所或暂时停止工作以及遇到临时停电时，须立即切断电源。

5）电气工器具的电线不准接触发热体，严禁放在湿地上，避免载重车辆和重物压在电线上。

（二）风电场电气安全工作

1. 高压设备

在高压设备上工作应填用工作票，应有保证工作人员安全的组织措施和技术措施，且至少有两人共同工作。

1）运行人员应熟悉电气设备，对于高压设备可以单人值班，但不得单独从事修理工作。

2）无论高压设备是否带电，不得单独移开或越过遮栏进行工作；若有必要移开遮栏时，应有监护人在场，并符合表8-1的安全距离。

表8-1　运行人员与带电设备的安全工作距离

电压等级/kV	10及以下	20~35	60~110	220	330	500
安全距离/m	0.70	1.00	1.50	3.00	4.00	5.00

3）室内母线分段部分、母线交叉部分及部分停电检修易误碰有电设备之处，应设有明显标志的永久性隔离挡板（护网）。

4）待用间隔（母线连接排、引线已接上母线的备用间隔）应有名称、编号，并列入调度管辖范围。隔离开关操作手柄、网门应加锁。

5）在手车开关拉出后，应观察隔离挡板是否可靠封闭。封闭式组合电器引出电缆备用孔或母线的终端备用孔应用专用器具封闭。

6）运行中高压设备的中性点、接地系统的中性点应视作带电体。

7）雷雨天气巡视室外高压设备时，应穿绝缘靴，但不得靠近避雷器和避雷针。

8）高压设备发生接地时，室内的安全工作距离是距离故障点 4m 以外，室外的安全工作距离是距离故障点 8m 以外。进入上述范围人员应穿绝缘靴，接触设备外壳和构架时，应戴绝缘手套。

9）进出高压室巡视配电装置时，应随手将门锁好。

2. 倒闸操作

1）倒闸操作应根据指令，受令人复诵无误后执行。

2）高压电气设备都应安装完善的防止误操作闭锁装置，防止误操作闭锁装置不得随意退出运行。

3）停、送电操作可以通过就地操作、遥控操作、程序操作完成，遥控操作、程序操作的设备应满足有关技术条件。停电拉闸操作应按照断路器——负荷侧隔离开关——母线侧隔离开关的顺序依次操作，送电合闸操作应按与上述相反的顺序进行。严防带负荷拉合隔离开关。

3. 安全工作组织措施

在电气设备上工作，保证安全的组织措施有工作票制度，工作许可制度，工作监护制度，工作间断、转移和终结制度。

（1）工作票制度　在电气设备上进行工作，应填用工作票，并依据工作票布置安全措施和办理开工、终结手续。有三种工作票形式：第一种工作票，第二种工作票，电气作业票。

（2）工作许可制度　凡在电气设备上作业，事先都应得到工作许可人的许可，并履行许可手续后方可工作的制度。

（3）工作监护制度　完成工作许可手续后，工作负责人（监护人）应始终在工作现场，对工作班人员的安全认真监护，及时纠正违反安全的动作。

（4）工作间断、转移和终结制度　工作间断时，工作班人员应从工作现场撤出，所有安全措施保持不动，工作票仍由工作负责人执存。在未办理工作票终结手续以前，严禁将施工设备合闸送电。在同一电气连接部分用同一工作票依次在几个工作地点转移工作时，全部安全措施由值班员在开工前一次做完，不需再办理转移手续。全部工作完毕后，检查设备状况、有无遗留物件，是否清洁等，然后在工作票上填明工作终结时间。经双方签名后，工作票方告终结。

只有在同一停电系统的所有工作票结束，拆除所有接地线、临时遮栏和标示牌，恢复常设遮栏，并得到许可命令后，方可合闸送电。

4. 安全工作技术措施

电气设备上安全工作技术措施是停电、验电、装设接地线、悬挂标示牌和装设遮栏。

（1）停电 应停电的设备包括检修的设备、安全距离小于表 8-1 规定且无绝缘挡板及安全遮栏措施的设备，还有带电部分在工作人员后面、两侧、上下且无可靠安全措施的设备。检修设备停电，应把各方面的电源完全断开。

（2）验电 验电时应用电压等级合适的合格验电器，在检修设备进出线两侧各相分别验电。验电前应先在有电设备上进行试验，以验证验电器性能。高压验电时应戴绝缘手套，且使用相应电压等级的专用验电器。

（3）装设接地线 当验明设备确已无电压后，应立即将检修设备接地并三相短路。对于可能送电至停电设备的其他部件或可能产生感应电压的停电设备都要装设接地线，所装接地线与带电部分应符合安全距离的规定。

（4）悬挂标示牌和装设遮栏 在一经合闸即可送电到工作地点的断路器和隔离开关的操作把手上，均应悬挂"禁止合闸，有人工作！"的标示牌。部分停电的工作，安全距离小于表 8-1 规定距离以内的未停电设备，应装设临时遮栏。在高压设备上工作，应在工作地点两旁悬挂适当数量的"止步，高压危险！"标示牌。

（三）安全生产检查制度

为强化风电场安全生产管理，进一步规范化、制度化地开展安全生产检查工作，及时有效地查找设备隐患，保证设备安全运行，要制定安全生产检查制度。

1. 安全工作检查

要建立安全监察工作组，并定期对风电场进行安全工作检查。安全检查分为一般性检查、阶段性检查及专业性检查。安全监察工作小组应建立安全检查档案、整改反馈档案。安全监察工作组的工作范围包括对风电场各项安全工作进行指挥、督办、检查、整改、汇报及安全评审；对风电场各班组人员进行安全培训及安全工作规定考试考核等。

2. 安全检查的主要内容

1）是否贯彻执行"安全第一、预防为主"的安全生产方针，是否把安全工作列入重要议事日程并付诸实施，以及各级安全生产责任制落实情况。

2）各项安全管理制度和账表册卡的建立与执行情况，检查安全网络的组织和活动情况；检查风电场安全例会开展情况。

3）是否严格执行"两票三制"等其他各项安全工作规定。

4）事故处理是否按照有关规定进行调查、处理、统计和上报。

5）风电场内各项安全工作细节：实行工序作业安全检查标准化，加强日常性安全检查，应严格做好作业环境、工器具和安全设施的自检、互检和交接班的检查。对安全检查中发现的安全问题，指定相关班组、责任人限期整改。对重大或涉及全场的安全问题，应报送主管部门。《安全问题通知书》应由存在安全问题的班组负责人负责接收和组织整改，并提交整改反馈表。对因故不能立即整改的问题，应采取临时措施并制订整改计划。

3. 安全检查、整改、反馈样表

风电场运行中，安全生产是首要任务，要加强安全管理和检查。检查中发现的问题要下发通知及时反馈，督促问题部门认真整改。及时回收整改反馈，并做好检查评定与总结工作。安全问题通知书、安全整改反馈表分别见表 8-2、表 8-3，表 8-4 是安全检查备忘录

样表。

（1）安全问题通知书

表 8-2　安全问题通知书　　　　　　　　　　　　编号：

认定存在的安全问题			
安全问题责任班组		责任人	
指定整改期限			
建议整改措施			

（2）安全整改反馈表

表 8-3　安全整改反馈表　　　　　　　　　　　　编号：

整改项目			
安全问题责任班组		安全问题责任人	
整改项目提出时间		指定整改完成时间	
整改负责人		整改实际完成时间	
整改措施及结果			

（3）安全检查备忘录

表 8-4　安全检查备忘录　　　　　　　　　　　　编号：

安全检查主题			
安全检查负责人		工作组成员	
检查范围和时间			
查出问题			
整改情况			
安全工作评定、总结			

实践训练

做一做：参照风电场电气系统倒闸操作要求，请简要写出：
1. 风力发电机组检修的停电步骤。
2. 风电场主变压器的送电步骤。

项目二　风电场员工培训管理

随着风力发电产业的不断发展，新技术、新设备、新材料、新工艺的广泛使用，风电场员工综合素质的培训显得日益重要，风电场的行业特点也决定了员工培训工作应当贯穿生产管理的全过程。

一、风电场员工培训

风电场员工培训包括新员工进场培训、岗前实习培训和员工岗位培训三种形式。

1. 新员工进场培训

新员工到风电场报到后，应经过一个月的理论知识和基础操作培训，培训期间由技术部门派专人讲解指导，根据生产实际适当地进行一些基本工作技能的培训，并对各个职能部门的基本工作内容进行初步了解。培训结束后进行笔试和实际操作考试，员工考试合格后方可进入下一步培训。

新员工进场培训的主要内容包括：

1）政治思想、职业道德、遵纪守法、文明礼貌、安全知识及规章制度教育。
2）风电场现场设备的构造、性能、系统及其运行方式和维护技术。
3）风电场运行及检修规程。
4）风电场的组织制度及生产过程管理。

2. 岗前实习培训

岗前实习培训的目的是使新员工在对风电场的整个生产概况进行初步了解的基础上，针对生产实际的需要全面系统地掌握风能利用知识、风力发电机组结构原理、机组和输变电运行维护基本技能以及风电场各项安全管理制度。在此基础上，根据生产需要安排实习员工逐步参与实际工作，进一步培养其独立处理问题的能力。新员工经过五个月岗前实习后，对其进行考评，考评内容包括理论知识及管理规程笔试、实际操作技能考评和部门考评。考评合格者，取得运行上岗证后，方可正式上岗。

岗前实习培训的主要内容包括：

1）风能资源及其利用的基本常识。
2）风力发电机组的结构原理及总装配原理，风力发电机组的出厂试验。
3）风力发电机组的安装程序、调试及试运行。
4）风力发电机组的运行维护基本技能，风力发电机组的常见故障处理技能。
5）风电场升压变电站运行维护基本技能。
6）风电场运行相关规程及风电场各项管理制度。

3. 员工岗位培训

在职员工应有计划地进行岗位培训，全面提高员工素质。员工岗位培训本着为生产服务的目的，采用多种可行的培训方式，培训内容应与生产实际紧密结合，做到学以致用。

（1）安全培训

1）学习电力生产的各种规程、制度，定期组织风电场安全生产规程测试。
2）组织对两票制度的学习，按时完成对工作许可人的培训并进行年度例行考试。
3）组织对巡视高压设备人员的培训及考试。
4）普及一般安全知识，要求员工学会现场急救方法及消防器材使用方法。

（2）专业培训

1）组织运行人员进行运行规程、检修规程的学习，并进行年度例行考试。
2）组织技术比武活动。
3）定期组织运行维护人员参加同类型机组仿真培训，以提高运行维护人员事故情况下的应变能力和实际操作水平。
4）根据设备变化和技术改造情况组织技术讲座。

(3) 现场培训

1）根据现场设备实际情况，组织"技术问答"活动。
2）定期组织进行班组"现场考问"工作。
3）搞好反事故演习，提高运行维护人员的事故判断、处理能力。
4）应根据季节特点、设备实际情况、异常运行方式等，做好事故预想。
5）默写操作票是正确进行运行操作的基础，要求运维人员定期默写操作票。
6）默画系统图。

二、风电场运行人员基本素质

风电场运行人员基本素质要求：

1）运行人员应经过岗位培训，考核合格，健康状况符合上岗条件（能够日常登高作业）。

2）熟悉风力发电机组原理及基本结构，熟练掌握各类机组的维护方法及运行程序，具备基本的机械及电气知识。

3）熟悉风力发电机组的各种状态信息、故障信号及故障类型，掌握判断一般故障的原因和处理的方法，对一些突发故障有基本应变能力，能发现风力发电机组运行中存在的隐患，并能分析找出原因。

4）有一定计算机理论知识及运用能力，能够熟练操作常用办公自动化软件，能使用计算机打印工作所需的报告及表格，能独立完成运行日志及有关质量记录的填写，具有基本的外语阅读和表达能力。

5）掌握计算机监控系统的使用方法。
6）熟悉操作票、工作票的填写以及引用标准中有关规程的基本内容。
7）能统计计算容量系数、利用时数、故障率等。
8）掌握触电现场急救方法，正确使用消防器材。
9）热爱本职工作，勤学好问，具有良好的工作习惯。

实践训练

想一想： 参照风电场运行员工的基本素质要求，进行一下自检。想一想，目前你已经符合了哪些条件，还有哪些欠缺，打算怎么做？

项目三 风电场生产运行管理

一、风电场技术管理

风电场应根据场内风力发电机组及输变电设施的实际运行状况以及完成生产任务情况，按规定时间（月度、季度、年度）对风力发电设备的运行状况、安全运行、经济运行以及运行管理进行综合性或专题性的运行分析，通过分析可以摸索出运行规律，找出设备的薄弱环节，有针对性地制定防止事故的措施，从而提高风电场风力发电设备运行的技术管理水平和风电场的经济效益。

1. 设备管理

风电场应建立以下设备档案：

1）风电设备制造厂家使用说明书，风电设备出厂试验记录及风电设备安装交接的有关资料。

2）风电设备日常运行及检修报告。

3）风电设备大修及定期预防性试验报告。

4）风电设备事故、障碍及运行分析专题报告。

5）风电设备发生严重缺陷、风电设备变动情况及改进记录。

2. 技术文件管理

风电场应设专人进行技术文件的管理工作，建立完善的技术文件管理体系，为生产实际提供有效的技术支持。风电场除应配备电力生产企业生产需要的国家有关政策、文件、标准、规定、规程、制度外，还应针对风电场的生产特点建立风力发电机组技术档案及场内输变电设施技术档案。

（1）机组建设期档案

1）机组出厂信息：机组技术参数介绍；主要零部件技术参数；机组出厂合格证；出厂检验清单；机组试验报告；机组主要零部件清单；机组专用工具清单。

2）机组配套输变电设施资料：机组配套输变电设施技术参数；设备编号及相关图样。

3）机组安装记录：机组安装检验报告；机组现场调试报告；机组500h试运行报告；验收报告；机组交接协议。

（2）机组运行期档案

1）运行记录：机组日有功发电量、日无功发电量记录表；日发电曲线、日风速变化曲线；机组月度产量记录表；机组月度故障记录表；机组年度检修清单；机组零部件更换记录表；机组油品更换记录表；机组配套输变电设施维护记录表。

2）运行报告：机组年度运行报告；机组油品分析报告；机组运行功率曲线；机组非常规性故障处理报告。

（3）风电场规程制度　风电场规程制度包括安全工作规程、消防规程、工作票制度、操作票制度、交接班制度、巡回检查制度和操作监护制度等。

二、风电场运行管理

1. 调度管理

风电场调度员对风电场运行系统实行统一调度管理。风电调度员在值班期间是全场安全生产、运行操作和事故处理的总指挥，在调度关系上受地调值班调度员的指挥。

调度管理的主要任务是负责风力发电机组安全、经济运行，负责风电设备的运行操作，以满足电网需要，充分发挥风电设备能力，使机组按照规程规定，连续、稳定、正常运行，确保供电的可靠性，使电能质量指标符合国家规定的标准。

2. 检修管理

风电管辖的设备需要检修，运行维护人员可随时向风电调度员提出申请，对设备进行临时检修、消缺。检修申请应说明停电范围、检修性质、主要项目、检修时间、紧急恢复备用时间及对电网的要求等。

模块八 风电场的管理

3. 运行方式管理

（1）输配电线路运行方式管理 风电场输配电线路运行方式根据风电场实际情况而定。一般情况下都是采用一机一变接线，经箱式变压器升压至 35kV。所有风力发电机分 N 组集电线，其中每组集电线各 n 台风力发电机，每组集电线经箱变通过 35kV 架空线接入升压站 35kV 配电室。35kV、220kV 或 400V 系统接线方式一般为单母线或单母线分段运行方式。

（2）运行管理工作流程

1）设备缺陷管理流程。

一般缺陷处理流程：发现人员→风电调度员→录入微机→检修处理→运行验收→检修记录。

重大设备缺陷处理流程：发现人员→风电调度员→风电场领导→检修处理→备案。

2）电气保护解投流程。

线路及母线保护：上级调度员→风电调度员→运行值班人员。

电气主保护解投：风电调度员→风电场领导→风电调度员→运行值班人员。

电气后备保护解投：风电调度员→运行值班人员。

3）生产运行事故（或一类障碍）管理流程：运行值班人员→风电调度员→风电场领导→上级主管部门。

（3）安全自动装置管理 安全自动装置动作后，不准私自停用、改变定值或拆除，应立即报告值班调度员。自动低频、低压减负荷装置动作后，应将动作时间、切除线路条数和切负荷数，报告地调调度员。

（4）设备巡检管理 设备巡检时巡检人员要携带手电筒、测温仪等必要的检查工具，应做到"四到"，即看到、听到、摸到、嗅到。

（5）电压运行管理 风电处于电网的末端，电压很不稳定，而电压的高低直接影响到风力发电机的正常运行。为此，风电调度员应督促运行值班人员监视好风力发电机组出口电压在允许范围内（±5%），利用主变压器有载调压来调整风力发电机组出口电压，以保证风力发电机组的正常运行。

4. 调度操作原则

调度操作要遵循如下原则：

1）电网倒闸操作，应按调度管辖范围内值班调度员的指令进行。

2）重要操作应尽量避免在高峰负荷和恶劣天气时进行。

3）上级调度员的指令应由风电调度员接受和汇报执行结果。由于通信中断，发受令双方没有完成重复命令和认可手续时，受令者不得执行。

4）进行重要操作时风电调度员应到达现场。

5. 继电保护及自动装置的运行管理

1）继电保护及自动装置的投、停按上级调度员或风电调度员的指令执行，其他人员不得擅自投停运行中的保护装置。

2）保护装置出现异常运行并威胁设备或人身安全时，可先停用保护装置进行处理，然后报告值班调度员或风电调度员。

3）在保证有一套主保护运行的情况下，天气好时允许其他保护装置轮流停用，但停用时间不得超过 1h。

4）新设备投运时，保护装置应与一次设备同时投运。

5）带有交流电压回路的保护装置（如阻抗、低电压保护等），运行中不允许失电压。当失电压时，应将此类保护停用，并报告值班调度员，当有可能失电压时，应汇报值班调度员。

6）线路各侧的纵联保护（由线路两侧信息才能确定是否跳闸的保护，如高频保护、纵差保护等）应同时投、停。

7）各种类型的母差保护在双母线或单母线运行时均应投跳闸。

6. 事故处理

1）当风电场发生事故时，应迅速控制事故发展，消除事故根源，解除对人身或设备安全的威胁；用一切可能的方法保持对负荷的正常供电，并迅速对已停电的设备恢复供电，应尽可能保证场用电源和主要设备的安全。

2）系统发生故障时，风电调度员要迅速向值班调度员报告相关情况，包括掉闸开关的名称、编号及掉闸时间；继电保护及自动装置动作情况；人身安全和设备异常运行情况等。

三、风电场经济效益管理

风电场的经济效益取决于风电场的发电收入和运营管理费用。采取有效的技术措施保证风电场风力发电机组的发电量、控制和降低运营管理费用，是保证风电场经济效益的重要措施。

1. 提高风力发电机组发电量的技术措施

影响风力发电机组发电量的主要因素包括机组的可利用率、风电场设备的安全管理和机组的最优输出。

1）提高风力发电机组的可利用率。

① 通过建立生产设备各类故障清单、故障处理程序及方法等技术标准，建立故障定额标准、质量管理标准、考核体系等措施，高效、快速处理和解决机组运行中出现的问题，降低机组故障停运时间，提高设备可利用率。

② 提高机组运行维护工作质量，及时处理机组运行中存在的质量隐患。采取的主要技术措施，一是根据机组运行时间，抽样测试机组部件的性能参数，与该部件本身技术要求进行核对；二是定期进行机组噪声、温升、振动、接地、保护定值校验等方面测试；三是储备合适数量的备品备件，保证风力发电机组出现故障时，能够快速处理、排除故障；四是根据风力发电机组的运行时间，科学合理地进行风电场设备的定期检查、预防性试验。

2）保证风力发电机组、变配电设备等资产的安全，包括风电场资产的安全管理、特殊情况下风电场设备的安全防护。

3）风力发电机组的优化输出。风力发电机组在运行过程中，输出功率受到风力发电机组安装地点的空气密度、湍流、叶片污染、周围地形、地表植被等方面的影响，风力发电机组的输出达不到最优状态。因此，风力发电机组投入运行后，应根据机组安装地点的具体情况，调整叶片的安装角度，使机组的功率曲线满足现场风能资源的风频分布，保证最大发电量。

2. 控制和降低风电场运营管理成本

风电场运营管理成本主要包括人工费用、检修费用、系统损耗、场内用电、办公及其他

模块八　风电场的管理

费用。控制和降低风电场运营管理成本，对提高风电场经济效益具有显著意义。

（1）控制人工费用　合理规划设计风电场工作岗位，优化岗位结构；建立长期稳定的人才队伍，满足风电场可持续运营发展需要；做好员工培训，提高员工素质。

（2）减少检修费用　最大限度减少检修费用；依据风电场实际运行情况，配置合适数量的检修工具、设备和仪器；科学地编制和实施定期检修计划；控制设备检修时的机械费用。

（3）控制用电　控制场用电，降低系统损耗，就是间接地增加风电场发电量，提高发电收入。

实践训练

想一想：假如你是风电调度员，在你当班的时候，系统出现故障，请问你该怎么做？

项目四　备品备件及安全工器具的管理

一、备品备件的管理

备品备件的管理工作是风电场设备全过程管理的一部分，做好此项工作对设备正常维护、提高设备健康水平和经济效益、确保安全运行至关重要。

备品备件管理的目的是科学地分析风电场备品备件的消耗规律，寻找出符合生产实际需求的管理方法，在保证生产实际需求的前提下，减少库存，避免积压，降低运行成本。

在实际工作中应根据历年的消耗情况，结合风力发电机组的实际运行状况制定出年度一般性耗材采购计划。批量的备品备件的采购和影响机组正常工作的关键部件的采购，应根据实际消耗量、库存量、采购周期和企业资金状况制定出中远期采购计划。实现资源的合理配置，保证风电场的正常生产。在规模较大的风电场还应根据现场实际考虑对机组的重要部件（齿轮箱、发电机等）进行合理的储备，避免上述部件损坏后导致机组长期停运。

对损坏的机组部件应积极查找损坏原因及部位，采取相应的应对措施。有修复价值的应安排修复，以节约生产成本；无修复价值的部件应报废处理，避免与备品备件混用。

二、安全工器具的使用管理

（一）安全工器具分类

安全工器具是指为防止触电、灼伤、坠落、摔跌、物体打击、尘、毒等危害，保障人身安全的各种专用工具和器具。安全工器具分为绝缘安全工器具、一般防护安全工器具、安全围栏（网）三大类。

1. 绝缘安全工器具

绝缘安全工器具分为基本绝缘安全工器具和辅助绝缘安全工器具两种。基本绝缘安全工器具包括电容型验电器、绝缘杆、绝缘隔板、绝缘罩、携带型短路接地线。辅助绝缘安全工器具包括绝缘手套、绝缘靴（鞋）、绝缘胶垫等。

（1）基本绝缘安全工器具　基本绝缘安全工器具是指能直接操作带电设备、接触或可能接触带电体的工器具，属于这一类的安全工器具有电容型高压验电器、高压绝缘棒

（杆）、绝缘挡（隔）板、绝缘罩、携带型短路接地线。

1）电容型验电器是通过检测流过验电器对地杂散电容中的电流，检验高压电气设备、线路是否带有运行电压的装置。电容型验电器一般由接触电极、验电指示器、连接杆、绝缘杆和护守环等组成。

2）绝缘杆是用于短时间对带电设备进行操作或测量的绝缘工具，如接通或断开高压隔离开关、跌开式熔断器等。绝缘杆由合成材料制成，结构一般分为工作部分、绝缘部分和手握部分。

3）绝缘隔板是由绝缘材料制成，用于隔离带电部位、限制工作人员活动范围的绝缘平板。

4）绝缘罩是由绝缘材料制成，用于遮蔽带电导体或非带电导体的保护罩。

5）携带型短路接地线是用于防止设备、线路突然来电，消除感应电压，放尽剩余电荷的临时接地装置。

(2) 辅助绝缘安全工器具　辅助绝缘安全工器具是指绝缘强度不是承受设备或线路的工作电压，只是用于加强基本绝缘安全工器具的保安作用，用以防止接触电压、跨步电压、泄漏电流电弧对操作人员的伤害。属于这一类的安全工器具有绝缘手套、绝缘鞋（靴）、绝缘胶垫等。绝缘手套、绝缘鞋（靴）、绝缘胶垫是由特种橡胶制成，其中绝缘手套起电气绝缘作用，绝缘靴用于人体与地面绝缘，绝缘胶垫是用于加强工作人员对地绝缘的橡胶板。

2. 一般防护安全工器具

一般防护安全工器具（一般防护用具）是指防护工作人员发生事故的工器具。属于这一类的安全工器具有安全帽、安全带、安全自锁器、速差自控器、过滤式防毒面具、正压式消防空气呼吸器、SF_6气体检漏仪等。

(1) 安全帽　安全帽是一种用来保护工作人员头部免受外力冲击伤害的帽子。

(2) 安全带　安全带是预防高处作业人员坠落伤亡的个人防护用品，由腰带、围栏带、防坠落锁扣、金属配件等组成。安全绳是安全带上面的保护人体不发生坠落的系绳。

(3) 速差自控器　速差自控器是一种装有一定长度绳索的器件，作业时可均匀地拉出绳索，当速度骤然变化时即可将拉出绳索的长度锁定。

(4) 过滤式防毒面具　过滤式防毒面具是用于有氧环境中使用的呼吸器。

(5) 正压式消防空气呼吸器　正压式消防空气呼吸器是用于无氧环境中使用的呼吸器。

(6) SF_6气体检漏仪　SF_6气体检漏仪是用于绝缘电器的制造以及现场维护、测量SF_6气体含量的专用仪器。

3. 安全围栏（网）

安全围栏（网）用于区分作业区与非作业区。

(二) 安全工器具的保管与存放

1）风电场应对每一台（件）安全工器具建立台账，编制安全工器具清册，做到账、卡、物相符，试验报告齐全。

2）风电场安全工器具应指定专人负责保管和维护，各种检验记录、试验报告、出厂说明及有关技术资料均应妥善保存。

3）安全工器具应存放在干燥通风、温度适宜的橱柜内或构架上，按编号分类，定置存放，妥善保管。

4)安全工器具应处于完好的备用状态,使用后应妥善保管。

5)安全工器具的保管及存放应根据国家和行业标准及产品说明书要求,设置安全工器具专用存放柜。

① 安全帽应定置摆放,不应放在酸、碱、高温、潮湿等处,更不能与硬物挤压在一起。

② 安全带应贮存在干燥、通风的仓库内,悬挂在带有标识的专用构架上,严禁接触高温、明火、强酸和尖锐的坚硬物体,不允许长期暴晒,禁止混乱堆放在一起。

③ 绝缘安全工器具应存放在温度 −15~35℃、相对湿度5%~80%的干燥通风的工具室(柜)内。绝缘杆及带有绝缘杆的验电器应放置在专用支架上,不得直接落地存放,不应与接地线操作棒及测绝缘用操作杆等非绝缘工具混放。验电器应存放在防潮盒或绝缘安全工器具存放柜内,置于通风干燥处。

④ 安全网,遮栏绳、网应保持完整、清洁、无污垢,成捆整齐存放在安全工器具柜内。

⑤ 每组接地线应按编号存放在固定地点,并根据存放地点实际情况在绕线架上缠绕后悬挂存放。

⑥ 橡胶类绝缘工器具应放在避光的橱柜内,橡胶层间撒上滑石粉,绝缘手套应套在专用支架上。

⑦ 正压式空气呼吸器在贮存时应装入包装箱内,避免长时间暴晒,不能与油、酸、碱或其他有害物质共同贮存,严禁重压。

(三)安全工器具的检查与使用

1. 安全工器具的检查与使用规定

1)风电场应按照安全工器具使用规则和防护要求,定期组织安全工器具使用方法培训。凡是在工作中需要使用安全工器具的人员都应接受培训,了解其结构和性能,熟练掌握使用方法,做到"三会",即会检查安全工器具的可靠性、会正确使用安全工器具、会正确维护和保养安全工器具。

2)安全工器具应严格按照使用说明书、《电业安全工作规程》(热力和机械部分、电气部分)和 DL 5009.1—2002《电力建设安全工作规程》等规定的要求使用,严禁私自拆卸安全保险装置。

3)安全工器具应在合格期限内使用,使用前外观检查应无缺陷或损坏,各部件组装严密,起动灵活,确认对有害因素防护效能的程度在其性能范围内。如发现有损坏、变形、故障等异常情况,应禁止使用。

4)使用中如对安全工器具的机械、绝缘性能发生疑问,应进行试验,合格后方可使用。

5)风电场应按照安全工器具预防性试验规程的要求做好定期试验工作。

2. 安全工器具检查内容

(1)绝缘杆 表面不应有连续性的磨损痕迹,不应潮湿,不得有油污,末端杆及首端杆堵头不应破损,应贴有试验合格证,并在有效期内。

(2)绝缘手套 表面清洁、内外干燥,不应有发粘、发脆、老化、裂纹、染料溅污等现象;采用闭口挤压法检查是否漏气,应贴有试验合格证,并在有效期内。

(3)绝缘靴 表面清洁、内外干燥,应贴有试验合格证,并在有效期内。凡有破损、靴底防滑齿磨平、外底磨透露出绝缘层或预防性试验不合格时,均不得再做绝缘靴使用。

· 199 ·

（4）安全帽　每顶安全帽四项永久性标志齐全（制造厂名称、商标、型号、制造年、月，产品合格证和检验证，生产许可证编号）；帽壳无裂纹或损伤，无明显变形，帽衬组件（包括帽箍、顶衬、后箍、下颚带等）齐全牢固，帽壳与顶衬缓冲空间为25～50mm；帽带调节灵活；未超过使用期限。

（5）安全带（绳）　制造厂的代号、带体上的商标和产品合格证齐全；组件完整、无短缺、无伤残破损；金属配件无裂纹，主要扣环无焊接，无锈蚀；绳索纺织带无脆裂、断股或扭结现象；挂钩的钩舌咬口平整没有错位，保险装置完整可靠；铆钉无明显偏位，表面平整无毛刺；贴有试验合格证，并在有效期内。

（6）验电器　绝缘部分保持干净、干燥；与绝缘操作棒连接牢固，手动测试正常；验电器内的电池未失效；每次使用前应进行验电实验。

（7）接地线　塑料护套应完好，接地线无毛刺、无断股，卡子无锈蚀、无损坏，各部件连接螺栓无松动，整组有编号。

（8）安全遮（围）栏、网（绳）　遮栏绳、网保持完整、清洁无污垢，无严重磨损、断裂、霉变、连接部位松脱等现象；安全网上所有绳结或节点应牢固完整，无损坏，网四边长不大于10cm；遮栏杆外观醒目，无弯曲、无锈蚀，排放整齐。

（9）脚扣（铁鞋）　金属母材及焊缝无任何裂纹及可目测到的变形；橡胶防滑块（套）完好，无裂损和严重磨损；皮（脚）带完好，无霉变、裂缝或严重变形；小爪连接牢固，活动灵活；保持干燥和清洁，不得与油质物品杂放。

（10）绝缘胶垫　出现割裂、破损、厚度减薄，不足以保证绝缘性能等情况时，应及时更换。

（四）安全工器具试验

1）安全工器具的定期试验时间一般选择春、秋季和机组检修工作之前进行。安全工器具的试验应按照安全工器具的定期预防性试验规程、规定的标准进行。

2）风电场应指定专人对安全工器具的试验设施进行维护保养。

3）安全工器具试验合格后，试验人员要在安全工器具的明显位置贴上"试验合格证"标签，并出具试验报告，由相关部门存档。试验报告应保存两个试验周期。

4）使用中或新购置的安全工器具，应试验合格。未经试验及超试验周期的安全工器具禁止使用。

（五）安全工器具报废依据

1）绝缘操作棒表面有裂纹或工频耐压试验不合格；金属接头螺扣破损或滑丝，影响连接强度。

2）绝缘手套出现漏气现象或工频耐压试验泄漏电流超标。

3）绝缘靴底部有裂纹或工频耐压试验泄漏电流超标。

4）接地线塑料护套破损，断股导致截面积小于规定的最小截面积或经受过短路电流的冲击。

5）防毒面具过滤功能失效。

6）梯子横撑残缺不全，主材变形弯曲。

7）安全帽帽壳有裂纹；安全帽的使用期，从产品制造完成之日起，植物枝条编织帽不

模块八　风电场的管理

超过两年，塑料帽、纸胶帽不超过两年半，玻璃钢（维纶钢）橡胶帽不超过三年半。达到使用期限后，应从最严酷场合使用的安全帽中抽取2顶以上进行测试，如果有一顶不合格，则应报废该批次所有安全帽。

8) 安全带织带断裂，金属配件有裂纹，铆钉有偏移现象；静负荷试验不合格；安全带的使用期一般为3~5年，超过使用期限应报废。

三、库房管理

风电场因自然环境较为特殊且备品备件和生产用工器具价格较高、种类较多，所以对库房的管理有较高的要求。库房的设置应能满足备品备件及工器具的存放环境要求，并有足够的消防设施和防盗措施。在库房中长期存放的各种物资，要定期检验与保养，防止损坏和锈蚀，被淘汰或损坏的物资应及时处理或报废。

库内物资应实行档案化规范管理，建立健全设备台账，将有关图样、产品说明、合格证书、质量证明、验收记录、采购合同、联系方式等存入档案，以方便查阅。

各类物资的出库，实行"先进先出、推陈出新"的原则，采用先进先出法。

随着风电场规模的不断扩大，应采用计算机管理等先进技术手段，不断提高备品备件的科学管理水平，以适应风电场不断发展的要求。

实践训练

做一做： 检查一下电气实训室的绝缘安全工器具是否符合使用标准。

知识链接

安全用电常识

如果在生产和生活中不注意安全用电，会带来灾害。例如，触电可造成人身伤亡，设备漏电产生的电火花可能酿成火灾、爆炸，高频用电设备可产生电磁污染等。

1. 发生触电事故的主要原因

统计资料表明，发生触电事故的主要原因有以下几种：

1) 缺乏电器安全知识。低压架空线路断线后不停电用手去拾相线；黑夜带电接线，手摸带电体；用手摸破损的开启式开关熔断器组。

2) 违反操作规程。带电连接线路或电器设备而又未采取必要的安全措施；触及破坏的设备或导线；误登带电设备；带电接照明灯具；带电修理电动工具；带电移动电气设备；用湿手拧灯泡等。

3) 设备不合格，安全距离不够；二线一地制接地电阻过大；接地线不合格或接地线断开；绝缘破坏导线裸露在外等。

4) 设备失修，大风刮断线路或刮倒电杆未及时修理；开启式开关熔断器组的胶木损坏未及时更改；电动机导线破损，使外壳长期带电；瓷绝缘子破坏，使相线与零线短接，设备外壳带电。

5) 其他偶然原因，夜间行走触碰断落在地面的带电导线。

2. 发生触电时应采取的救护措施

发生触电事故时，在保证救护者本身安全的同时，必须首先设法使触电者迅速脱离电源，然后进行以下抢修工作。

1）解开妨碍触电者呼吸的紧身衣服。

2）检查触电者的口腔，清理口腔的粘液，如有假牙，则取下。

3）立即就地进行抢救，如呼吸停止，采用口对口人工呼吸法抢救，若心脏停止跳动或不规则颤动，可进行人工胸外挤压法抢救。决不能无故中断。

如果现场除救护者之外，还有第二人在场，则还应立即进行以下工作：

1）提供急救用的工具和设备。

2）劝退现场闲杂人员。

3）保持现场有足够的照明和保持空气流通。

4）向领导报告，并请医生前来抢救。

实验研究和统计表明，如果从触电后 1min 开始救治，90% 可以救活；如果从触电后 6min 开始抢救，则仅有 10% 的救活机会；而从触电后 12min 开始抢救，则救活的可能性极小。因此当发现有人触电时，应争分夺秒，采用一切可能的办法。

3. 安全用电原则

1）不靠近高压带电体（室外高压线、变压器），不接触低压带电体。

2）不用湿手扳开关，插入或拔出插头。

3）安装、检修电器应穿绝缘鞋，站在绝缘体上，且要切断电源。

4）禁止用铜丝代替熔丝，禁止用橡胶代替电工绝缘胶布。

5）在电路中安装触电保护器，并定期检验其灵敏度。

6）雷雨时，不使用收音机、录像机、电视机，且拔出电源插头，拔出电视机天线插头。暂时不使用电话，如一定要用，可用免提功能。

7）严禁私拉乱接电线，禁止学生在寝室使用电炉、"热得快"等电器。

8）不在架着电缆、电线的电气设施下面放风筝和进行球类活动。

4. 注意事项

1）人的安全电压是不高于 36V。

2）使用验电笔时，不能接触笔尖的金属杆。

3）功率大的用电器一定要接地线。

4）不能用身体连通相线和地线。

5）使用的用电器总功率不能过高，否则会因电流过大而引发火灾。

6）有人触电时不能用身体拉他，应立刻关掉总开关，然后用干燥的木棒将人和电线分开。

思考练习

一、选择题

1. 进入高空作业现场，应戴_____。高处作业人员必须使用_____。高处工作传递物件，不得上下抛掷。

　　A. 安全帽、作业证　　　　B. 安全带、工作票　　　　C. 安全帽、安全带

2. 一个工作负责人只能同时发给_____工作票。

　　A. 一张　　　　　　　　B. 两张　　　　　　　　　C. 实际工作需要

3. 高压室内的二次接线和照明等回路上的工作，需要将高压设备停电或做安全措施的工作，应填

模块八 风电场的管理

用_____。

A. 电气第一种工作票　　　B. 电气第二种工作票　　　C. 热机工作票

4. 人体的安全电压是不高于_____V。

A. 50　　　　　　　　　B. 36　　　　　　　　　C. 45

5. 操作中严格执行_____步骤。

A. "唱票——复诵——操作——回令"

B. "唱票——复诵——操作——回令——完毕签字"

C. "唱票——操作——复诵——回令"

6. 第一、二种工作票的有效时间，以_____为限。

A. 计划工作时间　　　　B. 实际工作时间　　　　C. 许可时间

7. 使用绝缘电阻表测量高压设备绝缘，至少应由_____人担任。

A. 1　　　　　　　　　B. 2　　　　　　　　　C. 3

二、判断题

1. 严禁工作人员在工作中移动或拆除围栏、接地线和标示牌。（　　）
2. 雷雨天巡视室外高压设备时，应穿绝缘靴，并不得靠近避雷器和避雷针。（　　）
3. 装设接地线要先装接地端、后装导体端，拆除顺序相反。（　　）
4. 运行人员与调度员进行倒闸操作联系时，首先互相通报单位、时间、姓名。（　　）
5. 操作开关时，操作中操作人要检查灯光、表计是否正确。（　　）
6. 操作票上的操作项目必须填写双重名称，即设备的名称和位置。（　　）
7. 熟练的值班员，简单的操作可不用操作票，而凭经验和记忆进行操作。（　　）
8. 操作时，如隔离开关没合到位，允许用绝缘杆进行调整，但要加强监护。（　　）
9. 各种安全工器具要设专柜，固定地点存放，设专人负责管理维护试验。（　　）
10. 执行一个倒闸操作任务如遇特殊情况，中途可以换人操作。（　　）
11. 设备缺陷处理率每季统计应在80%以上，每年应达85%以上。（　　）
12. 工作票签发人可以兼任该项工作的工作负责人。（　　）
13. 非当班运行人员未经许可不得擅自操作任何设备。（　　）
14. 停电拉闸操作必须按照断路器——母线侧隔离开关（刀开关）——负荷侧隔离开关的顺序依次操作，送电合闸操作应按与上述相反顺序进行。严防带负荷拉合刀开关。（　　）
15. 各类物资的出库，实行"先进先出、推陈出新"的原则，采用先进先出法。（　　）

三、填空题

1. 所有电气设备的金属外壳均应有良好的接地装置。使用中不准将接地装置_____或对其进行任何工作。
2. _____作业应一律使用工具袋。较大的工具应用绳拴在牢固的构件上，不准随便乱放，以防止从高空坠落发生事故。
3. 带电设备周围_____使用钢卷尺、皮卷尺和线尺（夹有金属丝者）进行测量工作。
4. 巡视配电装置，进出高压室，应随手_____。
5. 使用电气工具时，不准提拿电气工具的_____或（转动）部分。在梯子上使用电气工具，应做好防止_____的安全措施。在使用电气工具工作中，因故离开工作场所或暂时停止工作以及遇到临时停电时，须立即切断_____。
6. 电气工器具的电线不准_____发热体，不要放在湿地上，并避免载重车辆和重物_____电线上。
7. 进行_____时不得进行交接班，由_____班组完成倒闸操作任务或操作任务告一段落，检查无问题后，方可进行交接班。
8. 10kV及以下电气设备不停电的安全距离是_____m，220kV电气设备不停电的安全距离是_____m。

203

9. 操作前必须认真核对_____、_____、_____、_____，即四对照。
10. 装设接地线时，先将接地线接地端良好接地，后装设_____；拆除接地线_____。
11. 操作票签字人员：操作人、_____、值班负责人、值长。
12. 电气设备上安全工作的技术措施是：停电；_____；_____；悬挂标示牌和装设遮栏（围栏）。
13. 电气设备上安全工作的组织措施是：_____；工作许可制度；_____；工作间断、转移和终结制度。
14. 安全工器具分为_____安全工器具、一般防护安全工器具、_____三大类。
15. 使用中或新购置的安全工器具，应试验合格。_____及超试验周期的安全工器具禁止使用。

四、简答题

1. 防止电气误操作是指哪些误操作？
2. 简述风电场对工作人员工作服饰的规定。
3. 请填写设备不停电时的安全距离。

电压等级/kV	10及以下	20～35	60～110	220	330	500
安全距离/m						

4. 遇有电气设备着火时，如何进行扑救？
5. 设备巡检时，对巡检人员有哪些要求？

附 录

思考练习答案

模块一　思考练习答案

一、选择题

1. B　2. A　3. C　4. A　5. D　6. A　7. B　8. D　9. C　10. D

二、判断题

1. √　2. √　3. √　4. √　5. ×　6. √　7. ×　8. ×　9. ×　10. √

三、填空题

1. 节能环保、可再生、国家政策支持　2. 密度低、频率　3. 陆地、海上、空中

4. $E = \frac{1}{2}mv^2 = \frac{1}{2}\rho Av^3$　5. 频率　6. 风力发电机组、升压变电站　7. 风速玫瑰图、风能玫瑰图

8. 电气部分、组织机构

四、简答题

答案略。

五、计算题

解：由 $v_1^3 / v_2^3 = P_1 / P_2$　得　$P_2 = 12^3 \times 60/6^3 \text{kW} = 480 \text{kW}$

模块二　思考练习答案

一、选择题

1. D　2. D　3. B　4. B、D、A　5. C　6. A　7. B　8. C　9. D　10. A

二、判断题

1. ×　2. √　3. √　4. √　5. √　6. √　7. ×　8. ×　9. √　10. √

三、填空题

1. 一次、二次　2. 机械能　3. 风能、动能、机械能、电能　4. 功能

5. 温度、电量、风速与风向　6. 风力机（风轮）、发电机　7. CT、PT

8. 轮毂锁　9. 黑色、红色　10. 无功功率、功率因数、无功补偿

四、简答题

1. 答案：

风电场风力发电系统是由风电场、电网以及负荷构成的整体，是用于风电生产、传输、变换、分配和消耗电能的系统。风电场是整个风电系统的基本生产单位，风力发电机组生产电能，变电站将电能变换后传输给电网。电网是实现电压等级变换和

电能输送的电力装置。风电场的电气系统和常规发电厂是一样的，也是由一次系统和二次系统组成。

风电场一次系统有四个部分组成，即风力发电机组、集电系统、升压变电站及风电场用电系统。对一次系统进行测量、监视、控制和保护的系统称为电气二次系统。构成电气二次系统的电气设备称为电气二次设备。二次设备通过 CT、PT 同一次设备取得电气联系，是对一次设备的工作进行监测、控制、调节和保护的电气设备，包括测量仪表、控制及信号器具、继电保护和自动装置等。

2. 答案：

利用开关电器，遵照一定的顺序，对电气设备完成上述四种状态的转换过程称为倒闸操作。

送电过程中的设备工作状态变化为：检修→冷备用→热备用→运行。

停电过程中的设备工作状态变化为：运行→热备用→冷备用→检修。

电气设备停电、送电的程序正好相反。

3. 答案：

风力发电机组主要由风轮、机舱、塔架和基础四部分构成。

风力发电机组的工作原理简单地说就是风轮在风力的推动下产生旋转，将风的动能变成风轮旋转的动能，实现风能向机械能的转换；旋转的风轮通过传动系统驱动发电机旋转，将风轮的输出功率传递给发电机，发电机把机械能转变成电能，在控制系统的作用下实现发电机的并网及电能的输出，完成机械能向电能的转换。

4. 答案：

风力发电机组的调试主要是针对部分项目或系统进行功能或性能试验。有如下六项内容。

1) 发电机运转调试。在进行发电机运转调试时，主要看发电机以电动机方式空载运转情况。

2) 润滑系统、液压系统、盘式制动器、偏航机构功能检查调试。

3) 传动系统空载调试。

4) 安全保护性能调试。主要是紧急停机和安全链模拟试验。

5) 控制器功能检测。测试参数主要有转速、温度、电量和风速风向。转速时齿轮箱输入轴和发电机转速；温度是齿轮箱润滑油温、发电机轴承温度、环境温度；电量有电压、电流、频率、功率因数、有功与无功功率等。

6) 通信故障试验。

5. 答案：

风力发电机组试运行期间，除了对重要装置和系统进行功能及性能监测之外，应重视一些零部件的破损情况检查，检查的内容有：风轮（叶片）、轴类零件、机舱及承载结构件、液压、气动系统、塔架、基础、安全设施、信号和制动装置、电气系统和控制系统及其他突发情况。

附 录 思考练习答案

模块三　思考练习答案

一、选择题
1. B　2. B　3. C　4. C　5. A　6. A

二、判断题
1. √　2. ×　3. ×　4. √　5. √　6. √　7. √　8. √　9. ×　10. √　11. √　12. √

三、填空题
1. 电气系统、管理　2. 安全第一、预防为主　3. 自动、手动、自动　4. 主控室、机舱
5. 25m/s　6. 检查、调整、注油、清理　7. 常规巡检、常规维护检修　8. 机组调试和检修

四、简答题
1. 答案：
　　当按下急停按钮时，紧急停机被激活。此时桨叶变桨距，刹车制动，这样风力发电机组将停机。同时，全部电动机都将停机，所有的运动部件都停下来。但灯管和控制柜仍有电力供应。

2. 答案：
　　功率过低，功率过高，风速过限。

3. 答案：
　　使用干式灭火器、二氧化碳灭火器灭火，不得使用泡沫灭火器灭火，应戴口罩站在上风处灭火。

4. 答案：
　　1）重点检查故障处理后重新投运的风力发电机组及其他电气设施。
　　2）重点检查起停频繁的风力发电机组。
　　3）重点检查负荷重、温度偏高的风力发电机组。
　　4）重点检查稍有异常运行的机组。
　　5）重点检查新投入运行的风力发电机组。

模块四　思考练习答案

一、选择题：
1. B　2. D　3. C　4. A　5. D　6. D　7. A　8. C　9. A　10. D

二、判断题：
1. √　2. √　3. √　4. √　5. √　6. √　7. √　8. ×　9. √　10. ×

三、填空题
1. 旋转面　2. 远程控制、远程控制　3. 泄压　4. 闭合　5. 力矩扳手、液压扳手
6. 润滑、冷却　7. 弹簧、绝缘衬套、电刷　8. 临时维护检修
9. 日常维护检修、定期维护检修　10. 锁紧、叶片锁紧装置、顺桨
11. 疲劳损伤、弯曲断裂、塑性变形　12. 绝缘电阻低、振动噪声大、短路接地
13. 散热器损坏　14. 低压侧　15. 稠度

四、简答题
1. 答案：

207

日常维护检修内容包括：检查各紧固件是否松动；检查各转动部件、轴承的润滑状况，有无磨损；对有刷励磁交流发电机的滑环和碳刷（电刷）进行清洗或更换电刷；检查各执行机构的液压系统是否渗、漏油，齿轮箱润滑冷却油是否渗漏，并及时补充；检查液压站的压力表显示是否正常；仔细观察控制柜内有无糊味，电缆线有无移位，夹板是否松动，扭缆传感器拉环是否磨损破裂，对电控系统的接触器触点进行维护等。

2. 答案：
安全头盔、H形安全带、安全挂锁、安全绳、安全鞋。

3. 答案：
必须锁定轮毂，锁定轮毂时主轴刹车必须抱住，轮毂转动时禁止穿止动销子。

4. 答案：
风力发电机组的磨损现象主要发生在齿轮箱、发电机、制动、偏航及变距调节机构等部位的齿轮、轴承部件。磨损主要有黏附磨损、疲劳磨损、腐蚀磨损、微动磨损和空蚀等磨损类型。

5. 答案：
润滑油主要使用合成油或矿物油，应用于比较苛刻的环境工况下，如重载、极高温、极低温以及高腐蚀性环境下。
润滑脂主要用于风力发电机组轴承和偏航齿轮上，既具有抗摩、减磨和润滑作用，还有密封、减振、阻尼及防锈等功能。

模块五　思考练习答案

一、选择题

1. D　2. C　3. A　4. C　5. D　6. A　7. B　8. C　9. D　10. B

二、判断题

1. √　2. √　3. √　4. √　5. √　6. ×　7. √　8. ×　9. √　10. √

三、填空题

1. 架空线路、电缆线路　2. 接地体、接地线　3. 有汇流母线、无汇流母线　4. 浮充电方式　5. 高压、低压　6. 高频开关电源整流装置、电源监控系统　7. 绝缘子、输送　8. 架空地线、接地装置　9. 电力电缆、屏蔽层　10. 独立、交流电源

四、简答题

1. 答案：
风电场电气主接线形式取决于风电场的规模。对于大中型风电场，一般采用有汇流母线接线形式。风电场升压变电站的主接线多为单母线分段接线，集电系统分组汇集的10kV或35kV线路由于风力发电机组数目较多，也采用单母线分段接线方式；对于特大型风电场，可以考虑双母线接线形式。
风电场电气接线主要由220kV接线、35kV接线、400V接线和220V直流母线系统组成。

2. 答案：
(1) 杆塔　杆塔是否倾斜；铁塔构件有无弯曲、变形或锈蚀；螺栓有无松动；混凝土杆有无裂纹、酥松或钢筋外露，焊接处有无开裂、锈蚀；基础有无损坏、下

沉或上拔,周围土壤有无挖掘或沉陷;寒冷地区电杆有无冻鼓现象,杆塔位置是否合适,保护设施是否完好,标志是否清晰;杆塔防洪设施有无损坏、坍塌;杆塔周围有无杂草和蔓藤类植物附生,有无危及安全的鸟巢、风筝及杂物。

(2) 金属横担　金属横担有无锈蚀、歪斜或变形;螺栓是否紧固、有无缺帽;开口销有无锈蚀、断裂或脱落。

(3) 绝缘子　瓷件有无脏污、损伤、裂纹或闪络痕迹;铁脚、铁帽有无锈蚀、松动或弯曲。

(4) 导线(包括架空地线、耦合地线)　有无断股、损伤或烧伤痕迹;在化工、沿海等地区的导线有无腐蚀现象;三相弛度是否平衡,有无过紧、过松现象;接头是否良好,有无过热现象(如接头变色,雪先熔化等),连接线夹弹簧垫是否齐全,螺母是否紧固;过(跳)引线有无损伤、断股或歪扭,与杆塔、构件及其他引线间距离是否符合规定;导线上有无抛扔物;固定导线用绝缘子上的绑线有无松弛或开断现象。

(5) 防雷设施　避雷器瓷套有无裂纹、损伤、闪络痕迹,表面是否脏污;避雷器的固定是否牢固;引线连接是否良好,与杆塔构件的距离是否符合规定;各部附件是否锈蚀,接地端焊接处有无开裂、脱落;保护间隙有无烧损、锈蚀或被外物短接,间隙距离是否符合规定;雷电观测装置是否完好。

(6) 接地装置　接地引下线有无丢失、断股或损伤;接头接触是否良好,线夹螺栓有无松动或锈蚀;接地引下线的保护管有无破损、丢失,固定是否牢靠;接地体有无外露或严重腐蚀,在埋设范围内有无土方工程。

(7) 沿线情况　沿线有无易燃、易爆物品或腐蚀性液、气体;周围有无被风刮起危及线路安全的金属薄膜、杂物等;有无威胁线路安全的工程设施(机械、脚手架等)及有无违反《电力设施保护条例》的建筑;线路附近有无射击、放风筝、抛扔外物、飘洒金属或在杆塔、拉线上拴牲畜等情况;查明沿线污秽及沿线江河泛滥、山洪和泥石流等异常现象。

3. 答案:
1) 电缆沟内支架应牢固,无松动或锈蚀现象,接地良好。
2) 电缆沟内无易燃或其他杂物,无积水,电缆孔洞、沟道封闭严密,防小动物措施完好。
3) 电缆中间、始、终端头无渗油、溢胶、放电、发热等现象,接地应良好,无松动、断股现象。
4) 电缆终端头应完整清洁,引出线的线夹应紧固无发热现象。

4. 答案:
1) 根据微机直流绝缘监测装置显示情况,确定接地回路,假如报多个回路则应重点选择报出绝缘电阻值最小的回路。
2) 查接地负荷应根据故障支路检修、操作及气候影响判断接地点。用瞬停法进行查找,先低压后高压,先室外后室内的原则,无论该支路接地与否,拉开后应立即合上。
3) 切换绝缘不良或有怀疑的设备。

4）根据天气环境以及负荷的重要性依次进行查找；对接地回路进行外部检查，是否因明显的漏水、漏气所造成。

5）如所查回路在保护装置内，无法处理，应通知继电保护人员查找。

6）查找出接地点后，联系检修处理。

5. 答案：

线路停电的操作顺序为：拉开开关、线路侧刀开关、母线侧刀开关，拉开可能向该线路反送电设备刀开关或取下其熔断器。送电时，操作顺序相反。

模块六 思考练习答案

一、选择题

1. C 2. C 3. C 4. A 5. A 6. B 7. A 8. A 9. D 10. A 11. A 12. C
13. C 14. C 15. C 16. A 17. B 18. A 19. A 20. A

二、判断题

1. √ 2. √ 3. √ 4. √ 5. √ 6. × 7. × 8. × 9. √ 10. √
11. √ 12. × 13. √ 14. √ 15. √ 16. √ 17. √

三、填空题

1. 一次绕组、二次绕组 2. 变压器铁心、变压器绕组、储油柜、气体继电器
3. 压力释放器 4. 铁心、线圈、空气 5. 空载变压器 6. 断路器 7. 24h 内
8. 改善功率因数 9. 开路 10. 冷却、绝缘、灭弧

四、简答题

1. 答案：

高压断路器不仅可以切断和接通正常情况下高压电路中的空载电流和负荷电流，还可以在系统发生故障时与保护装置及自动装置相配合，迅速切断故障电流，防止事故扩大，保证系统的安全运行。

高压断路器的功能是在电力系统正常运行或故障情况下，切、合各种电流，具有灭弧特性。而当断路器断开电路后，隔离开关可以在电气设备之间形成明显的电压断开点，以保证安全。

2. 答案：

电流互感器把大电流按一定比例变为小电流，提供各种仪表使用和继电保护用的电流，并将二次系统与高电压隔离。它不仅保证了人身和设备的安全，也使仪表和继电器的制造简单化、标准化，提高了经济效益。

互感器的日常维护内容：

1）外观检查，包括瓷套的检查和清扫。

2）检查油位计，必要时添加绝缘油。

3）检查各部密封胶垫，处理渗漏油现象。

4）检查金属膨胀器。

5）检查外部紧固螺栓，二次端子板和一、二次端子。

6）检查接地端子、螺型 CT 的末屏接地及 PT 的 N 端接地。

7）检查接地系统（包括铁心外引接地），必要时进行补漆。

3. 答案：

并联电容器是一种无功补偿设备，也称移相电容器。变电所通常采取高压集中方式将补偿电容器连接在变电所的低压母线上，补偿变电所低压母线电源侧所有线路及变电所变压器上的无功功率。通常与串联电抗器组成无功补偿装置或与有载调压变压器配合使用，以提高电力系统的电能质量。

4. 答案：

直流系统在变电站中为控制、信号、继电保护、自动装置及事故照明等提供可靠的直流电源。它还为操作提供可靠的操作电源。直流系统的可靠与否，对变电站的安全运行起着至关重要的作用，是变电站安全运行的保证。

模块七 思考练习答案

一、选择题

1. A、C、B 2. A 3. A 4. C 5. C 6. C

二、判断题

1. √ 2. √ 3. √ 4. × 5. √ 6. × 7. √ 8. √ 9. √ 10. × 11. √
12. √ 13. √ 14. √ 15. √ 16. √ 17. √ 18. √ 19. √ 20. ×

三、填空题

1. 隔离开关、断路器 2. 投入跳闸 3. 投入运行 4. 本体重瓦斯、压力释放保护、温度保护 5. 零序电流（接地） 6. 站控层、网络层 7. 主保护、瓦斯保护、差动保护
8. 选择性、速动性、灵敏性和可靠性 9. 测量部分、逻辑部分、执行部分、断路器的跳闸或发出信号 10. 雷电、操作过电压、并联 11. 三段式电流保护 12. 电流继电器、二次绕组 13. 瓦斯保护、轻瓦斯保护、重瓦斯保护 14. 纵差动、电流速断
15. 差动 16. 过电流

四、简答题

1. 答案：为防止因绝缘损坏而遭受触电的危险，将与电气设备带电部分相绝缘的构架同接地体之间做良好的连接，称为保护接地。

   接地的作用主要是防止人身遭受电击、设备和线路遭受损坏、预防火灾和防止雷击、防止静电损害和保障电力系统正常运行。

2. 答案：

   1）中性点经隔离开关直接接地。

   2）中性点经放电间隙接地。

   3）正常运行时主变压器中性点经间隙接地运行。

3. 答案：

   变压器内部多相短路；匝间短路，匝间与铁心或外皮短路；铁心故障（发热烧损）；油面下降或漏油；分接开关接触不良或导线焊接不良。

4. 答案：

   差动保护、电流速断保护、复压过电流保护、重瓦斯保护、轻瓦斯保护、压力释放保护、零序保护、过励磁保护、温度高保护、冷却电源失电保护。

模块八 思考练习答案

一、选择题

1. C 2. A 3. A 4. B 5. A 6. C 7. B

二、判断题

1. √ 2. √ 3. √ 4. √ 5. √ 6. × 7. × 8. √ 9. √ 10. ×
11. √ 12. × 13. √ 14. × 15. √

三、填空题

1. 拆除 2. 高处 3. 严禁 4. 关门 5. 导线、感电坠落、电源 6. 接触、压在

7. 倒闸操作、交班 8. 0.7、3 9. 设备名称、编号、位置、拉合方向

10. 导体端、顺序相反 11. 监护人 12. 验电、接地 13. 工作票制度、工作监护制度

14. 绝缘、安全围栏（网） 15. 未经试验

四、简答题

1. 答案：

   防止电气误操作是指防止带负荷拉、合隔离开关；防止误分、合断路器；防止带电装设接地线或合接地刀开关；防止带接地线或接地刀开关合隔离开关或断路器；防止误入带电间隔。

2. 答案：

   工作人员的工作服不应有可能被转动的机器绞住的部分；工作时必须穿着工作服，衣服和袖口必须扣好；禁止戴围巾和穿长衣服。工作服禁止使用尼龙、化纤或棉、化纤混纺的衣料制作，以防工作服遇火燃烧加重烧伤程度。工作人员进入生产现场禁止穿拖鞋、凉鞋，女工作人员禁止穿裙子、穿高跟鞋，辫子、长发必须盘在工作帽内。做接触高温物体的工作时，应戴手套和穿专用的防护工作服。

3. 答案：

电压等级/kV	10 及以下	20～35	60～110	220	330	500
安全距离/m	0.70	1.00	1.50	3.00	4.00	5.00

4. 答案：

   遇有电气设备着火时，应立即将有关设备的电源切断，然后进行救火。对可能带电的电气设备以及发电机、电动机等，应使用干式灭火器、二氧化碳灭火器或1211灭火器灭火；对油开关、变压器（已隔绝电源）可使用干式灭火器、1211灭火器等灭火，不能扑灭时再用泡沫式灭火器灭火，不得已时可用干沙子灭火；地面上的绝缘油着火，应用干沙子灭火。

   扑救可能产生有毒气体的火灾（如电缆着火等）时，应使用正压式消防空气吸湿器。

5. 答案：

   设备巡检时巡检人员要携带手电筒、测温仪、听针等必要的检查工具，应做到"四到"，即看到、听到、摸到、嗅到；工作人员在进行设备巡检时，不得从事其他工作。

参 考 文 献

[1] 宫靖远. 风电场工程技术手册 [M]. 北京：机械工业出版社，2004.
[2] 宋海辉. 风力发电技术及工程 [M]. 北京：中国水利水电出版社，2009.
[3] 叶杭冶. 风力发电系统的设计、运行与维护 [M]. 北京：电子工业出版社，2010.
[4] 肖创英，等. 欧美风电发展的经验与启示 [M]. 北京：中国电力出版社，2010.
[5] 朱永强，张旭. 风电场电气系统 [M]. 北京：机械工业出版社，2010.
[6] 任清晨. 风力发电机组安装、运行、维护 [M]. 北京：机械工业出版社，2010.
[7] 姚兴佳，宋俊. 风力发电机组原理与应用 [M]. 北京：机械工业出版社，2011.
[8] 杨校生. 风力发电技术与风电场工程 [M]. 北京：化学工业出版社，2012.
[9] 卢为平，卢卫萍. 风力发电机组装配与调试 [M]. 北京：化学工业出版社，2011.